21 世纪高职高专电子信息类实用规划教材

单片机原理及应用(C51 语言)
(第 2 版)

董国增　邓立新　主　编
张宝树　副主编

清华大学出版社
北京

内 容 简 介

本书以 89C51 为典型机型，结合大量实例，以 Keil C51 作为主要编程和调试工具，用 Proteus 作为仿真运行环境，由浅入深地讲解了单片机的工作原理及应用技术。全书共分为 9 个单元，主要内容包括单片机的认知及开发概述、单片机的最小系统及初步应用、C51 程序设计语言、单片机中断应用、单片机定时/计数器应用、单片机串行口应用、单片机接口技术、单片机综合应用实例、51 系列单片机汇编语言简介。本书将单片机技术的硬件和软件、理论和实践、情境化设计项目等进行了有机结合，使读者在接触实际开发的过程中较完整地学习单片机技术及开发工具的使用，实现了教、学、做合一。

本书可作为高职高专、中等职业学校电类专业"单片机原理及应用"课程以及实践的教学用书，同时也非常适合自学单片机的读者。

本书封面贴有清华大学出版社防伪标签，无标签者不得销售。
版权所有，侵权必究。举报：010-62782989，beiqinquan@tup.tsinghua.edu.cn。

图书在版编目(CIP)数据

单片机原理及应用：C51 语言/董国增，邓立新主编. —2 版. —北京：清华大学出版社，2020.1 (2022.8重印)
21 世纪高职高专电子信息类实用规划教材
ISBN 978-7-302-54795-2

Ⅰ.①单… Ⅱ.①董… ②邓… Ⅲ.①微控制器—C 语言—程序设计—高等职业教育—教材 Ⅳ.①TP368.1 ②TP312.8

中国版本图书馆 CIP 数据核字(2020)第 002124 号

责任编辑：姚 娜
装帧设计：李 坤
责任校对：吴春华
责任印制：杨 艳

出版发行：清华大学出版社
网　　址：http://www.tup.com.cn, http://www.wqbook.com
地　　址：北京清华大学学研大厦 A 座　　邮　编：100084
社 总 机：010-83470000　　邮　购：010-62786544
投稿与读者服务：010-62776969, c-service@tup.tsinghua.edu.cn
质量反馈：010-62772015, zhiliang@tup.tsinghua.edu.cn
课件下载：http://www.tup.com.cn, 010-62791865

印 装 者：北京鑫海金澳胶印有限公司
经　　销：全国新华书店
开　　本：185mm×260mm　　印　张：18.25　　字　数：440千字
版　　次：2012 年 7 月第 1 版　2020 年 3 月第 2 版　　印　次：2022 年 8 月第 5 次印刷
定　　价：49.80 元

产品编号：082063-01

第 2 版前言

自 1980 年 Intel 公司推出 MCS-51 单片机以来，以其体积小、功能全、价格低、可靠性高等优点，在很多领域得到了广泛应用。随着 51 内核的公开，它得到众多知名厂商的不断创新，从而出现了拥有广泛产品型号的 51 单片机家族，使得以 51 为内核的单片机经久不衰。

为了更好地适应高职高专学生的学习规律，使学生做到学有所得，除了在第 1 版的基础上对教材的内容顺序进行了重新组织外，在每个单元的内容安排上更加凸显实例教学，配合教学做一体化教学模式，以达到学生能够快速理解、掌握的目的。采用"以项目为载体"编写教材内容，使学生清楚地知道学习相关内容后能够做出什么样的项目。在教学过程中突出工程实践特色，采取"项目引导"→"项目分析"→"项目实施"的思路编写教学内容，并配合"成果展示"以提升学生的学习兴趣。在"项目引导"部分，对项目目标着重进行分析，对实现项目所需要的知识点加以引领。在"项目实施"部分，以工程实践的顺序绘制电路、编写软件及项目调试运行。

为了避免以往采用硬件实验设备实现单片机项目时出现的线路虚连带来的开发周期长，甚至由于实验设备的资源限制造成某些项目难以实现，另外还存在硬件实验设备故障多、维护工作量大的问题。基于上述原因，本书中的项目及实验教学采用 Proteus 软件进行项目仿真，一则可以提高开发效率、缩短开发周期，二则可以锻炼学生在单片机项目中的电路连接技能。

本书共分为 9 个单元，单元 1 介绍单片机的认知和开发概述，单元 2 介绍单片机的最小系统及初步应用，单元 3 介绍 C51 程序设计语言，单元 4 介绍单片机中断应用，单元 5 介绍单片机定时/计数器应用，单元 6 介绍单片机串行口应用，单元 7 介绍单片机接口技术，单元 8 介绍单片机综合应用实例，单元 9 介绍 51 系列单片机汇编语言简介。为了便于学习，附录中安排了 Proteus 常用元器件中英文名称对照表、Keil C51 常用库函数、Keil C51 常见警告及错误信息和 51 系列单片机汇编指令速查表。

本书可作为高职高专、中等职业学校电类专业、计算机类专业、智能建筑类专业"单片机原理及应用"课程以及实践教学用书，同时也非常适合自学单片机的读者。

本书由承德石油高等专科学校董国增、邓立新、张宝树共同编写。

由于作者水平及能力有限，书中难免出现错误和不妥之处，恳请读者批评指正。

编　者

第1版前言

为了适应我国高职高专教学改革的需要，结合高职高专学生的学习特点，使学生做到学有所得，本书采取了"以项目为载体"的编写思路，以及以项目引导教学的编写原则。经过与多所高职高专教学一线教师的深入切磋，我们对教学内容进行了整合，将合适的应用实例与具体知识点相融合，尽量做到学以致用，并适当降低理论难度，丰富了实践内容。

本书以常用的89C51为典型机型讲述单片机原理及接口技术，以提高学生实际应用能力为目的，丰富了常用串行口芯片扩展的内容。书中还利用一章的篇幅具体对两个设计实例进行了详尽的实施过程描述，可使学生熟悉设计过程中的思路与方法。本书采用C51语言作为设计语言，为学生能够早日掌握单片机的实际开发技术做了较好的铺垫。

本书共分为9章，第1、2章介绍单片机的认知和初步应用，第3、4章介绍单片机的汇编语言及C51语言程序设计，第5~7章介绍单片机的中断系统、定时/计数器和串行接口，第8、9章介绍单片机接口技术和单片机应用系统开发，其中第3章可作为选学内容。附录中的ASCII码表、51单片机汇编指令速查表、Keil C51常用库函数和常见错误警告提示信息可供查询。全书参考学时为84学时。

本书可作为高职高专、中等职业学校电类专业"单片机原理及应用"课程以及实践教学用书，同时也非常适合自学单片机的读者。

本书由承德石油高等专科学校邓立新担任主编，承德石油高等专科学校董国增、衡水职业技术学院曹月真任副主编。具体编写分工为：第1章、第5章、第6章和第7章由曹月真编写，第2章和第3章由钱彬编写，第4章由邓志辉编写，第8章由董国增编写，第9章和附录由邓立新编写。

由于作者水平及能力有限，书中难免出现错误和不妥之处，恳请读者批评指正。

编　者

目 录

单元 1 单片机的认知及开发概述 1
1.1 对单片机的认知 3
1.1.1 单片机的应用 3
1.1.2 单片机的概念 4
1.1.3 主流单片机介绍 5
1.1.4 51 单片机的特点 6
1.2 单片机应用系统开发概述 6
1.2.1 单片机应用系统开发过程 6
1.2.2 用编程工具 Keil 编写程序 7
1.2.3 用仿真工具 Proteus 绘制电路 11
1.2.4 用仿真工具 Proteus 进行仿真 17
小结 24
强化练习 24
习题 24

单元 2 单片机的最小系统及初步应用 25
2.1 51 单片机最小系统 26
2.1.1 51 单片机硬件结构 26
2.1.2 51 单片机存储器结构 33
2.2 51 单片机 I/O 系统 38
2.2.1 P0 口 38
2.2.2 P2 口 40
2.2.3 P1 口 41
2.2.4 P3 口(P3.0~P3.7) 42
2.2.5 并行口小结 43
2.3 头文件 reg51.h 详解 46
小结 48
强化练习 48
习题 48

单元 3 C51 程序设计语言 49
3.1 单片机程序设计语言概述 50
3.1.1 单片机程序设计语言 50
3.1.2 C51 语言的特点 51
3.1.3 简单 C51 程序介绍 52
3.2 C51 数据类型和数据存储类型 54
3.2.1 常量与变量 54
3.2.2 整型数据 56
3.2.3 实型数据 57
3.2.4 字符型数据 58
3.2.5 数组类型 59
3.2.6 指针类型 61
3.2.7 Keil C51 中特有的数据类型 63
3.2.8 数据的存储类型及存储器的存储模式 64
3.3 运算符和表达式 66
3.3.1 算术运算符和算术表达式 66
3.3.2 赋值运算符和赋值表达式 67
3.3.3 逗号运算符和逗号表达式 68
3.3.4 关系运算符和关系表达式 68
3.3.5 逻辑运算符和逻辑表达式 69
3.3.6 位操作运算符和表达式 69
3.4 C51 程序的结构 71
3.4.1 顺序结构 71
3.4.2 选择结构 71
3.4.3 循环结构 77
3.5 函 数 81
3.5.1 函数的定义 81
3.5.2 函数的调用 82
3.5.3 局部变量和全局变量 84
3.5.4 intrins.h 库函数介绍 85
3.5.5 中断函数 87
小结 92
强化练习 92
习题 93

单元 4 单片机中断应用 95
- 4.1 中断的概念 96
- 4.2 中断系统 97
  - 4.2.1 中断源及中断请求标志 97
  - 4.2.2 中断允许控制 99
  - 4.2.3 中断优先级控制 100
- 4.3 单片机中断处理过程 102
  - 4.3.1 中断响应的条件 102
  - 4.3.2 中断响应过程 102
  - 4.3.3 中断响应时间 103
- 4.4 中断系统 C51 语言编程要点 103
- 小结 117
- 强化练习 117
- 习题 117

单元 5 单片机定时/计数器应用 119
- 5.1 定时/计数器的结构及其工作原理 120
  - 5.1.1 定时/计数器的结构 120
  - 5.1.2 定时/计数器的工作原理 120
- 5.2 定时/计数器的控制 122
  - 5.2.1 定时/计数器工作方式寄存器 TMOD 122
  - 5.2.2 定时/计数器的控制寄存器 TCON 122
- 5.3 定时/计数器的工作方式 123
  - 5.3.1 方式 0 123
  - 5.3.2 方式 1 124
  - 5.3.3 方式 2 125
  - 5.3.4 方式 3 126
- 5.4 定时/计数器 C51 语言编程要点 127
- 小结 135
- 强化练习 135
- 习题 136

单元 6 单片机串行口应用 137
- 6.1 串行通信及其总线标准 138
  - 6.1.1 通信概述 138
  - 6.1.2 串行通信总线标准及其接口 141
- 6.2 单片机串行口及其控制 143
  - 6.2.1 51 单片机串行口的结构 143
  - 6.2.2 51 单片机串行口控制寄存器 ... 144
  - 6.2.3 51 单片机串行口的工作方式 ... 145
  - 6.2.4 波特率的设定 147
- 6.3 串行口 C51 语言编程要点 147
- 小结 159
- 强化练习 159
- 习题 160

单元 7 单片机接口技术 161
- 7.1 I/O 接口扩展 162
  - 7.1.1 项目一：简单 I/O 接口扩展实现读取独立按键及数码管显示 162
  - 7.1.2 项目二：可编程 I/O 接口扩展实现数码管动态显示 170
- 7.2 存储器扩展及 IIC 总线接口技术 177
  - 项目三：串行 EEPROM 扩展 177
- 7.3 A/D 转换器及接口技术 186
  - 7.3.1 项目四：采用并行 A/D 实现的数据采集系统 186
  - 7.3.2 项目五：采用串行 A/D 实现数据采集系统 191
- 7.4 D/A 转换器及接口技术 197
  - 7.4.1 项目六：采用并行 D/A 实现的模拟信号输出系统 197
  - 7.4.2 项目七：采用串行 D/A 实现的模拟信号输出系统 202
- 小结 206
- 强化练习 207
- 习题 207

单元 8 单片机综合应用实例 209
- 8.1 项目一：简易四路智力抢答器 210
  - 8.1.1 项目导入 210
  - 8.1.2 项目分析 210

  8.1.3 项目实施 211
 8.2 项目二：交通信号灯 222
  8.2.1 项目导入 222
  8.2.2 项目分析 222
  8.2.3 项目实施 223
 小结 232
 强化练习 233
 习题 233

单元 9　51 系列单片机汇编语言简介 ... 235

 9.1 51 系列单片机指令系统 236
  9.1.1 51 系列单片机指令分类 236
  9.1.2 汇编指令格式 237
  9.1.3 寻址方式 238
  9.1.4 数据传送指令 240
  9.1.5 算术运算指令 242
  9.1.6 逻辑运算指令 244
  9.1.7 位操作指令 245
  9.1.8 控制转移指令 246
  9.1.9 伪指令 247
 9.2 汇编语言程序结构 251
  9.2.1 顺序结构 251
  9.2.2 分支结构 252
  9.2.3 循环结构 253
  9.2.4 子程序 255
 小结 261
 强化练习 262
 习题 262

附录 A　Proteus 常用元器件中英文名称对照表 265

附录 B　Keil C51 常用库函数 266

附录 C　Keil C51 常见警告及错误信息 270

附录 D　51 系列单片机汇编指令速查表 275

参考文献 281

单元 1

单片机的认知及开发概述

教学目标

本单元通过交通信号灯、万年历等单片机应用系统引出单片机的概念及应用,并介绍了当前几种主流单片机。通过流水灯项目学习单片机的开发过程,并学习使用开发工具 Keil 和仿真工具 Proteus 进行单片机项目的开发。通过本单元的学习,使读者初步了解单片机的基本情况,掌握单片机的开发过程,熟练掌握单片机开发工具 Keil 软件及 Proteus 仿真软件的使用及联调方法。

【单片机应用系统成果展示】

首先请大家观看两个利用单片机 AT89C51 实现的应用系统,图 1-1 所示为交通信号灯,图 1-2 所示为万年历。

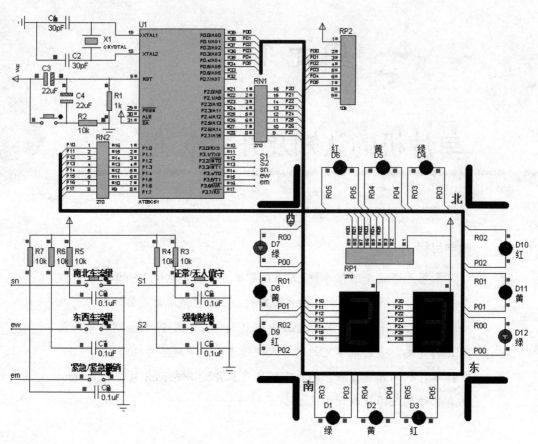

图 1-1 交通信号灯

单元 1　单片机的认知及开发概述

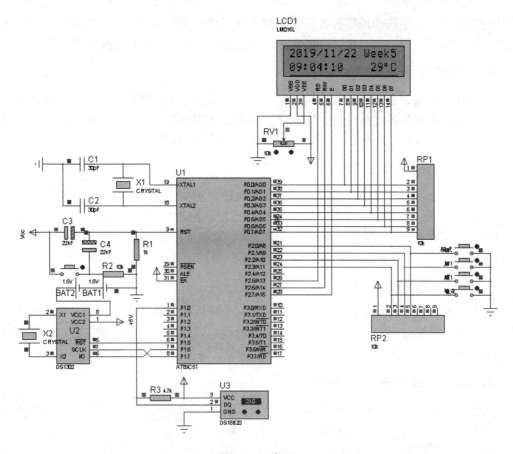

图 1-2　万年历

乍一看这两个单片机应用系统,感觉很麻烦的样子,待我们抽丝剥茧进行层层递进的分析、学习之后,你就能具备单片机应用系统设计开发的能力了。

1.1　对单片机的认知

1.1.1　单片机的应用

前面展示的两个应用系统是单片机在日常生活中的应用。在日常生活中还有很多地方可以看到单片机的影子,如智能冰箱、大学校园中的校园一卡通、公交卡系统等。除了日常生活应用之外,汽车运行控制、导弹飞行控制、智能监测系统、物联网监测终端等都以单片机作为核心。可以说,单片机应用渗透到了人类生活的方方面面,几乎所有需要控制、通信和智能监测的领域,都可以找到单片机的身影。

1. 在计算机网络和通信领域中的应用

单片机依靠串行端口(简称串口)、并行端口(简称并口)或者高速 USB 口等通信接口,可以很方便地与其他计算机进行数据通信,为其在计算机网络和通信设备方面的应用提供了极好的物质条件。现在的通信设备基本上都实现了单片机智能控制，例如手机、电话机、小型程控交换机、楼宇自动通信呼叫系统、列车无线通信、无线电对讲机等。

2．在智能民用产品中的应用

从电视、电话、电冰箱、洗衣机、空调机、电饭煲、电子秤到智能玩具、游戏机、收银机、家用防盗报警器、指纹锁、密码锁及其他音响视频器材等，单片机无处不在。单片机的引入使产品体积更加小巧、轻便，而功能得以完善、性能得到很大提高。

3．在智能仪器仪表上的应用

单片机结合不同类型的传感器，可实现对电压、电流、功率、频率、湿度、温度、流量、速度、厚(长)度、角度、硬度、元素含量、压力等各种物理量的测量。采用单片机控制可使仪器仪表数字化、智能化、综合化、柔性化、微型化，使之具有数据存储、数据处理、自动测试及自动校准的能力，从而使得智能仪器仪表的功能更加强大。

4．在工业控制中的应用

单片机作为机电一体化设备的控制器，可以简化机械产品的结构设计，实现智能生产和操作控制，并扩展原有设备的功能，还可以构成形式多样的控制系统。既可以提高自动化水平、提高控制的准确度，还可以提高产品质量、降低成本。

5．在医用设备等领域中的应用

医用设备作为一类特殊的仪器仪表，单片机在其中的应用也相当广泛，例如医用呼吸机、分析仪、监护仪、超声诊断设备及病床呼叫系统等。

此外，单片机在工商、金融、科研、教育、国防、航空航天等领域也都有着十分广泛的用途。

单片机之所以得以广泛应用，凭借的是其品种多、体积小、兼容性强、性能价格比高、功耗低、应用软件齐全、技术成熟等计算机不可替代的优势。以往采用模拟电路、数字电路实现的电路系统，大部分功能都可以通过对单片机硬件功能的扩展及程序开发来实现系统要求，意味着许多电路设计问题将被转化为程序设计问题。

1.1.2　单片机的概念

单片机，又称微控制器，顾名思义，就是只有一个芯片的计算机，即在一个芯片内集成了运算器、控制器、存储器、输入/输出接口电路等计算机的五大组成部分。

单片机可以作为一个信息处理部件，嵌入应用系统和设备中，执行特定数据的采集和处理任务，构成嵌入式系统；也可以单独作为一个小型智能系统的核心，实现数据采集、控制等功能。由于单片机在控制方面有其独特设计，故又称为微控制器。

对于单片机系统，用户首先要对其进行编程，单片机再按照用户事先编制的程序，根据系统要求完成相应的数据采集、处理和控制功能。

1.1.3　主流单片机介绍

51系列单片机源于Intel公司的MCS-51(Micro Controller System-51)系列单片机，包括51子系列和52子系列，51子系列内含128B(Byte，字节)的内部数据存储器和两个定时/计数器，52子系列内含256B的内部数据存储器和三个定时/计数器。51系列单片机产品硬件结构合理，指令系统规范，加之生产历史"悠久"，尤其是在Intel公司将MCS-51系列单片机实行技术开放之后，许多公司如Atmel、Philips、NXP、Analog Devices、Dallas、Siemens、华邦、LG以及我国的宏晶科技等都以MCS-51的基础结构8051为基核推出了许多各具特色，具有优异性能的单片机。我们把以8051为基核的各种型号的兼容型单片机统称为51系列单片机。

Intel公司MCS-51系列单片机的主要产品及其性能如表1-1所示，Atmel公司的AT89系列单片机的主要产品及其性能如表1-2所示。

表1-1　Intel公司MCS-51系列单片机的主要产品及其性能

子系列	芯片型号	片内存储器类型及容量		I/O口（位）	UART串口（个）	中断源（个）	定时/计数器（个）
		ROM/EPROM	RAM				
8X51系列 8XC51系列	8031/C31	无	128B	32	1	5	2
	8051/C51	4KB ROM	128B	32	1	5	2
	8751/C51	4KB EPROM	128B	32	1	5	2
8X52系列 8XC52系列	8032/C32	无	256B	32	1	6	3
	8052/C52	8KB ROM	256B	32	1	6	3
	8752/C52	8KB EPROM	256B	32	1	6	3
8X54/58系列	80C54	16KB ROM	256B	32	1	6	3
	87C54	16KB EPROM	256B	32	1	6	3
	80C58	32KB ROM	256B	32	1	6	3
	87C58	16KB EPROM	256B	32	1	6	3+5PCA

表1-2　Atmel公司的AT89系列单片机的主要产品及其性能

子系列	芯片型号	片内存储器类型及容量		I/O口（位）	UART串口（个）	中断源（个）	定时/计数器（个）
		Flash ROM	RAM				
8位Flash系列	AT89C51	4KB	128B	32	1	6	2
	AT89C52	8KB	256B	32	1	8	3
	AT89C51RC	32KB	512B	32	1	6	3
	AT89C1051	1KB	64B	15		3	2
	AT89C2051	2KB	128B	15	1	6	2
	AT89C4051	4KB	128B	15	1	6	2

续表

子系列	芯片型号	片内存储器类型及容量		I/O 口(位)	UART 串口(个)	中断源(个)	定时/计数器(个)
		Flash ROM	RAM				
Quick Flash 系列	AT89F51	4KB	128B	32	1	6	2
	AT89F52	8KB	256B	32	1	8	3

1.1.4 51 单片机的特点

由于单片机是在一块大规模集成电路芯片上集成了计算机的所有组成部分，所以它在硬件结构、指令设置上均有其独到之处，主要特点如下。

- 单片机内集成有存储器，并且程序存储器和数据存储器在空间上分开，采用不同的寻址方式，使用两个不同的地址指针 PC 及 DPTR；
- 单片机的输入、输出接口在程序控制下都可有第二功能；
- 单片机的内部有一个全双工的串行接口，可同时发送和接收数据；
- 单片机内部有专门的位处理机(布尔处理机)，具有较强的位处理功能。

1.2 单片机应用系统开发概述

单片机应用系统由硬件和软件组成，硬件包括单片机最小系统、接口电路及外设，单片机最小系统是整个应用系统设计的核心。软件则在硬件的基础上，通过程序控制完成应用系统所要求的任务，二者互相依存、互相补充。

1.2.1 单片机应用系统开发过程

单片机应用系统的开发过程是：首先根据系统功能设计硬件电路，然后根据系统要求及所设计的硬件电路编写对应软件并进行调试，最后将软件装入单片机的程序存储器中使系统独立运行。

然而，采用上述过程进行单片机系统开发时，需要提前完成硬件系统制作，将软件装入单片机中也需要相应设备，开发周期长、成本高，不利于初学者学习。为了学习单片机知识，可以采购现存的单片机实验设备，但是购置设备需要大量资金，使用过程中需要投入人力进行维护，且易出故障，实验中也容易出现虚接现象，造成不必要的时间浪费。

基于上述原因，本课程采用软件模拟仿真的方法进行学习，减少设备购置投入及维护投入，降低由于实验设备故障而带来的学习干扰，缩短学习周期，提高学习效率。

采用的软件有 Keil μVision(MKD)和 Proteus。Keil 软件是美国 Keil Software 公司出品的 51 系列兼容单片机基于 C 语言或汇编语言的软件开发系统；Proteus 软件是英国 Lab Center Electronics 公司的 EDA 工具软件，能仿真单片机及外围器件。

下面以流水灯系统项目为例，学习利用 Keil 软件和 Proteus 软件进行单片机开发。

【项目引导：流水灯系统】

1. 项目目标

用单片机控制 8 个发光二极管按照 D1→D2→D3…→D8→D7…→D1 的顺序循环点亮，以实现流水灯效果。

2. 项目分析

流水灯系统是一个带有 8 个发光二极管的单片机最小应用系统。要实现流水灯功能，只要将发光二极管 D1～D8 依次点亮、熄灭，之后再将其从 D8～D1 依次点亮、熄灭，8 只 LED 灯便会一亮一暗地形成流水灯。在此应注意一点，由于人眼的视觉暂留效应以及单片机执行每条指令的时间很短，在控制二极管亮灭的时候应该延时一段时间，否则就看不到"流水"效果了。

3. 知识及能力准备

- 利用 Keil 软件进行编辑、编译、生成目标代码以及调试程序；
- 利用 Proteus 软件进行电路图绘制、仿真操作及联机调试。

1.2.2 用编程工具 Keil 编写程序

Keil μVision2(或 Keil μVision5)是一款基于 Windows 的软件平台，是一种用于 51 系列单片机的集成开发环境，可以完成源程序的编辑、编译和调试，支持 C51 语言及汇编语言程序设计。

1. 启动软件

启动 Keil 软件后，出现启动画面，如图 1-3 所示，停顿一段时间之后出现如图 1-4 所示的 Keil 窗口。

图 1-3　Keil 软件启动画面

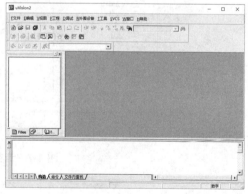

图 1-4　Keil 窗口

2. 创建项目

1) 创建工程项目

选择菜单栏中的"工程"→"新建工程"命令，新建一个工程，如图 1-5 所示。弹出"新建工程"对话框,在"文件名"文本框中输入"流水灯",工程扩展名自动为.uv2,如图 1-6 所示,然后单击"保存"按钮,保存工程。

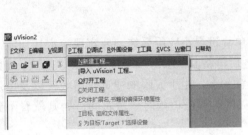

图 1-5 新建工程

图 1-6 设置工程名称

2) 选择单片机型号

工程保存后,弹出如图 1-7 所示的"为目标'Target 1'选择设备"对话框,流水灯系统采用 Atmel 的 89C51。单击"确定"按钮,弹出如图 1-8 所示的提示框,一般单击"否"按钮。至此工程创建完成。

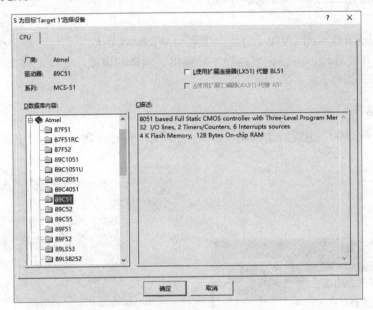

图 1-7 选择单片机型号

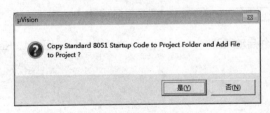

图 1-8 添加标准开始代码文件提示

3. 创建源程序文件并编辑

选择菜单栏中的"文件"→"新建"命令,创建一个默认名字为"Text1"的文本文件,如图 1-9 所示。编辑录入源程序后,选择"文件"→"保存"/"另存为"或单击"保存"快捷按钮 ,则弹出如图 1-10 所示的对话框,此时将"文件名"文本框设置为"流水灯.c"。如果 C51 源程序已经存在,则忽略此步骤。

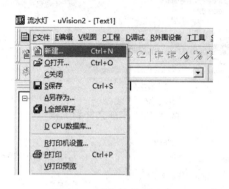

图 1-9 新建源程序文件

图 1-10 另存为 C 程序类型文件

注意: 将源程序另存时,一定要为源程序文件输入扩展名!

4. 将源程序添加到项目中

右击 Source Group 1,在弹出的快捷菜单中选择"增中文件到组'Source Group 1'"命令(图中"增中"应为"增加"),如图 1-11 所示。随后弹出如图 1-12 所示的对话框,此时我们选择刚刚保存的"流水灯.c",单击 Add 按钮,将其添加到项目文件"流水灯.uv2"中,然后单击"关闭"按钮。

5. 设置输出文件

为了使采用 C51 语言书写的源程序能够在单片机中运行,必须将其编译成十六进制目标代码文件。单击 按钮,或右击 Target 1 选项,再从弹出的快捷菜单中选择"目标'Target

1'属性"命令,或选择"工程"→"目标'Target 1'属性"命令,弹出"目标'Target 1'属性"对话框。切换到"输出"选项卡,选中"生成 HEX 文件"复选框,如图 1-13 所示。

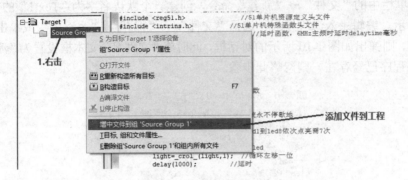

图 1-11 添加文件到工程

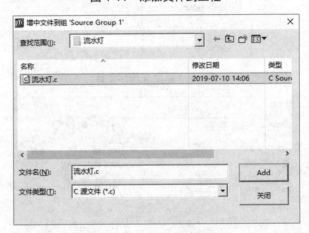

图 1-12 选择要添加的文件

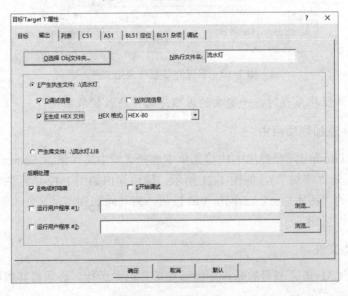

图 1-13 设置输出文件

6. 生成目标代码文件

单击翻译按钮 ，对源程序进行翻译，当出现错误时将在窗口底部给出错误所在行及引起错误的可能原因，如图 1-14 所示。双击错误信息，光标将跳转到错误所在行，可对程序中的错误进行快速编辑修改。

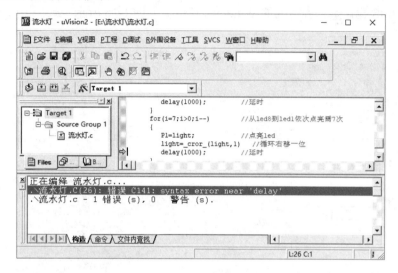

图 1-14 翻译

单击建立按钮 ，将创建目标文件，如果程序正确，将出现如图 1-15 所示的信息，表示目标代码文件生成成功。

图 1-15 生成目标代码文件

1.2.3 用仿真工具 Proteus 绘制电路

Proteus 是一款电路设计与仿真软件，包括 ISIS 和 ARES 等模块。其中，ISIS 模块用来完成电路原理图的设计与仿真，ARES 模块则用来完成印制电路板的制作。

Proteus 能够仿真大量的单片机芯片、外围电路，使用 Proteus 可使我们轻易获得一个功能齐全、使用方便的单片机实验平台。

1. ISIS 窗口介绍

Proteus ISIS 窗口是一种标准的 Windows 窗口，如图 1-16 所示。

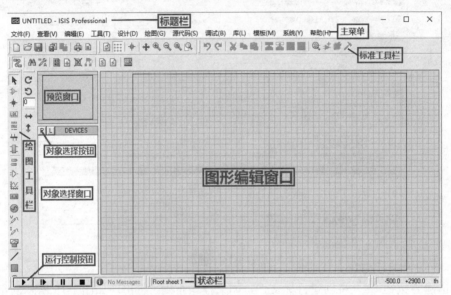

图 1-16　Proteus ISIS 窗口

1) 图形编辑窗口

可在该窗口内完成电路原理图的绘制、编辑、选择、复制、删除等操作。

2) 预览窗口

该窗口显示整个电路图的缩略图。在该窗口上单击，将会有一个矩形绿框标示出现在编辑窗口显示的区域范围，移动鼠标则矩形框随着移动，同时编辑窗口中的可显示区域内容发生变化。在其他情况下，预览窗口显示将要放置的对象的预览。

3) 对象选择窗口

通过"对象选择"按钮 从元件库中选择元件对象，放入对象选择窗口中，供以后绘图时使用。

4) 绘图工具栏

绘图工具栏包括各类常用绘图单元，如模式选择、元件模式、属性标识、总线模式、电源模式和虚拟仪器模式等。

5) 运行控制按钮

对各类电路进行仿真，有运行、单步运行、暂停执行和停止运行四种控制方式。

2. 创建设计文档

单击工具栏中的"新建"按钮 ，或者在菜单栏中选择"文件"→"新建设计"命令，将新建一个设计文档。单击"保存"按钮 或选择"文件"→"保存设计"命令，弹出如

图 1-17 所示的"保存 ISIS 设计文件"对话框。在"文件名"文本框中输入"流水灯"(扩展名为 DSN，系统自动添加)，然后单击"保存"按钮，完成新建设计文件的操作。

图 1-17 新建设计文档

3．选取元器件

单击"对象选择"按钮 P，弹出如图 1-18 所示的 Pick Devices(选择元器件)对话框。在"关键字"文本框中输入元器件名称，如 at89c，系统自动搜索对象库，并将找到的元器件显示在"结果"列表框中，双击所需的元器件即可将其添加到对象选择窗口中。依此方法将本次设计所需要的所有元器件添加到对象选择窗口中。所有元件都添加完毕，单击"确定"按钮或"取消"按钮结束。

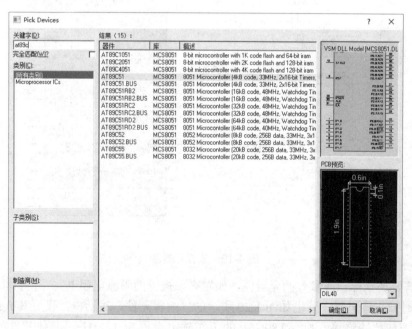

图 1-18 选取元器件

流水灯系统所需要的元器件如表 1-3 所示。

表 1-3 流水灯系统所用元器件

元器件名称	元器件符号名
单片机	Atmel 的 AT89C51
发光二极管	LED-RED
电阻	RES
按钮	BUTTON
瓷片电容	CAP
电解电容	CAP-ELEC
晶振	CRYSTAL

注意：在选取元器件的过程中，如果忘记元器件的完整写法，可用*代替。

4．放置元器件并修改元器件参数

在对象选择窗口内，单击需要的元器件，移动鼠标指针到右侧的图形编辑窗口，鼠标指针将变成笔尖形状，将鼠标指针移动到欲放置的位置并单击，出现虚框形式的元器件，此时可继续移动鼠标指针到欲放置位置，再次单击，则将元器件放置在该位置。

按照上述方法，将所需的所有元器件放置在合适位置，如图 1-19 所示。

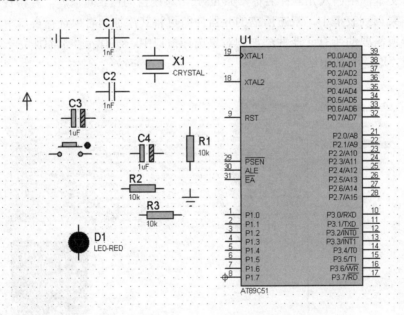

图 1-19 放置元器件

对于需要调整标识或参数的元器件，如发光二极管的限流电阻 R3，需将其阻值设置为 270Ω，此时双击该电阻，弹出如图 1-20 所示的"编辑元件"对话框，设置其 Resistance(阻值)为 270。依此法将单片机 AT89C51 的工作频率设置为 12MHz，其他元件的参数仿照

图 1-21 进行设置。

对于需要调整方向的元器件，如发光二极管 D1，在该元器件上右击，弹出快捷菜单，选择其中的"顺时针旋转""逆时针旋转"等命令，将元器件调整到合适的方向，或在放置之前先通过工具栏中的按钮 ↻、↺、↔ 或 ↕ 调整方向。

对于需要移动位置的元器件，先单击该元器件，则该元器件变成红色，并且当鼠标指针落在其上时，鼠标指针变为带十字移动标识的手形，再次单击该元器件并拖动，待移动到合适位置时松开鼠标左键，即可实现元器件的移动。

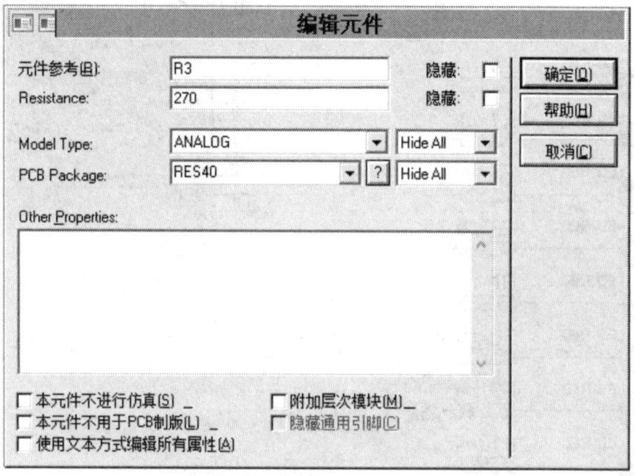

图 1-20　设置元器件参数

当需要重复放置多个元器件时，可以采用块复制、块粘贴的方法实现，如对于流水灯系统中的 8 个发光二极管及其限流电阻的放置。首先放置一个发光二极管和一个限流电阻，并设置好参数、调整好位置，然后按鼠标左键并拖动将这两个元器件选中，如图 1-21 所示；右击，弹出的快捷菜单如图 1-22 所示，从中选择"块复制"命令，将鼠标指针移至需要放置元器件的位置并单击，实现复制，连续单击可实现连续复制，不再复制时右击结束，如图 1-23 所示。

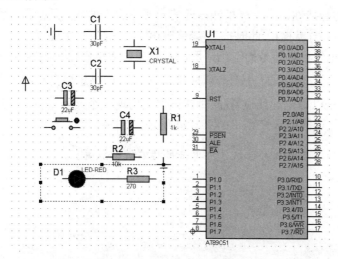

图 1-21　选中需要复制的元器件

图 1-22　右键菜单

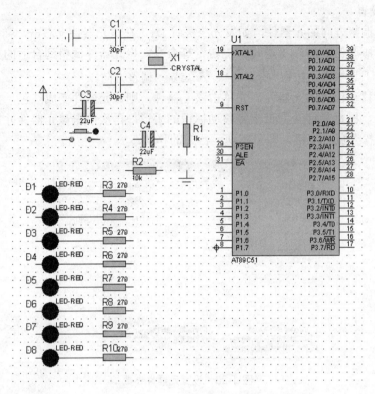

图 1-23 元器件复制完成后

5．放置电源

单击工具栏中的"终端模式"按钮，在对象选择窗口中选择 POWER，再在编辑区域要放置电源的位置单击完成。以类似的方法放置地(GROUND)。

6．元器件之间的连线

Proteus 的 ISIS 具有一定的智能性，当鼠标指针靠近某元器件的管脚时，鼠标指针将变为红色笔形，并附有电气格点符号(虚框)，此时按下(或单击)鼠标左键即开始连线，到达目标元器件管脚时再次出现附有电气格点符号的红色笔形，松开(或再次单击)鼠标左键完成连线，系统自动为连线寻找合适位置布线(通过按钮 打开或关闭)。如果想要自己确定连线位置，可在需要转折的位置单击以确定连线位置(此时在该位置出现一个叉号)，直到连接到目标元器件的管脚。连接完成的流水灯系统如图 1-24 所示。

💡 **注意：** 在连线过程中，如果想要放弃连线，可单击鼠标右键来放弃。

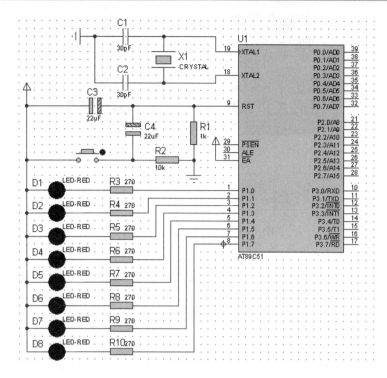

图 1-24 流水灯系统

1.2.4 用仿真工具 Proteus 进行仿真

当将单片机程序生成了目标代码文件"流水灯.hex",并绘制完成流水灯系统的硬件电路之后,就可以进行仿真操作了,以便检验系统功能。

1. 加载目标代码文件

双击单片机 AT89C51 图标,弹出"编辑元件"对话框,如图 1-25 所示。单击 Program File 文本框右侧的"浏览"按钮,弹出"选择文件名"对话框,如图 1-26 所示。从中选择相应的"流水灯.hex"目标代码文件,单击"打开"按钮返回,此时 Program File 文本框中填入了"流水灯.hex"文件。再在"编辑元件"对话框中单击"确定"按钮,则完成目标代码文件的加载。

2. 仿真运行

单击"运行"按钮启动仿真,可观察到流水灯从 D1 开始亮起,然后是 D2……直至 D8。当亮到 D8 后,反方向由 D8 至 D1 亮起。如此循环往复,永不停歇,如图 1-27 所示。

💡 注意: 在仿真过程中还可以看到各元器件管脚上的电平状态,红色表示高电平、蓝色表示低电平,灰色代表不确定的电平。

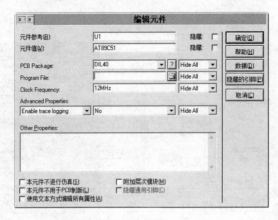

图 1-25 "编辑元件"对话框

图 1-26 "选择文件名"对话框

3．联机调试设置

仿真运行能够体现程序功能，与实际运行情况一致。对初学者来说，当程序运行出现异常现象时，难以确定问题所在，即不能确定系统工作中的不正常是由哪段程序造成的，有时需要落实是哪条指令引起的异常。如果能够跟踪程序运行，就能够发现问题，进而解决问题。

跟踪程序运行，即在 Keil 中通过 Step （单步跟进，进入函数内部运行）、Step Over （单步跳过，函数调用被当作一条语句执行）、Run to Cursor Line （运行到光标行）以及设置断点（双击程序行，则在该行左侧出现■标记）等运行控制措施控制程序运行，同时在 Proteus 中观察执行效果，从而确定引起异常的原因。

要实现跟踪调试，就需要进行联机调试设置，步骤如下。

1）安装联机调试补丁

从网上下载 vdmagdi.exe 补丁程序，运行后将在…/keil/C51/BIN 文件夹内添加一个 vdm51.dll 文件。

单元 1　单片机的认知及开发概述

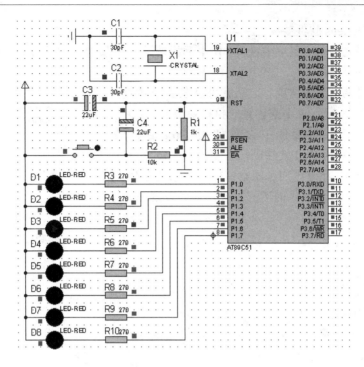

图 1-27　流水灯运行中

2) 设置 Keil 联调参数

单击"选项"按钮，打开"目标'Target 1'属性"对话框。在"调试"选项卡中选中右上方的"使用"单选按钮，在下拉列表框中选择 Proteus VSM Simulator 选项。再单击后面的"设置"按钮，设置 VDM 服务器。在 Host 文本框中添加 127.0.0.1，在 Port 文本框中添加 8000，设置后的情况如图 1-28 所示。

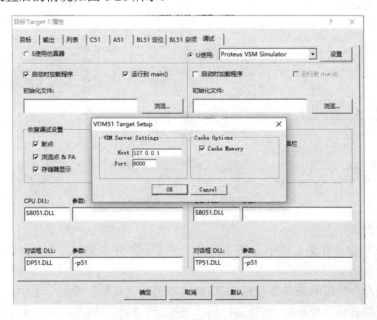

图 1-28　Keil 联机调试设置

3) 设置 Proteus 软件

在 Proteus 的"调试"菜单中选择"使用远程调试监控"命令,如图 1-29 所示。

至此,联机调试设置结束。之后就可以在 Keil 中通过控制程序运行并在 Proteus 中观察系统执行效果了。

如果没有在 Keil 软件中设置使用 Proteus VSM Simulator,也可只利用 Keil 软件进行程序软件的仿真调试,即不进行联机调试。此时可通过观察窗口查看相关寄存器、内存变量的内容,检验软件的运行效果,从而发现程序中存在的问题。

4. 联机调试演示

1) 联机调试准备

运行 Keil 软件,创建"流水灯"项目,并完成软件编写、生成目标代码文件的所有工作。运行 Proteus 软件,绘制"流水灯"硬件电路,并设置好各参数(联机调试时可以不为单片机 AT89C51 加载程序),如图 1-30 所示。

图 1-29 Proteus 联机调试设置

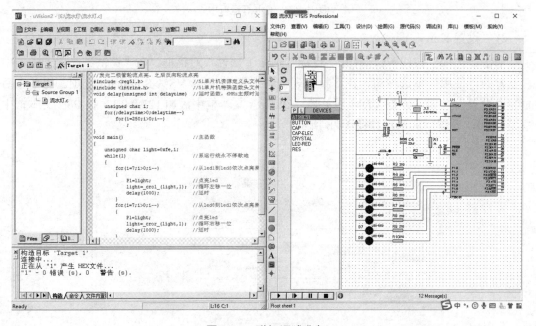

图 1-30 联机调试准备

2) 联机调试

在 Keil 软件中,在菜单栏中选择"调试"→"开始/停止调试"命令,程序及电路都处于初始状态,如图 1-31 所示。

单击"跟踪"按钮或单步按钮(当被调用函数确认执行无误、无须再调试时可采用"单步"按钮跳过函数跟踪),以及运行到"光标行"按钮(当确认前面的程序运行无误时，可将光标放置到运行无误的程序后)或设置断点运行方式，可观察到 Proteus 中的电路状态随着程序的运行而发生改变，如图 1-32 所示。此时可在 Keil 软件中通过观察窗口查看各寄存器、变量内容。

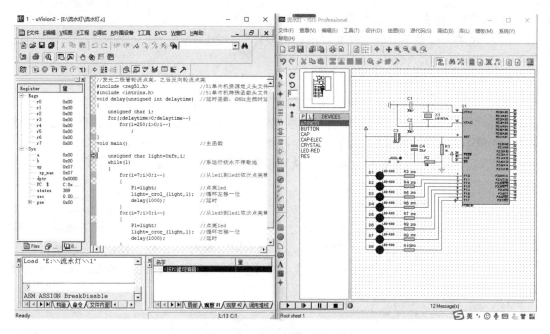

图 1-31　联机调试初始状态

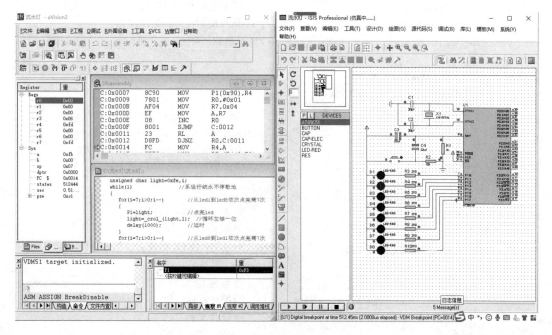

图 1-32　联机调试过程

【项目实现：流水灯系统】

1. 使用 Keil 编写程序

1) 创建文件夹

在 U 盘的根目录下创建文件夹"单片机项目",之后在该文件夹内创建第一个项目的文件夹"项目 1_1 流水灯"。

2) 创建项目文件

运行 Keil 软件,在菜单栏中选择"工程"→"新建工程"命令,弹出"新建工程"对话框。在"保存在"下拉列表框中选择刚刚创建的"项目 1_1 流水灯"文件夹,在"文件名"文本框中输入"流水灯",保存类型保持默认的 Project Files(*.uv2)不变,单击"保存"按钮。随后在弹出的"为目标'Target 1'选择设备"对话框中设置单片机类型为 Atmel 的 89C51。

3) 新建程序文件

在菜单栏中选择"文件"→"新建"命令,新建一个文本文件,此时标题栏中显示 Text1。再次在菜单栏中选择"文件"→"保存"或"另存为"命令,弹出"另存为"对话框。在"文件名"文本框中输入完整的 C 语言程序文件名"流水灯.c"(由于"保存类型"为"所有文件(*.*)",所以文件的扩展名必须填写)。

输入程序,参考程序如下:

```c
//发光二极管轮流点亮,之后反向轮流点亮
#include <reg51.h>            //51子系列单片机寄存器资源定义头文件
#include <intrins.h>          //51单片机本征库函数头文件
void delay(unsigned int delaytime) //延时函数,6MHz主频延时delaytime毫秒
{
    unsigned char i;
    for(;delaytime>0;delaytime--)
        for(i=250;i>0;i--)
            ;
}
void main()                   //主函数
{
    unsigned char light=0xfe,i;
    while(1)                  //系统永不停歇地运行
    {
        for(i=7;i>0;i--)      //从D1到D8依次点亮需7次
        {
            P1=light;         //点亮LED
            light=_crol_(light,1); //循环左移一位
            delay(1000);      //延时1秒
        }
        for(i=7;i>0;i--)      //从D8到D1依次点亮需7次
        {
            P1=light;         //点亮LED
```

```
            light=_cror_(light,1);        //循环右移一位
            delay(1000);                  //延时 1 秒
        }
    }
}
```

4) 将程序文件加入项目

右击左侧项目窗口中的 Source Group 1 选项，在弹出的快捷菜单中选择"增加文件到组 'Source Group 1'"选项，在弹出的对话框中选择"流水灯.c"命令，单击 Add 按钮完成加入，再单击"关闭"按钮，就会看到 Source Group 1 选项左侧呈现+标识，单击+号，文件"流水灯.c"就会显示出来。

5) 生成目标代码文件

在生成目标代码文件之前，需要先进行相关设置。右击左侧项目窗口中的 Target 1 选项，在弹出的快捷菜单中选择"目标'Target 1'属性"命令，弹出"目标'Target 1'属性"对话框。切换到"输出"选项卡，在"产生执行文件"单选按钮选中的情况下选中"生成 HEX 文件"复选框。

设置完成之后，就可以生成目标代码文件了。单击翻译按钮 或选择"工程"→"编译…"命令，将源代码文件"流水灯.c"翻译成目标代码文件"流水灯.obj"，再单击生成按钮 或选择"工程"→"构造目标"命令，将目标代码文件"流水灯.obj"生成为十六进制代码文件"流水灯.hex"。也可单击重新生成按钮 或选择"工程"→"重新构造所有目标"命令来完成上述两项操作。如果翻译或生成出错，则须修改程序再次重复以上过程。

如果需要在列表文件中生成 C 语言代码对应的汇编语言代码，则需要在"目标'Target 1'属性"对话框的"列表"选项卡中选中"汇编代码"复选框；如果需要在列表文件中生成包含头文件的内容，则需要选中"包含文件"复选框；如果需要在列表文件中生成所定义变量的存储情况，则需要选中"符号"复选框。

2. 使用 Proteus 绘制原理图

运行 Proteus 软件，此时设计文件无名称，单击"保存"按钮 或从"文件"菜单中选择"保存设计"命令，弹出"保存 ISIS 设计文件"对话框。输入文件名"流水灯"，文件类型默认，保存文件。之后按照前面所述的方法加载元器件，参照图 1-27 绘制原理图。绘制完成后，再次单击"保存"按钮 进行保存。

3. 使用仿真工具 Proteus 进行仿真

原理图绘制完毕后，双击 AT89C51，在弹出的对话框中单击 Program File 右侧的"浏览"按钮 ，从文件夹"项目 1_1 流水灯"中选中"流水灯.hex"文件，将目标程序加载到单片机。之后单击"运行"按钮 ，查看运行结果；或者单击"单步运行"按钮 ，采取单步运行方式查看运行结果。当程序运行不正常时，可以采用在线联调方式运行程序发现问题所在。

小 结

本单元介绍了单片机的概念、单片机的应用、单片机的特点、当前主流单片机的性能及单片机应用系统的开发方法。通过本单元的学习，要求了解单片机的概念、应用及特性，熟练掌握单片机应用系统的开发方法。

由于一个单片机项目涉及硬件电路文件和软件的工程文件、软件程序、目标代码程序等十多个文件，所以要求读者在学习过程中将一个项目的所有文件都存放在一个文件夹内，以便于学习整理。

强 化 练 习

1. 完成本单元的流水灯项目。
2. 修改流水灯项目电路中 LED 的种类和限流电阻的阻值(100～270Ω之间、1k～10kΩ之间)，仿真运行，体会 Proteus 的仿真效果。

习 题

1. 什么是单片机？
2. 单片机的特点是什么？
3. 单片机开发的步骤是怎样的？
4. 单片机主要应用在哪些领域？
5. 简述利用 Keil 软件和 Proteus 软件进行单片机应用系统的开发步骤。

单元 2

单片机的最小系统及初步应用

教学目标

  本单元通过一个简单的发光二极管闪烁项目，介绍 51 单片机的硬件结构和存储器结构，初步了解单片机的内部结构，熟悉和掌握单片机最小系统的组成。

  本单元还用汇编语言和 C51 语言分别实现了发光二极管闪烁的控制，让读者初步了解单片机系统的开发语言和环境。

【项目引导：发光二极管闪烁】

1. 项目目标

单片机控制发光二极管闪烁。

2. 项目分析

该系统是一个控制发光二极管闪烁的单片机最小系统。要使发光二极管闪烁，需要将发光二极管连接到单片机的一个输出口上，由单片机控制该口输出高(低)电平，使发光二极管灭(亮)，延时一段时间后将该口上的电平取反，使得发光二极管状态发生变化，从而达到发光二极管交替亮灭，实现闪烁效果。

3. 知识及能力准备

- 单片机硬件结构；
- 单片机最小系统的组成；
- 单片机存储器结构；
- 单片机输入/输出口。

2.1 51单片机最小系统

2.1.1 51单片机硬件结构

51单片机在一块半导体芯片上集成了运算器、控制器、存储器、定时/计数器和I/O接口等功能部件，具有一台计算机的属性，其内部结构如图2-1所示。

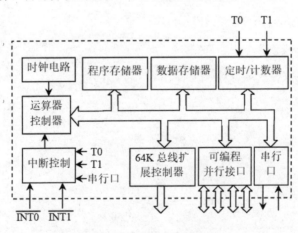

图2-1 51单片机结构图

51单片机内包含以下几个部件。

- 运算器和控制器；
- 一个片内振荡器及时钟电路；

- 程序存储器(4KB Flash ROM);
- 数据存储器(128B RAM);
- 两个 16 位定时/计数器;
- 可寻址的 64KB 外部数据存储器和 64KB 外部程序存储器空间的控制电路;
- 四个 8 位并行 I/O 端口;
- 一个可编程全双工串行口;
- 具有五个中断源、两个优先级嵌套的中断系统。

1. 引脚

单片机的封装(外形包装)形式多样,常用的有 40 引脚的双列直插封装方式,图 2-2 所示为其引脚图。

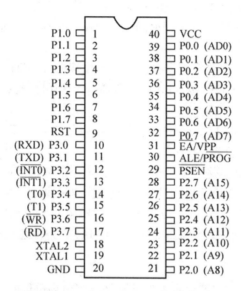

图 2-2 双列直插封装形式引脚图

1) 电源引脚

GND:接地。

VCC:接+5V 电源。

2) 时钟引脚

XTAL1:内部振荡电路反相放大器的输入端。使用内部振荡器时,是外接晶体的一个引脚。使用外部振荡器时,对于 HMOS 单片机,此引脚接地;对于 CHMOS 单片机,此引脚接外部振荡源。

XTAL2:内部振荡电路反相放大器的输出端。使用内部振荡器时,是外接晶体的另一个引脚。使用外部振荡器时,对于 HMOS 单片机,此引脚接外部振荡源;对于 CHMOS 单片机,此引脚悬空。

3) 控制引脚

RST:当振荡器运行时,在此引脚上出现持续时间大于两个机器周期的高电平,将使单片机复位。VCC 断电期间,此引脚可接备用电源,以保持内部 RAM 中的数据。

ALE/$\overline{PROG}$：正常操作时为 ALE 功能(地址锁存允许信号)，能够把地址的低 8 位锁存到外部地址锁存器中。ALE 引脚以不变的频率(时钟振荡频率的 1/6)周期性地发出正脉冲信号，因此，它可用作对外输出的时钟，或用于定时目的。但要注意，每当访问外部数据存储器时，将跳过一个 ALE 脉冲。$\overline{PROG}$ 功能：对于 EPROM 型单片机，在 EPROM 编程期间，此引脚接收编程脉冲。

$\overline{PSEN}$：外部程序存储器读选通信号输出端。在从外部程序存储器取指令(或常数)期间，$\overline{PSEN}$ 接外部程序存储器的输出允许端，每个机器周期两次有效。但当访问外部数据存储器时，这两次 $\overline{PSEN}$ 将不出现。

$\overline{EA}$/VPP：$\overline{EA}$ 为内部/外部程序存储器选择端。当 $\overline{EA}$ 为高电平时，访问内部程序存储器，当 PC 值大于内部程序存储器容量所对应的最大地址时，将自动转向外部程序存储器。当 $\overline{EA}$ 为低电平时，直接访问外部程序存储器，不管是否有内部程序存储器。VPP 功能：对于 EPROM 型单片机，在 EPROM 编程期间，此引脚上加编程电压。

4) 输入/输出引脚

P0 口(P0.0～P0.7)：P0 口是一个漏极开路型 8 位双向 I/O 口，在访问外部存储器时，分时发送低 8 位地址和收发 8 位数据。P0 口作普通 I/O 使用时需接上拉电阻，能以吸收电流的方式驱动八个 LS 型 TTL 负载。

P1 口(P1.0～P1.7)：P1 口是一个带有内部上拉电阻的 8 位双向 I/O 口，能驱动(吸收或输出电流)四个 LS 型 TTL 负载。

P2 口(P2.0～P2.7)：P2 口是一个带有内部上拉电阻的 8 位双向 I/O 口，在访问外部存储器时，送出高 8 位地址。P2 口可以驱动(吸收或输出电流)四个 LS 型 TTL 负载。

P3 口(P3.0～P3.7)：P3 口是一个带有内部上拉电阻的 8 位双向 I/O 口，能驱动(吸收或输出电流)四个 LS 型 TTL 负载。P3 口除作为通用 I/O 口外，还具有第二功能。

2．运算器和控制器

51 的运算器字长为 8 位，即对数据的处理是以字节为单位的。

1) 运算器

运算器由算术逻辑单元(ALU)、布尔(bool，逻辑)处理器、累加器 A、程序状态字(PSW)寄存器、寄存器 B 和两个 8 位暂存器组成。

(1) 算术逻辑单元(ALU)。

ALU 能够实现数据的四则运算(加、减、乘、除)、逻辑运算(与、或、非、异或)、数据传递、移位、判断、程序转移等功能。

(2) 布尔处理器。

布尔处理器是运算器的重要组成部分，拥有相应的布尔指令子集，有专门的处理单元(进位为 CY)、位寻址空间和 I/O 口，是一个独立的部件，能够完成位传送、清零、置位、取反、与、或及判位转移等操作。

(3) 累加器 A。

累加器 A 是一个常用的 8 位寄存器，大部分单操作数指令的操作数均取自累加器 A，很多双操作数指令中的一个操作数也取自累加器 A。所有的算术运算和大部分的逻辑运算通过累加器 A 来完成。累加器 A 是最繁忙的寄存器。

(4) 寄存器 B。

在乘法指令中，寄存器 B 存放两个乘数中的一个；在除法指令中，运算前寄存器 B 存放被除数，运算后存放余数。

(5) 程序状态字(PSW)寄存器。

程序状态字寄存器是一个 8 位寄存器，用于存放程序运行中的状态信息。某些位可由软件设置，有些位则是在硬件运行时自动设置的。程序状态字寄存器的各位定义如表 2-1 所示，其中 PSW.1 是保留位，未使用。

表 2-1 程序状态字寄存器的各位定义

PSW.7	PSW.6	PSW.5	PSW.4	PSW.3	PSW.2	PSW.1	PSW.0
CY	AC	F0	RS1	RS0	OV	—	P

- PSW.7(CY)：进/借位标志位，此位有两个功能。一是在执行某些算术运算时，存放进/借位标志，可置位或清零；二是在位运算中作布尔处理机使用。
- PSW.6(AC)：辅助进/借位标志位。进行加、减运算时，当低 4 位向高 4 位进位或借位时，AC 置位，否则被清零。AC 辅助进位标志位常用作十进制调整的依据。
- PSW.5(F0)：用户标志位。它是供用户自行设置的标志位。
- PSW.4 和 PSW.3(RS1 和 RS0)：寄存器组选择位，用来选择片内 RAM 中 4 组工作寄存器区中的一组作为当前工作寄存器区。RS1、RS0 和所选寄存器组之间的对应关系如表 2-2 所示。
- PSW.2(OV)：溢出标志，由硬件置位或清除。执行带符号数加减运算时，OV=C_6' ⊕ C_7'(C_i' 为第 i 位向第 i+1 位的进位或借位)。执行乘法指令时，若乘积超过 255，OV=1，表示乘积在 A、B 寄存器中。若 OV=0，则说明乘积没有超过 255，乘积只在累加器 A 中。执行除法指令时，若除数为 0，OV=1，否则 OV=0。
- PSW.0(P)：奇偶标志，由硬件置位或清除。若累加器 A 的值中 1 的个数为奇数，则 P 置位，否则清零。

表 2-2 RS1、RS0 和所选寄存器组之间的对应关系

RS1	RS0	寄存器组号	R0~R7 占用地址
0	0	0	00~07H
0	1	1	08~0FH
1	0	2	10~17H
1	1	3	18~1FH

2) 控制器

控制器由指令寄存器(IR)、指令译码器(ID)、定时及控制逻辑电路等组成。指令寄存器(IR)保存当前正在执行的指令。指令的内容包含指令操作码和地址码。操作码送往指令译码器(ID)，经译码后形成相应的位操作信号；地址码送往操作数地址形成电路，以形成实际的操作数地址。定时与控制逻辑电路完成取指令、执行指令、存取操作数和运算结果等任务，并向其他部件发出各种控制信号，协调各部件的工作。

程序计数器(PC)是一个 16 位的计数器,用于存放下一条要执行的指令地址,寻址范围为 64KB(2^{16})。PC 有自动加 1 功能,每当从程序存储器中取出一个字节的指令后,其内容自动加 1,所以当取出一条指令后,PC 总是指向即将执行的下一条指令的地址。PC 本身并没有地址,因此是不可寻址的,用户无法对它进行读写及修改,但是可以通过转移、调用、返回等指令改变其内容,以控制程序的执行顺序。

单片机复位时 PC=0000H,因此 51 系列单片机程序的起始地址为 0000H。

3. 时钟与时序

单片机系统中的各个部件是在一个统一的时钟脉冲控制下有序地进行工作的,时钟电路是单片机最小系统的最基本、最重要的电路。

1) 时钟

51 单片机的时钟可由两种方式产生,即内部时钟方式和外部时钟方式。

(1) 内部时钟方式。

51 单片机内部有一个高增益反相放大器,引脚 XTAL1 和 XTAL2 分别是该放大器的输入端和输出端,该放大器与作为反馈元件的片外晶体振荡器(简称晶振)一起构成一个自激振荡器。外接晶体及电容 C_1、C_2 构成并联谐振电路,接在放大器的反馈回路中,如图 2-3(a)所示。

外接晶振时,C_1、C_2 的值通常为 30pF 左右;C_1、C_2 对频率有微调作用,晶振的频率范围为 0~33MHz。由于内部时钟方式的外部电路接线简单,因此单片机应用系统中大多采用这种方式。内部时钟方式产生的时钟信号的频率就是晶振的固有频率,常用 f_{osc} 来表示。如果选择 12MHz 晶振,则 f_{osc} =12×10^6Hz。

(2) 外部时钟方式。

外部时钟方式即完全用外部电路产生时钟。外部电路产生的时钟信号被直接接到单片机的 XTAL1 引脚,此时 XTAL2 悬空,电路如图 2-3(b)所示。

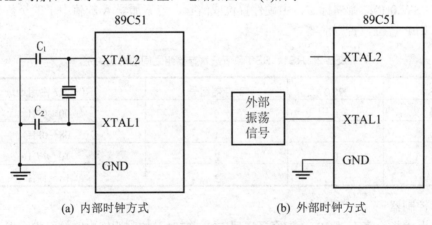

(a) 内部时钟方式　　　　　　　　(b) 外部时钟方式

图 2-3　51 单片机时钟电路

2) 时序

机器启动后,指令按照"取指令→分析指令→执行指令"的顺序不停歇地执行。由于指令的字节数不同,取指令所需时间也就不同;即使是字节数相同的指令,执行操作也会有很大差别。因此，不同指令的执行必然是不相同的。

但是，不管指令怎样执行，都是在时钟信号的配合下按照一定的顺序执行的，即按照一定时间顺序(时序)执行。为了便于对时序的理解，下面介绍与时序相关的时钟周期、状态周期、机器周期和指令周期的概念。

(1) 时钟周期。

时钟周期也称为振荡周期，定义为时钟脉冲频率(f_{osc})的倒数，是单片机中最基本、最小的时间单位。由于时钟脉冲控制着计算机的工作节奏，同一型号的单片机，时钟频率越高，时钟周期越短，单片机的工作速度显然就会越快。然而，受硬件电路的限制，时钟频率也不能无限提高。每一种型号的单片机，时钟频率都有一个范围，如 51 单片机的时钟频率范围为 0~33MHz。为方便描述，时钟周期一般用 P(pause)来表示。

(2) 状态周期。

在单片机中，每两个时钟周期构成一个状态周期，标识为 P_1 和 P_2。

(3) 机器周期。

完成一个最基本的操作(读或写)所需要的时间称为机器周期。51 单片机的机器周期是固定的，一个机器周期由 12 个时钟周期(6 个状态周期)组成。若采用 6MHz 的时钟频率，一个机器周期为 2μs (12/6MHz)；若采用 12MHz 的时钟频率，一个机器周期为 1μs (12/12MHz)。

(4) 指令周期。

指令周期是执行一条指令所需要的时间，一般由若干个机器周期组成。指令不同，所需要的机器周期数也不同。指令周期随指令不同而不同，与指令字节数无必然联系。

通常，一个机器周期就能完成的指令称为单周期指令，两个机器周期才能完成的指令称为双周期指令，四个机器周期才能完成的指令称为四周期指令。51 单片机中的大多数指令都是单周期或双周期指令，只有乘、除指令为四周期指令。

4. 复位系统

大规模集成电路在上电时一般需要进行复位操作，以便使芯片内的一些部件处于一个确定的初始状态，否则无法正常工作。除正常初始化之外，当程序运行出错或操作错误使系统处于死锁状态时，也需要进行复位操作，从而使系统从初始状态开始工作。复位系统是单片机最小系统的重要组成部分。

51 单片机的第 9 脚(RST)为复位引脚。系统上电后，时钟电路开始工作，只要 RST 引脚上持续出现大于两个机器周期的高电平即可引起单片机执行复位操作。单片机复位后，PC 内容为 0000H，单片机从程序存储器的 0000H 处开始取指令执行。复位后，单片机各内部寄存器的状态如表 2-3 所示。复位不影响内部 RAM 的状态。

单片机的复位电路有上电复位和按键复位两种。

1) 上电复位电路

最简单的上电复位电路由电容和电阻串联构成，上电瞬间 RST 脚的电位与 V_{CC} 相同，随着充电的进行，RST 脚的电位逐渐下降，直至与 GND 相同。当晶振选 6MHz 时，电阻、电容的取值如图 2-4 所示。

表 2-3　内部寄存器复位状态表

特殊功能寄存器	复位状态	特殊功能寄存器	复位状态
PC	0000H	TL0	00H
ACC	00H	TH1	00H
B	00H	TL1	00H
PSW	00H	SCON	00H
SP	07H	SBUF	不定
DPTR	0000H	PCON	0XXX0000B
P0～P3	0FFH	TH2*	00H
IP	XX000000B	TL2*	00H
IE	0X000000B	T2CON*	00H
TMOD	00H	RLDH*	00H
TCON	00H	RLDL*	00H
TH0	00H		

注：带*号的为 52 系列单片机所特有的寄存器。

2) 上电复位和脉冲方式按键复位组合电路

图 2-5 所示为上电复位和脉冲方式按键复位组合电路(晶振选 6MHz)，电容 C_1 与电阻 R_1 构成上电复位电路，按键、电容 C_2、电阻 R_1 和 R_2 构成脉冲方式按键复位电路。当按下复位按键后，电容 C_2 与电阻 R_1 构成充电电路，使 RST 呈现高电平，达到复位目的；当复位按键抬起后，C_2 上的电荷通过 R_2 泄放，以便于再次按键复位。

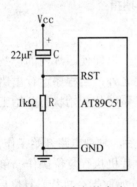
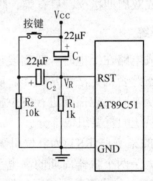

图 2-4　上电复位电路　　　　图 2-5　上电复位和按键复位组合电路

【实战练习：绘制单片机最小系统】

采用 AT89C51 组成单片机的最小系统时，由于单片机内部已经集成了程序存储器，所以最小系统仅包括一片 AT89C51、时钟电路和复位电路，并将 $\overline{EA}$ 接高电平，电路如图 2-6 所示。任何单片机应用系统的组成都必须包含单片机最小系统，后继的单片机项目都将在该单片机最小系统上进行扩展。

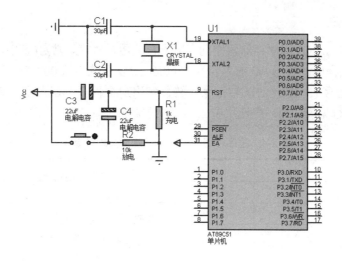

图 2-6　AT89C51 单片机最小系统

2.1.2　51 单片机存储器结构

计算机的存储器组织有两种基本结构：哈佛结构和普林斯顿结构(又称为冯·诺依曼结构)。哈佛结构的程序存储器和数据存储器分开，互相独立；普林斯顿结构的程序存储器和数据存储器合而为一，地址空间统一。51 单片机采取的是哈佛结构，并且数据存储器又分为内部数据存储器和外部数据存储器两部分，如图 2-7 所示。

由于单片机系统在开发完成后，程序不再改变，且系统掉电再次启动之后应马上执行，因此程序存储器常采用只读存储器(ROM)。单片机系统执行过程中所用到的变量、数据在程序运行过程中需要改变，因此数据存储器常采用随机存取存储器(RAM)。故而在后面关于存储器的学习中，又把程序存储器称为 ROM、数据存储器称作 RAM。

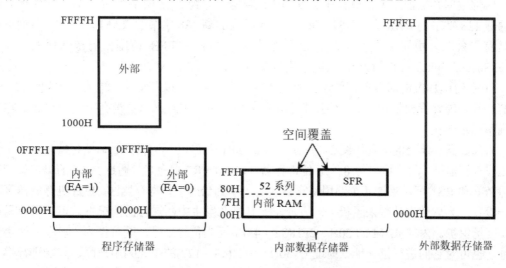

图 2-7　51 单片机存储器配置图

1. 程序存储器

51 单片机具有 64KB 程序存储器空间，用于存放用户程序、常数(表格数据)等信息。单片机启动复位后，程序计数器 PC 的内容为 0000H，所以系统将从 0000H 单元开始执行主程序，一般在该单元存放一条绝对跳转指令，转移到用户主程序。在程序存储器中共有 7 个单元具有特殊意义(见表 2-4)，在使用中应加以注意。

表 2-4　程序存储器的 7 个特殊含义地址单元

单　元	功能描述
0000H	单片机主程序入口
0003H	外部中断 0 中断服务程序入口
000BH	定时/计数器 0 中断服务程序入口
0013H	外部中断 1 中断服务程序入口
001BH	定时/计数器 1 中断服务程序入口
0023H	串行口中断服务程序入口
002BH	定时/计数器 2 中断服务程序入口(52 系列)

0003H、000BH、0013H、001BH、0023H、002BH 单元：中断服务程序入口，对应 6 个中断源。当中断响应后，根据中断的类型，系统自动转到各自的中断服务程序入口去执行中断服务程序。因此以上地址单元不能用于存放其他程序的内容，只能存放中断服务程序。但是，两个相邻的中断服务程序入口之间只相差 8 个单元，一般情况下是存放不下中断服务程序的，因此通常在中断服务程序入口单元存放一条绝对转移指令，跳转到对应的中断服务程序(在程序存储器的其他位置安排)去执行。

2. 内部数据存储器

内部数据存储器用于存放程序运行的中间结果，分为 3 个不同的块：00H～7FH 单元组成的低 128 字节的 RAM 块，80H～0FFH 单元组成的高 128 字节的 RAM 块(仅 52 系列单片机具有，只能采用间接寻址方式)，以及地址也是 80H～0FFH 范围内的特殊功能寄存器(SFR-Special Function Register，只能采用直接寻址方式)块。

51 系列单片机内部数据存储器只有低 128 字节 RAM，以及特殊功能寄存器块。128 字节的特殊功能寄存器块中只有 26 字节是有定义的，如果访问该块中没有定义的单元，将会得到不确定的值。

内部数据存储器的配置如图 2-8 所示。其中 00H～1FH(0～31)的 32 个单元被分为 4 个通用工作寄存器区，每个区包含 8 个 8 位寄存器，以 R0～R7 来命名。通过 PSW 的第 3 位和第 4 位(RS0 和 RS1)可设置这 4 个通用寄存器区之一作为当前工作寄存器区。单片机存储器区的这一设置，为软件设计带来了极大的方便，尤其是在发生中断嵌套的情况下，可以很容易地实现现场保护。内部 RAM 的 20H～2FH(32～47)单元为位寻址区，既可作为一般单元用字节寻址，也可对它们进行位寻址。地址为 30H～7FH(48～127)的单元为用户区，只能进行字节寻址，用于存放数据及作为堆栈区。地址为 80H~FFH(128～255)单元是高 128 字节 RAM(只有 52 系列拥有，仅能间接寻址，可作为堆栈区)与 SFR 块(只能直接寻址)地址覆盖区。

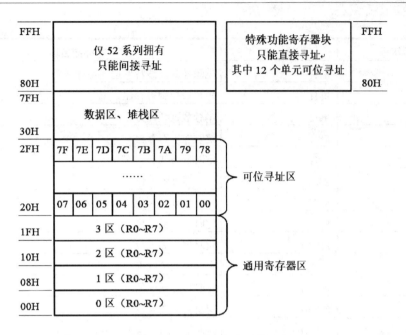

图 2-8　内部数据存储器配置

3．特殊功能寄存器

特殊功能寄存器(SFR)也称为专用寄存器，某些寄存器的内容反映了单片机的运行状态，某些寄存器可通过软件设置其内容来控制相关部件的工作。

51 系列单片机有 21 个特殊功能寄存器(其中 5 个是 16 位的寄存器，占用 26 个单元)，它们被离散地分布在 80H～FFH 地址中，这些寄存器的功能已做了专门的规定，用户不能修改其结构。表 2-5 所示是特殊功能寄存器分布一览表，下面对其中主要的寄存器做一些简单的介绍，其他寄存器将在相关内容中再进行介绍。

表 2-5　特殊功能寄存器分布一览表

标识符号	地　　址	寄存器名称
ACC	0E0H	累加器 A
B	0F0H	寄存器 B
PSW	0D0H	程序状态字
SP	81H	堆栈指针
DPTR	82H、83H	数据指针(16 位)，含 DPL 和 DPH
IE	0A8H	中断允许控制寄存器
IP	0B8H	中断优先控制寄存器
P0	80H	I/O 口 0 寄存器
P1	90H	I/O 口 1 寄存器
P2	0A0H	I/O 口 2 寄存器
P3	0B0H	I/O 口 3 寄存器

续表

标识符号	地　　址	寄存器名称
PCON	87H	电源控制及波特率选择寄存器
SCON	98H	串行口控制寄存器
SBUF	99H	串行数据缓冲寄存器
TCON	88H	定时控制寄存器
TMOD	89H	定时器方式选择寄存器
TL0	8AH	定时器0低8位
TH0	8CH	定时器0高8位
TL1	8BH	定时器1低8位
TH1	8DH	定时器1高8位
T2CON*	0C8H	定时器2控制寄存器
TL2*	0CCH	定时器2低8位
TH2*	0CDH	定时器2高8位
RLDL*	0CAH	定时器2自动重装载寄存器低8位
RLDH*	0CBH	定时器2自动重装载寄存器高8位

1) 寄存器 B

在乘、除法指令中，乘法指令中的两个操作数分别取自累加器 A 和寄存器 B，其结果存放于累加器 A 和寄存器 B 中，累加器 A 存放低 8 位积、寄存器 B 存放高 8 位积；除法指令中的被除数取自累加器 A，除数取自寄存器 B，结果的商存放于累加器 A，余数存放于寄存器 B 中。在其他指令中，寄存器 B 可作为一般寄存器使用。

2) 数据指针(DPTR)

数据指针为 16 位寄存器，既可作为 16 位寄存器使用，也可作为两个 8 位寄存器使用，即高位字节寄存器(DPH)和低位字节寄存器(DPL)。

DPTR 主要用来存放 16 位地址，访问程序存储器时，DPTR 作为基址寄存器，采用基址+变址寻址方式访问程序存储器。访问外部数据存储器时，DPTR 作为地址指针使用。

3) 堆栈指针(SP)

堆栈是一种数据结构(类似于弹夹)，是一个只有一个入口的内存区域，只能从入口(栈顶)进行操作，采用先入后出(或后入先出)的方式进行。堆栈指针是一个 8 位寄存器，它指示堆栈顶部在内部 RAM 中的位置。系统复位后，SP 的初始值为 07H，使得堆栈实际上是从 08H 单元开始的(入栈时 SP 先加 1，再将内容存入 SP 指向的单元中)。但从 RAM 的结构分布可知，08H～1FH 是 1～3 工作寄存器区，程序中定义的变量也需要安置在内部 RAM 中，所以编程时需要跳过这些数据单元，因此必须对堆栈指针(SP)进行初始化。原则上 SP 设在任何一个区域均可，但一般设置在内部 RAM 的高地址端。

数据写入堆栈区称为入栈，由 PUSH 指令完成；从堆栈中取出数据称为出栈，由 POP 指令完成。堆栈的原则是"后入先出"，即最先入栈的数据放在堆栈的底部，而最后入栈的数据放在堆栈的顶部，因此，最后入栈的数据最先出栈。

堆栈的操作有两种方法：一是自动方式，即在响应中断服务程序或调用子程序时，返回地址自动进栈。当需要返回执行主程序时，返回的地址自动交给 PC，以保证程序从断点处继续执行，这种方式是不需要编程人员干预的。二是人工指令方式，使用专有的堆栈操作指令进行入/出栈操作；入栈为 PUSH 指令，用于将操作数压入堆栈；出栈为 POP 指令，用于从堆栈中恢复操作数的内容。

4．位地址

内部 RAM 的 20H～2FH 单元为位寻址区，既可作为一般单元进行字节寻址，也可进行位寻址。位寻址区共有 16 字节，计 128 位，位地址为 00H～7FH。位地址分配如表 2-6 所示。

表 2-6　单片机内部 RAM 的位寻址区及位地址

字节地址	位 地 址							
	MSB							LSB
2FH	7F	7E	7D	7C	7B	7A	79	78
2EH	77	76	75	74	73	72	71	70
2DH	6F	6E	6D	6C	6B	6A	69	68
2CH	67	66	65	64	63	62	61	60
2BH	5F	5E	5D	5C	5B	5A	59	58
2AH	57	56	55	54	53	52	51	50
29H	4F	4E	4D	4C	4B	4A	49	48
28H	47	46	45	44	43	42	41	40
27H	3F	3E	3D	3C	3B3	3A	39	38
26H	37	36	35	34	33	32	31	30
25H	2F	2E	2D	2C	2B	2A	29	28
24H	27	26	25	24	23	22	21	20
23H	1F	1E	1D	1C	1B	1A	19	18
22H	17	16	15	14	13	12	11	10
21H	0F	0E	0D	0C	0B	0A	09	08
20H	07	06	05	04	03	02	01	00

另外，特殊功能寄存器块中有 12 个特殊功能寄存器(其地址能被 8 整除)能够进行位寻址。布尔处理器能直接寻址这些位，执行置"1"、清"0"、求"反"、判断转移、位传送及逻辑与或等操作。

5．外部数据存储器

单片机内部数据存储器的容量有限，并且要用于通用寄存器区、堆栈区、位变量、内部变量等的配置，当单片机系统需要存放大量数据时，内部 RAM 明显不够用，此时需要外扩数据存储器，51 系列单片机最多可外扩 64KB 的片外 RAM。对外部数据存储器的访问采用间接寻址方式，R0、R1 和 DPTR 都可以作为间接寻址寄存器使用。要注意的是，片内

RAM 和片外 RAM 两个空间相互独立，各有不同的访问指令。片内 RAM 使用的是 MOV 指令，片外 RAM 使用的是 MOVX 指令。另外，从程序存储器中读取数据时采用的是 MOVC 指令。

2.2 51 单片机 I/O 系统

51 单片机有 4 个并行端口，共计 32 根 I/O 线。4 个并行端口都是双向口，每个端口都包含一个锁存器(即特殊功能寄存器 P0～P3)、一个输出驱动器和输入缓冲器。为方便起见，将 4 个端口和其中的锁存器笼统地表示为 P0～P3。

访问外部存储器(程序存储器或数据存储器)时，地址由 P0 口(低 8 位地址)和 P2 口(高 8 位地址)送出，数据由 P0 口传送。此时 P0 口是分时复用的双向总线。无外部存储器时，所有端口都可作为通用的准双向口使用。

由于每个端口的位结构都是相同的，所以端口结构的介绍都以其位结构进行说明。

2.2.1 P0 口

P0 口是一个双功能的 8 位并行端口，字节地址为 80H，位地址为 80H～87H。P0 口某一位的位电路结构如图 2-9 所示。

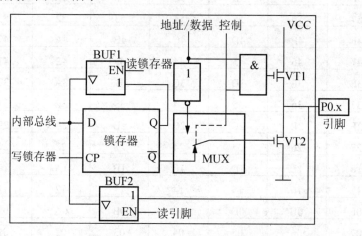

图 2-9 P0 口某一位的位电路结构

1. 位电路结构

(1) 一个数据输出锁存器，用于数据位的锁存。

(2) 两个三态的数据输入缓冲器，分别用于读锁存器数据的输入缓冲器 BUF1 和读引脚数据的输入缓冲器 BUF2。

(3) 数据输出的控制由一个多路转接开关 MUX、一个与门和一个反相器组成。多路转接开关 MUX 的一个输入来自锁存器的 $\overline{Q}$ 端，另一个输入为"地址/数据"信号的反相输出。MUX 由"控制"信号控制，实现锁存器的输出和地址/数据信号之间的转接。

(4) 数据输出的驱动电路由两个场效应管(FET)VT1 和 VT2 组成。

2. 工作过程分析

1) P0 口用作地址/数据总线

外扩存储器或 I/O 端口时，P0 口作为分时复用的地址/数据总线使用。

(1) 执行输出命令。

此时控制信号为 1，硬件自动使转接开关 MUX 拨向上方，接通反相器的输出，控制信号同时使与门处于开启状态。

低 8 位地址信息和数据信息分时出现在地址/数据总线上。当输出的地址/数据信息为 1 时，与门输出为 1，上方的场效应管 VT1 导通，地址/数据信息经反相器后输出 0 使下方的场效应管 VT2 截止，P0.x 引脚输出为 1；当输出的地址/数据信息为 0 时，上方的场效应管 VT1 截止，下方的场效应管 VT2 导通，P0.x 引脚输出为 0。

输出电路是由上下两个场效应管形成的推拉式结构，大大提高了负载能力，这时上方的场效应管起到内部上拉电阻的作用。

(2) 执行输入命令。

此时低 8 位地址信息出现在地址/数据总线上，P0.x 引脚的状态与地址/数据总线的地址信息相同。系统自动将转换开关 MUX 拨向锁存器，并向 P0 口写入 0FFH，从而使得 VT1 和 VT2 都截止，端口呈现高阻抗状态；同时"读引脚"信号有效，数据经缓冲器 BUF2 进入内部总线，完成输入操作的读入。

由于 P0 口是具有高电平、低电平和高阻抗三种状态的端口。因此，P0 口作为地址/数据总线使用时是一个真正的双向端口。

2) P0 口用作通用 I/O 口

当 P0 口不作为系统的地址/数据总线使用时，此时 P0 口可作为通用的 I/O 口使用。当 P0 口作为通用的 I/O 口时，对应的控制信号为 0，MUX 拨向下方，接通锁存器的 $\overline{Q}$ 端，与门输出为 0，上方场效应管 VT1 截止，形成的 P0 口输出电路为漏极开路输出。

(1) P0 口作为输出口。

来自系统的"写锁存器"脉冲加在 D 锁存器的 CP 端，内部总线上的数据写入 D 锁存器，经 VT2 反相，由引脚 P0.x 输出。

例如，当 D 锁存器为 1 时，$\overline{Q}$ 端为 0，下方场效应管 VT2 截止，输出为漏极开路，此时必须外接上拉电阻才能有高电平输出；当 D 锁存器为 0 时，下方场效应管 VT2 导通，P0 口输出为低电平。

(2) P0 口作为输入口。

有两种读入方式：读锁存器和读引脚。

执行"读→修改→写"类输入指令(ANL P0,A)时，内部产生的"读锁存器"信号，使锁存器的状态由 Q 端经上方的三态缓冲器 BUF1 进入内部总线，再经过运算之后，将结果送回 P0 口的锁存器并出现在引脚上。

执行传送类输入指令时，内部发出的是"读引脚"信号。注意此时如果锁存器的状态 Q=1(即 $\overline{Q}$ 端为 0)，下方场效应管 VT2 截止，引脚的状态经下方的三态缓冲器 BUF2 进入内部总线；如果锁存器的状态 Q=0(即 $\overline{Q}$ 端为 1)，VT2 导通，引脚的状态将被钳位为"0"状态，无法正确读入引脚信息。可见，当 P0 口作为通用 I/O 口且执行的是传送类输入指令读取引脚时，要先向端口锁存器写入 1，使下方场效应管 VT2 截止，即 P0 作为通用 I/O 口时，属于准双向口。

3) P0 口的特点

P0 口为双功能口，即地址/数据复用口和通用 I/O 口。

当 P0 口用作地址/数据复用口时，它是一个真正的双向口，输出低 8 位地址和输出/输入 8 位数据。

当 P0 口用作通用 I/O 口时，由于需要在片外接上拉电阻，端口不存在高阻抗(悬浮)状态。

作为通用 I/O 口输入时，为保证引脚信号的正确读入，应先置锁存器的 Q 端为 1，方可执行输入操作，所以是准双向口。单片机复位后，锁存器自动被置 1。

2.2.2　P2 口

P2 口为双功能口，字节地址为 A0H，位地址为 A0H～A7H。位电路结构如图 2-10 所示。

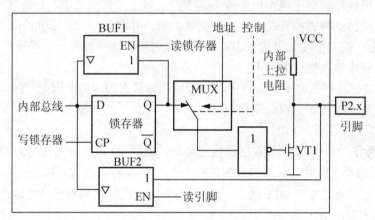

图 2-10　P2 口某一位的位电路结构

1．位电路结构

(1) 一个数据输出锁存器，用于输出数据位的锁存。

(2) 两个三态数据输入缓冲器 BUF1 和 BUF2，分别用于读锁存器数据和读引脚数据。

(3) 输出控制电路由一个多路转接开关 MUX 和一个反相器组成。多路转接开关 MUX 的一个输入端连接到锁存器的 Q 端，另一输入端连接到高 8 位地址。

(4) 输出驱动电路，由场效应管(FET)VT1 和内部上拉电阻组成。

2．工作过程分析

1) P2 口用作地址总线

此时内部控制信号为 1，MUX 拨向右侧，与地址线接通。当地址线为 0 时，反相器输出 1，使场效应管 VT1 导通，P2 口引脚输出为 0；当地址线为 1 时，反相器输出 0，使场效应管截止，P2 口引脚输出为 1。

2) P2 口用作通用 I/O 口

(1) 执行输出命令。

此时内部控制信号为 0，MUX 拨向左侧，与锁存器的 Q 端接通。内部总线输出 1 时，Q=1，反相器输出 0，使场效应管截止，P2.x 引脚输出为 1；内部总线输出 0 时，Q=0，反相器输出 1，使场效应管导通，P2.x 引脚输出为 0。

(2) 执行输入命令。

P2 口输入时，分"读锁存器"和"读引脚"两种方式。"读锁存器"时，Q 端信号经输入缓冲器 BUF1 进入内部总线；"读引脚"时，先向锁存器写 1，使场效应管 VT1 截止，P2.x 引脚上的电平经输入缓冲器 BUF2 进入内部总线。

3．P2 口的特点

当扩展外部存储器，作为地址输出线时，P2 口输出高 8 位地址，P0 口输出低 8 位地址，可寻址 64KB 地址空间。

当不需要扩展外部存储器，作为通用 I/O 口时，由于在执行"读引脚"输入时必须先向锁存器写入 1，所以 P2 口为准双向口。

2.2.3　P1 口

P1 口是 51 单片机唯一的单功能 I/O 口，字节地址为 90H，位地址为 90H～97H。P1 口的位电路结构如图 2-11 所示。

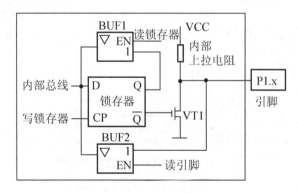

图 2-11　P1 口某一位的位电路结构

1．位电路结构

(1) 一个数据输出锁存器，用于锁存输出的数据位。

(2) 两个三态数据输入缓冲器 BUF1 和 BUF2，分别用于读锁存器数据和读引脚数据的输入缓冲。

(3) 数据输出驱动电路，由一个场效应管(FET)和一个内部上拉电阻组成。

2．工作过程分析

P1 口只能作为通用的 I/O 口使用。

1) P1口用作输出口

如果内部总线输出1，Q=1，$\overline{Q}$=0，场效应管截止，P1口引脚输出为1；如果内部总线输出0，Q=0，$\overline{Q}$=1，场效应管导通，P1口引脚输出为0。

2) P1口用作输入口

P1口用作输入口分为"读锁存器"和"读引脚"两种方式。"读锁存器"时，锁存器的输出端Q的状态经输入缓冲器BUF1进入内部总线；"读引脚"时，必须先向锁存器写1，使场效应管VT1截止，P1.x引脚上的电平经输入缓冲器BUF2进入内部总线。

3．P1口的特点

P1口作为通用I/O口，由于具有内部上拉电阻，所以无高阻抗输入状态。另外，由于执行"读引脚"输入时，必须先向锁存器写入1，所以P1口为准双向口。

2.2.4　P3口(P3.0～P3.7)

由于单片机的引脚数目有限，因此在P3口增加了第二功能。每1位都可以分别定义为第二输入功能或第二输出功能。P3口字节地址为B0H，位地址为B0H～B7H。P3口某一位的位电路结构如图2-12所示。

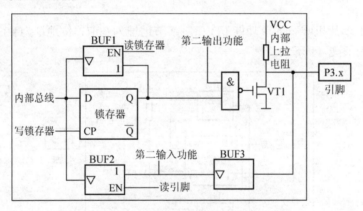

图2-12　P3口某一位的位电路结构

1．位电路结构

(1) 一个数据输出锁存器，锁存输出数据位。

(2) 两个三态数据输入缓冲器BUF1、BUF2和一个输入缓冲器BUF3，分别用于读锁存器、读引脚数据和第二功能数据的输入缓冲。

(3) 输出驱动，由与非门、场效应管(FET)和内部上拉电阻组成。

2．工作过程分析

1) P3口用作第一功能——通用I/O口

P3口用作第一功能通用输出时，第二输出功能端应保持高电平，与非门开启。内部总线输出1时，Q=1，经与非门反相后输出0使场效应管截止，P3.x引脚输出为1；内部总线输出 0 时，Q=0，经与非门反相后输出 1 使场效应管导通，P3.x 引脚输出为 0。

用作第一功能通用输入并为"读引脚"操作时，第二输出功能端保持高电平，为保证正确输入，必须使场效应管截止，则该位的锁存器需要置 1(即写"1")。P3.x 引脚信息通过输入 BUF3 和 BUF2 进入内部总线，完成"读引脚"操作，因此 P3 口为准双向口。如果执行的是"读锁存器"操作，此时 Q 端信息经过缓冲器 BUF1 进入内部总线。

2) P3 口用作第二输入/输出功能

当选择第二输出功能时，该位的锁存器需要置 1(Q=1)，使与非门为开启状态，从而保证第二输出功能的数据到达引脚。当第二输出为 1 时，经与非门反相输出 0 使场效应管截止，P3.x 引脚输出为 1；当第二输出为 0 时，经与非门反相输出 1 使场效应管导通，P3.x 引脚输出为 0。

当选择第二输入功能时，该位的锁存器需要置 1(Q=1)，同时第二输出功能端也应置 1，保证场效应管截止，P3.x 引脚的信息由输入缓冲器 BUF3 的输出获得。

3．P3 口的特点

P3 口内部有上拉电阻，无高阻抗输入态。

当 P3 口某位不作为第二功能使用时，可作为通用 I/O 使用，为准双向口。

当 P3 口作为第二功能使用时，由于复位后 P3 口锁存器自动置 1，满足第二功能所需的条件，所以无须任何设置工作，就可以进入第二功能操作。P3 口第二功能时各引脚定义见表 2-7。

表 2-7　P3 口第二功能各引脚定义

引脚号	标识	第二功能
P3.0	RXD	串行口输入
P3.1	TXD	串行口输出
P3.2	/INT0	外部中断 0 输入
P3.3	/INT1	外部中断 1 输入
P3.4	T0	定时/计数器 0 外部脉冲输入
P3.5	T1	定时/计数器 1 外部脉冲输入
P3.6	/WR	外部数据存储器写选通信号输出
P3.7	/RD	外部数据存储器读选通信号输出

2.2.5　并行口小结

单片机的 4 个并行口作为通用 I/O 口时都是准双向口，执行"读引脚"指令时必须先向端口寄存器写 1，再执行输入操作。

当单片机需要外部扩展程序存储器、数据存储器、I/O 接口时，P2 口与 P0 口配合使用连接外部存储器或 I/O 接口。P2 口作为地址口，送出地址的高 8 位；P0 口作为地址/数据复用口，送出地址的低 8 位，收发 8 位数据。

当需要连接外部数据存储器、I/O 接口，或者需要进行串行通信、引入外部中断、计数外部脉冲个数时，P3 口对应口处于第二功能。

【成果展示：发光二极管闪烁】

发光二极管闪烁系统运行效果如图 2-13 所示。

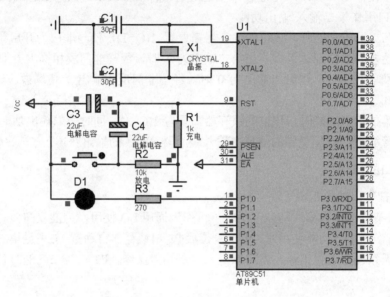

图 2-13　发光二极管闪烁系统

【项目实现：发光二极管闪烁】

1. 利用 Keil 软件编写发光二极管闪烁程序

注意先创建项目文件夹为"项目 2 发光二极管闪烁"，然后按照单元 1 所述过程及方法利用 Keil 软件创建工程文件、选择设备型号、新建源代码文件，起名(C51 程序扩展名为.C，汇编程序扩展名为.ASM)、保存、录入程序并将其添加到项目中，完成相关设置，生成目标代码文件。

由于单片机汇编指令有取反某一位端口的功能，对应地需要采用 C 语言中的位操作完成该功能，让某一位取反的 C 语言操作符为"~"。如果欲使 P1 口的 P1.0 取反，C 语句为"P1_0=~P1_0;"。

参考程序如下：

1) C51 语言程序

```
#include <reg51.h>        //51 单片机特殊功能寄存器定义头文件
sbit P1_0=P1^0;           //定义 P1 口的 0 位变量为 P1_0
void delay(unsigned char t)//延时
{
    unsigned char bt;
    for(;t;t--)
        for(bt=255;bt>0;bt--)
```

```
                    ;
}
void main()
{
        P1_0=0;              //发光二极管点亮
        while(1)
        {
            delay(200);      //延时
            P1_0=~P1_0;      //发光二极管灭
            delay(200);      //延时两次,亮灭时间不同
            delay(200);
            P1_0=~P1_0;      //发光二极管亮
        }
}
```

2) 汇编语言程序

```
                ORG     0000H
                CLR     90H           ;发光二极管亮
AGN:            MOV R7,#200           ;延时
                LCALL   DELAY
                CPL     90H           ;发光二极管灭
                MOV R7,#200           ;2 倍延时,从而亮灭时间不同
                LCALL   DELAY
                MOV R7,#200
                LCALL   DELAY
                CPL     90H           ;发光二极管亮
                SJMP    AGN
DELAY:          MOV R6,#255           ;延时子程序
                DJNZ    R6,$
                DJNZ    R7,DELAY
                RET
                END                   ;程序结束
```

2. 利用 Proteus 绘制电路原理图

一个单片机应用系统由单片机最小系统和各种外围接口电路构成,单片机最小系统保证程序的运行,外围接口电路完成系统应有的功能。单片机最小系统由单片机芯片、程序存储器、时钟电路、复位电路等构成。由于 AT89C51 单片机内部集成了程序存储器,所以单片机最小系统由 AT89C51、时钟电路、复位电路构成,参考电路见图 2-13。

绘制电路原理图时注意元器件布局要合理美观,布线均匀通畅。请按照单元 1 所述过程及方法完成电路图的绘制。

3. 利用 Proteus 软件进行仿真

按照单元 1 介绍的方法进行全速运行、单步运行或在线联调方式运行,观察程序执行结果。

2.3 头文件 reg51.h 详解

单片机内部 RAM 单元、特殊功能寄存器都用地址进行区分，生成的单片机目标代码都以单元地址出现，我们在进行程序设计时，用特殊功能寄存器名称或用自定义内部 RAM 变量名进行编程会非常方便。

由于特殊功能寄存器的含义是固定的，所以 Keil 软件对这些寄存器进行了定义，即写成了头文件格式。51 子系列的特殊功能寄存器的头文件为 reg51.h，52 子系列的特殊功能寄存器的头文件为 reg52.h。用户使用时只需要将相应的头文件包含进来，即可在程序设计中使用这些特殊功能寄存器。

reg51.h 头文件的内容及含义：

```
/*--------------------------------------------------------------------
REG51.H
Header file for generic 80C51 and 80C31 microcontroller.
Copyright (c) 1988-2001 Keil Elektronik GmbH and Keil Software, Inc.
All rights reserved.
--------------------------------------------------------------------*/
//51 子系列的头文件
/*  BYTE Register  */    //字节寄存器定义
sfr P0   = 0x80;         //P0 口
sfr P1   = 0x90;         //P1 口
sfr P2   = 0xA0;         //P2 口
sfr P3   = 0xB0;         //P3 口
sfr PSW  = 0xD0;         //程序状态字
sfr ACC  = 0xE0;         //累加器 A
sfr B    = 0xF0;         //寄存器 B，主要用于乘除运算
sfr SP   = 0x81;         //堆栈指针，初始化为 07H；先加 1 后压栈，出栈再减 1
sfr DPL  = 0x82;
sfr DPH  = 0x83;         //数据指针
sfr PCON = 0x87;         //电源控制
sfr TCON = 0x88;         //定时/计数器控制
sfr TMOD = 0x89;         //定时/计数器方式控制
sfr TL0  = 0x8A;
sfr TL1  = 0x8B;
sfr TH0  = 0x8C;         //存放当前 T0 的计数值
sfr TH1  = 0x8D;         //存放当前 T1 的计数值
sfr IE   = 0xA8;         //中断控制
sfr IP   = 0xB8;         //中断优先级控制
sfr SCON = 0x98;         //串口控制寄存器
sfr SBUF = 0x99;         //串口缓冲寄存器
/*  BIT Register  */     //位寄存器定义
/*  PSW  */              //程序状态字寄存器 PSW 的各位
sbit CY  = 0xD7;         //进/借位标志
```

```c
sbit AC   = 0xD6;            //辅助进/借位标志
sbit F0   = 0xD5;            //用户标志位
sbit RS1  = 0xD4;
sbit RS0  = 0xD3;            //工作寄存器组选择
sbit OV   = 0xD2;            //溢出标志位
sbit P    = 0xD0;            //奇偶校验位
/* TCON */                   //定时器控制寄存器的各位
sbit TF1  = 0x8F;            //T1 的中断请求标志位
sbit TR1  = 0x8E;            //T1 的运行控制位
sbit TF0  = 0x8D;            //T0 的中断请求标志位
sbit TR0  = 0x8C;            //T0 的运行控制位
sbit IE1  = 0x8B;            //外部中断 1 请求标志位
sbit IT1  = 0x8A;            //外部中断 1 触发方式选择位
sbit IE0  = 0x89;            //外部中断 0 请求标志位
sbit IT0  = 0x88;            //外部中断 0 触发方式选择位
/* IE */                     //中断允许寄存器的各位
sbit EA   = 0xAF;            //全局中断允许位
sbit ES   = 0xAC;            //串行中断允许位
sbit ET1  = 0xAB;            //定时/计数器 1 中断允许位
sbit EX1  = 0xAA;            //外部中断 1 中断允许位
sbit ET0  = 0xA9;            //定时/计数器 0 中断允许位
sbit EX0  = 0xA8;            //外部中断 0 中断允许位
/* IP */                     //中断优先级寄存器的各位
sbit PS   = 0xBC;            //串行中断优先级
sbit PT1  = 0xBB;            //定时/计数器 T1 优先级
sbit PX1  = 0xBA;            //外部中断 1 优先级
sbit PT0  = 0xB9;            //定时/计数器 T0 优先级
sbit PX0  = 0xB8;            //外部中断 0 优先级
/* P3 */                     //P3 端口寄存器的各位
sbit RD   = 0xB7;            //外部数据存储器读选通
sbit WR   = 0xB6;            //外部数据存储器写选通
sbit T1   = 0xB5;            //定时/计数器 1 的外部输入口
sbit T0   = 0xB4;            //定时/计数器 0 的外部输入口
sbit INT1 = 0xB3;            //外部中断 1
sbit INT0 = 0xB2;            //外部中断 0
sbit TXD  = 0xB1;            //串行输出口
sbit RXD  = 0xB0;            //串行输入口
/* SCON */                   //串行控制寄存器的各位
sbit SM0  = 0x9F;
sbit SM1  = 0x9E;            //串口工作方式选择
sbit SM2  = 0x9D;            //多机通信控制位
sbit REN  = 0x9C;            //串行接收允许
sbit TB8  = 0x9B;            //接收到的第 9 位
sbit RB8  = 0x9A;            //要发送的第 9 位
sbit TI   = 0x99;            //发送完成中断标志
sbit RI   = 0x98;            //接收完成中断标志
```

小 结

本单元介绍了单片机的硬件组成和内部组成结构,包括引脚、运算器、控制器、存储器、并行 I/O 口的结构及应用,以便读者熟悉和掌握单片机最小系统的硬件结构。用汇编语言和 C51 语言两种程序实现了流水灯的控制。

强 化 练 习

1. 完成本单元的发光二极管闪烁项目。
2. 修改发光二极管闪烁项目程序中的延时时间,仿真运行,体会 Proteus 的仿真效果。

习 题

1. 51 单片机包含哪些主要逻辑功能部件?各有什么主要功能?
2. 什么是时钟周期、机器周期和指令周期?如果 51 单片机的晶振频率为 12MHz,其时钟周期、机器周期各为多少?
3. 51 单片机的片内、片外程序存储器如何选择?
4. 程序状态字(PSW)寄存器的作用是什么?常用状态标志有哪些位?作用是什么?
5. 开机复位后,单片机使用的是哪组工作寄存器?它们的地址是什么?单片机如何确定和改变当前工作寄存器组?
6. 位地址 7CH 和字节地址 7CH 有何区别?位地址 7CH 具体在内存中的什么位置?
7. 什么是堆栈?堆栈有何作用?在程序设计时,有时为什么要对堆栈指针(SP)重新赋值?如果单片机在操作中只使用两组工作寄存器,SP 应该多大?
8. 程序存储器的空间里有 7 个单元是特殊的,这 7 个单元对应 51 单片机主程序入口和 6 个中断源的中断入口地址,请写出这些单元的地址以及对应的中断源。
9. 说明 51 单片机的引脚 $\overline{EA}$ 的作用,该引脚接高电平和接低电平时各有何种功能?

单元 3

C51 程序设计语言

教学目标

C51 是 51 系列单片机 C 语言软件开发系统,也是目前使用较为广泛的单片机编程语言。它和汇编语言相比,在功能、结构、可读性、可移植性、可维护性等方面都具有非常明显的优势,深受广大单片机开发人员的欢迎。

本单元介绍 C51 数据类型、存储类别、运算符、表达式、程序结构、函数等基本知识,并且给出了具体实例供读者拓展训练。通过本单元的学习,读者应能够掌握 C51 编程的基本方法和技巧。

【项目引导：按钮控制流水灯左右移位】

1. 项目目标

用按钮控制流水灯左右移位，按下按钮 1，流水灯循环左移；按下按钮 2，流水灯循环右移。

2. 项目分析

系统由八个 LED、两个按钮组成，用按钮控制流水灯左右循环移位。

要想做到根据按钮情况使流水灯循环左移或右移，可设置一个标志位，当按钮 1 按下时使该标志位置 1，当按钮 2 按下时使该标志位清零，然后根据标志位的状态使 LED 循环左移或循环右移点亮。

如何编写单片机的 C51 程序呢？通过本单元的学习，就可以用单片机的 C51 语言让数码管按照要求进行显示。

3. 知识准备

C51 程序设计语言。

3.1　单片机程序设计语言

3.1.1　单片机程序设计语言

单片机系统中，每一项功能都对应一条指令。指令是规定进行某种操作的命令，众多功能对应的指令组成指令集，称为指令系统。

一般来说，一台单片机的指令越丰富，寻址方式越多，且每条指令的执行速度越快，则它的总体功能越强。单片机可使用机器语言、汇编语言及高级语言编程，但不管使用何种语言，最终还是要"翻译"成单片机能够识别的机器码，单片机才能执行。

1. 单片机语言

单片机语言包括三类：完全面向机器的机器语言、非常接近机器语言的汇编语言、面向过程的高级语言。

1) 机器语言

机器语言是能够被单片机直接识别和执行的语言，由"0""1"序列组成。由于单片机只能识别二进制数，所以单片机的指令均由二进制代码组成。为了阅读和书写方便，常把它写成十六进制形式。

2) 汇编语言

一般的单片机有几十甚至几百种指令，即便用十六进制书写和记忆也是非常不容易的。为了便于记忆和使用，对指令系统的每一条指令都采用助记符形式表示。助记符是根据机器指令不同的功能和操作对象来描述指令的符号。由于助记符采用的是英文单词的缩写，因此它不但便于记忆，也便于理解和分类。这种用助记符形式来表示的机器指令称为汇编语言指令。汇编语言是一种采用助记符表示指令、数据和地址来设计程序的语言。

每条汇编指令对应一条机器语言指令，汇编语言一般用于实时性高的场合。

(1) 汇编语言的优点。
- 面向机器的低级语言，通常是为特定的单片机或系列单片机专门设计的。
- 保持了机器语言的优点，具有直接和简捷的特点。
- 可有效地访问、控制单片机的各种硬件设备，如磁盘、存储器、CPU、I/O 端口等。
- 目标代码简短，占用内存少，执行速度快，是非常高效的程序设计语言。
- 经常与高级语言配合使用，应用十分广泛。

(2) 汇编语言的缺点。
- 编写的代码非常难懂，不好维护。
- 很容易产生错误，难以调试。
- 只能针对特定的体系结构和处理器进行优化。
- 开发效率很低，开发时间长且单调。
- 对于不同型号的单片机，有着不同结构的汇编语言，可移植性差，学习难度大。

3) 高级语言

高级语言不依赖于具体单片机，是面向问题或过程的语言，其形式类似于自然语言、数学公式等。51 单片机采用的是 C51 语言。

2．源程序与目标程序

1) 源程序

源程序是指用汇编语言或高级语言编写的程序。对于汇编语言来说，一般以 ASM 为程序文件的扩展名；对于 C 语言来说，一般以 C 为程序文件的扩展名。

2) 目标程序

目标程序是由机器语言(机器码)构成的，可为单片机直接识别、执行的程序。一般以 OBJ 为程序文件的扩展名，经连接器连接后可生成 BIN 或 HEX 文件，供单片机使用。

3．汇编、编译

1) 汇编

汇编是将汇编语言源程序转换成目标程序的过程，分为人工汇编与机器汇编。

2) 编译

编译是将高级语言源程序转换成目标程序、可执行程序(文件)的过程。例如 C 语言的工作方式。

3.1.2　C51 语言的特点

C 语言是一种结构化的高级语言，自 1972 年设计出来到 1983 年发布 ANSI C 标准，C 语言因其强大的功能，很快成为最受欢迎的语言之一。

将单片机特有的资源与 C 语言结合，使其能够满足单片机的开发要求，形成了单片机 C 语言。为了和 ANSI C 区别，把 51 单片机 C 语言称为 C51 语言。

C51 语言与标准的 C 语言也有一定的区别。用 C51 编写单片机程序时，需要根据单片机存储结构及内部资源定义相应的数据类型和变量，而标准的 C 语言不需要考虑这些问题。另外，C51 包含的数据类型、变量存储模式、输入/输出处理、函数等也与标准的 C 语言有一定的区别。其他的语法规则、程序结构及程序设计方法则与标准的 C 语言相同。

C51 语言的优点如下。

- 语言简洁，使用方便灵活，可大幅度提高开发速度，系统越复杂，开发效率越高。
- 编程者无须深入了解单片机内部结构和复杂的单片机汇编语言指令集。
- 可进行模块化开发，软件逻辑结构清晰，有条理，易于分工合作。
- 可移植性好，写好一个 C 语言算法可方便地移植到其他单片机上，而汇编语言相对要复杂得多。
- 可直接操作硬件。

随着单片机的内部资源越来越多，存储空间越来越大，资源已经不是需要考虑的首要问题。C51 语言可以大大提高开发的效率，是初学者的首选语言，汇编语言则在实时性、执行效率上有不可替代的优势。大部分情况下，C51 语言可以满足要求，但在对实时性要求较高的某些场合，可以采用 C51 语言和汇编语言混合编程的方式，兼顾开发效率和实时性。汇编语言是单片机高手需要掌握的语言，了解汇编语言对学习单片机的内部结构、执行过程非常有帮助。用 C51 语言进行单片机程序设计是单片机开发与应用的必然趋势。

3.1.3 简单 C51 程序介绍

下面先介绍一个简单的 C51 程序，然后分析 C51 的程序结构和特性。

【例 3.1】 如图 3-1 所示，在 P1.0 口上接有一个 LED 发光二极管，要求让发光二极管闪烁。

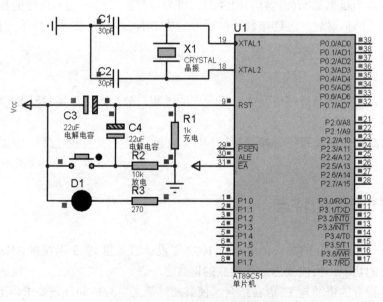

图 3-1 发光二极管闪烁电路图

程序如下：

```c
#include <reg51.h>              //51单片机特殊功能寄存器定义头文件
#define uchar unsigned char
sbit P1_0=P1^0;                 //定义P1口的0位变量为P1_0
void delay(uchar t)             //延时
{
    uchar bt;
    for(;t;t--)
        for(bt=250;bt>0;bt--)
            ;
}
void main()
{
    P1_0=0;                     //发光二极管点亮
    while(1)
    {
        delay(200);             //延时
        P1_0=~P1_0;             //发光二极管灭
        delay(200);             //延时两次，亮灭时间不同
        delay(200);
        P1_0=~P1_0;             //发光二极管亮
    }
}
```

程序的开始是一个文件包含预处理，所谓文件包含是指一个文件包含了另一个文件的全部内容。这段程序中包含的是reg51.h文件，以H为后缀的称为头文件，该头文件的作用是把特殊功能寄存器中的符号和地址对应起来。本程序主要应用到P1这个符号，如果没有包含reg51.h文件，C51编译器不知道P1具体指什么，在编译过程中就会发生错误。

在C语言中，P1口的第0位P1.0不能被编译器识别，而且P1.0也不是一个合法的C语言标识符，必须重新取一个名字，并且还需要告诉C51编译器。程序第三行即是给P1.0取名为P1_0，是通过编译器中增加的关键字sbit来定义的。

第二行是宏定义，即用一个指定的标识符来代替一个字符串，如第二行用uchar来代替unsigned char；在后面定义变量t和bt时即用uchar来定义。

程序最后是函数，每一个C51程序有且只有一个主函数main。本程序包含两个函数，主函数main和被调用的子函数delay；由于delay函数在main函数之前定义，所以不需要对delay函数进行声明；如果delay函数在main函数之后定义，则需要在main函数前对delay函数进行声明。delay函数的作用是延时，具体延时时间由形式参数t决定，而t的值由主函数调用时的实际参数给出，程序中给的是200，当单片机主频为6MHz时大约延时0.2s。主函数main的第一行是P1_0=0，使发光二极管点亮；第二行的"while(1)"，连同后面的大括号"{}"构成了一个无限循环语句。一旦程序开始执行，while的语句内容会反复执行，直到停电为止。循环体的第一行调用delay函数延时一段时间，第二行"P1_0=~P1_0;"把P1_0里的内容取反后赋给P1_0，也就是让发光二极管灭。第三行、第四行调用子函数delay

延时是发光二极管点亮时间的二倍，第五行的"P1_0=~P1_0;"使发光二极管再次点亮。从而使发光二极管闪烁，并且亮灭时间不同。

这里的子函数 delay 并不是 C 编译器提供的库函数，而是编程者自己编写，delay 这个名称也是编程者命名的，名称可以更改，具体内容后面介绍。

通过上面的例子，可以得出以下结论。

(1) C51 程序和 C 程序一样，也是由函数构成的。一个 C51 程序有且只有一个 main 函数，可以有零个或多个其他函数，因此函数是 C51 程序的基本单位。main 函数可以直接书写语句或者调用其他函数来实现功能，被调用的函数可以是编译器提供的库函数，也可以是用户根据需要编写的函数(如 delay 函数)。使用 Keil C 编写的任何程序都可以直接调用其提供的库函数，调用时只需要包含具有该函数的头文件即可。Keil C 提供了 100 多个库函数供用户直接使用。

(2) 一个函数由函数首部和函数体两部分组成。

① 函数的首部包括函数名、函数类型、函数参数名、参数类型。如例 3.1 中 delay 函数的首部为

    void   delay   (uchar   t)

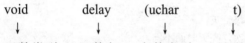

函数类型   函数名   参数类型   参数名

② 函数体，即函数首部下面大括号里的内容。

(3) 一个 C51 程序从 main 函数开始执行，不管 main 函数在什么位置。

(4) C51 中字母区分大小写，如定义是 sbit P1_0=P1^0，若后面写成 p1_0，在编译时就会出现错误。

(5) C51 书写自由，一行可以写几个语句，一个语句也能写在几行上。

(6) 每个语句必须以分号结束。

(7) C51 中的注释可以采用两种符号。第一种是"/*…*/"符号，从"/*"开始直到"*/"为止，中间的内容全部都是注释；第二种是"//"引导的注释语句，"//"后面的内容是注释，这种注释只对本行有效。

3.2 C51 数据类型和数据存储类型

3.2.1 常量与变量

1. 常量和符号常量

在程序运行过程中，其值不能改变的量称为常量，如 10、0、0x45 等。常量直接出现在程序语句中，一般从字面形式即可以判断，这样的常量称为字面常量或者直接常量。

常量也可以用一个标识符来表示，称为符号常量。符号常量常用大写字母表示，以区分于变量名。

【例 3.2】 对于例 3.1，要求 P1.0 口上接的 LED 灯闪烁。

可将程序修改成以下形式：

```c
#include <reg51.h>        //51单片机特殊功能寄存器定义头文件
#define uchar unsigned char
#define BRIGHT 0xfe       //P1_0脚低电平,即发光二极管亮
#define DESTROY 0xff      //P1_0脚高电平,即发光二极管灭
void delay(uchar t)       //延时
{
    uchar bt;
    for(;t;t--)
        for(bt=250;bt>0;bt--)
            ;
}
void main()
{
    P1=BRIGHT;            //发光二极管点亮
    while(1)
    {
        delay(200);       //延时
        P1=DESTROY;       //发光二极管灭
        delay(200);       //延时两次，亮灭时间不同
        delay(200);
        P1=BRIGHT;        //发光二极管亮
    }
}
```

程序中用"#define BRIGHT 0xfe"来定义符号常量BRIGHT，在以后的程序中出现的所有BRIGHT，实际上都是指0xfe。因此，这个程序实际上执行的结果就是P1=0xfe，即让P1.0=0，点亮LED灯；同样"#define DESTROY 0xff"定义符号常量DESTROY代替0xff，表示熄灭LED灯。

使用符号常量的优点如下。

(1) 含义清楚。如上面程序中，从BRIGHT就知道它代表灯亮，DESTROY代表灯熄灭，因此在定义符号常量时，应考虑"见名知意"。在一个规范的C51程序中不提倡使用很多直接常量，如若定义sum=10+20+30，则在检查程序时往往会搞不清楚各个常数代表什么含义。

(2) 方便程序修改。当需要改变常量值时，只需要改变define后面定义的常量值即可，而程序中都是采用的符号常量，不需要修改。如#define PORTA 0x7fff，在程序中要使用端口0x7fff，可以用PORTA来代替，如果端口地址发生变化，变成0x3fff，只要把定义语句改为#define PORTA 0x3fff就行了。

2. 变量

在程序运行过程中，值可以改变的量称为变量，因为值发生了改变，所以需要安排一个存储单元来保存该变量。一个变量应该有一个名字，在存储器中占据一定的存储单元，在该存储单元中存放变量的值。要特别注意变量名和变量值之间的区别，如图3-2所示。变

量名实际上是一个符号地址，在对程序进行编译时由系统为每一个变量分配一个地址。执行程序时从变量中取值，实际上是通过变量名找到相应单元的地址，从中读取数据。

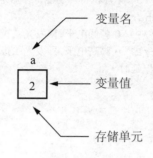

图 3-2 变量

使用汇编语言编程时，必须自行确定 RAM 单元的用途。如把 33H 单元作为一个输出缓冲区，当要输出 22H 这个数据时，需用指令"MOV 33H, #22H"，即把 22H 这个数据放到 33H 地址的单元里。而在 C51 中，只需要定义一个变量。假设定义的变量名为 x，只要在程序中有 x=0x22，经过编译后，就会达到相同的效果，只是分配给变量 x 的具体地址到底是 33H 还是 34H，这个不用编程者去考虑，会由编译器根据具体情况而定。

C51 对变量的定义格式如下：

[存储种类]　数据类型　[存储器类型]　变量名表；

提示： 变量名的命名规则是，由字母、数字和下画线组成，且首字符不是数字的字符串。

3.2.2　整型数据

1. 整型常量

整型常量即整常数，包括正整数、负整数和 0，不能是小数。C51 中整常数一般用以下三种方式表示。

- 十进制整数。如 200、-20、0 等。
- 八进制整数。八进制数是以数字"0"开头的数，如 023 表示八进制数 23，即十进制数 19($2*8^1+3*8^0$)；-011 表示八进制数-11，即十进制数-9。
- 十六进制整数。十六进制数是以"0x"或"0X"开头的数，如 0x12 表示十六进制数 12，即十进制数 18($1*16^1+2*16^0$)。

2. 整型变量

整型变量的基本类型是 int，可以根据数值的范围将变量定义为基本整型、短整型或长整型。在 int 之前加上修饰符 short 表示短整型，加上 long 表示长整型。

对 Keil C51 来说，基本整型和 short 型都是用 2 字节来存储，long 型用 4 字节来存储。由于所用字节数不同，则表示数的范围不同，基本整型或短整型表示数的范围为

$-2^{15} \sim 2^{15}-1$　（2 字节为 16 位，其中最高位为符号位，数值位还有 15 位）

长整型表示数的范围为

$-2^{31} \sim 2^{31}-1$　　(4 字节为 32 位，其中最高位为符号位，数值位还有 31 位)

在实际应用中，变量的值有时只有正数(如年龄、学号等)。为了充分利用变量的表示范围，可以将上面的三类整型定义成无符号型，即对以上三类分别加上修饰符 unsigned。无符号基本整型或无符号短整型表示数的范围为

$0 \sim 2^{16}-1$　　(2 字节为 16 位，因为是无符号位，故 16 位都是数值位)

无符号长整型表示数的范围为

$0 \sim 2^{32}-1$　　(4 字节为 32 位，因为是无符号位，故 32 位都是数值位)

下面以 Keil C51 为例，将整型数据做一个总结，如表 3-1 所示，方括号中的内容表示可以省略不写。

表 3-1　整型变量的数据类型

类　型	字　节　数	数值范围
int	2	$-2^{15} \sim 2^{15}-1$
unsigned [int]	2	$0 \sim 2^{16}-1$
short [int]	2	$-2^{15} \sim 2^{15}-1$
unsigned short [int]	2	$0 \sim 2^{16}-1$
long [int]	4	$-2^{31} \sim 2^{31}-1$
unsigned long [int]	4	$0 \sim 2^{32}-1$

C51 中变量必须先定义才能使用，定义整型变量的方式为

`int` 变量名 1[,变量名 2,…]

例如：
```
int a;                    //定义一个整型变量 a
unsigned int a1,a2;       //定义两个整型变量 a1、a2
long b;                   //定义一个长整型变量 b
unsigned long b1,b2;      //定义两个长整型变量 b1、b2
```

3.2.3　实型数据

1. 实型常量的表示方法

实数又称为浮点数，实数有以下两种表示形式。

- 十进制小数形式。由数字和小数点组成，如 12.5、6.7 等。
- 指数形式。如 3.4e2 或 3.4E2 都代表 3.4×10^2。

💡 **注意**：e 或 E 前必须有数据，而后面的指数必须为整数，如 e3、2e3.5 等都不是合法的。

2. 实型变量

C51 只支持 float 类型。float 型占用 4 字节，能提供的有效数字是有限的，在有效位以

外的数字会被舍去，由此可能会产生一些误差。例如 a+20 的结果肯定比 a 大，但下面程序却不一样。

【例 3.3】 实型数据的舍入误差。程序代码如下：

```
void main( )
{   float a, b;
    a=123456.789e5;
    b=a+20;
}
```

程序执行完毕后，a 和 b 的值相同，这是因为一个实型数据只能保证 7 位有效数字，后面的数字是无意义的。

实型也必须先定义才能使用，定义实型变量的形式如下：

float 变量名 1[,变量名 2,…]

如：float a;
C51 中实型数的使用应该注意以下几点。

- 在 8 位单片机中一般不要使用实型数，这样会降低程序的运行速度，增加程序的长度。
- 程序中如果确实用到了实型数，一般不是因为要使用小数点，而是因为用其他类型的变量范围不够大。
- 很多时候，可以用长整型来代替实型。

3.2.4 字符型数据

1. 字符型常量的表示方法

C51 中字符型常量是用单引号括起来的一个字符，如'a'、'x'、'?'等都是字符型常量。

💡 **注意：** 'a'和'A'不是同一个字符常量。

除了以上形式的字符型常量外，C51 还允许一些特殊形式的字符型常量，就是以字符"\"开头的字符序列，称为转义字符。常用的以"\"开头的转义字符如表 3-2 所示。

表 3-2 转义字符及其含义

字符形式	含 义	ASCII 代码
\n	换行，将当前位置移到下一行	10
\t	水平制表，跳到下一个 Tab 位置	9
\b	退格，将当前位置移到前一列	8
\r	回车，将当前位置移到本行开头	13
\f	换页，将当前位置移到下页开头	12
\\	反斜杠符"\"	92

续表

字符形式	含 义	ASCII 代码
\'	单引号字符	39
\"	双引号字符	34
\ddd	1～3 位八进制数代表的字符	—
\xhh	1～2 位十六进制数代表的字符	—

表中最后两行是用 ASCII 码来表示一个字符，在 C51 程序中使用转义字符\ddd 或者\xhh 可以方便灵活地表示任意字符。\ddd 为斜杠后面跟 3 位八进制数，这 3 位八进制数的值即为对应的八进制 ASCII 码值。\xhh 为\x 后面跟 2 位十六进制数，这 2 位十六进制数为对应字符的十六进制 ASCII 码值。

2．字符型变量

字符型变量用来存放字符值，一个字符型变量只能存放一个字符。字符型变量的定义形式为

```
char 变量名1[,变量名2,…]
```

如"char a;"表示定义了一个字符型变量 a，a 中可以存放一个字符，可以用下面的赋值语句给 a 赋值。

```
a='c';
```

定义一个字符型变量，系统会为其分配一个字节的存储空间，存储该字符型变量的 ASCII 码值，如"a='c';"是将'c'的 ASCII 码 99 存储在 a 中。由于 ASCII 码值也是整数(128 个字符，取值范围为 0～127)，字符型变量可以和前面所叙述的整型变量一样，通过整型数据来赋值，如：

```
char a=99;
```

由于字符型变量只占用一个字节，所以其取值范围是-128～127，无符号字符型变量取值范围为 0～255。当某变量取值范围在-128～127 的时候，可以采用字符型变量来存储；当某变量只取正值(如年龄、身高)且取值范围是 0～255 时，也可以在定义前加修饰符 unsigned，定义成无符号字节变量，如

```
unsigned char high=200;
```

3.2.5 数组类型

在实际编程中，往往需要对一组数据进行操作，这一组数据之间有一定的联系，这就需要用到数组。数组是把相同数据类型的变量按照顺序组织起来的一个集合，数组中的单个变量称为数组元素。数组从结构上来说是一种构造类型。

1．一维数组的定义

数组的维数一般用数组的下标表示，如果数组中每个元素只带有一个下标，称这样的数组为一维数组。一维数组的定义形式为

类型说明符 数组名1[整型常量表达式][，数组名2[整型常量表达式]，…]；

类型说明符指出数组元素的数据类型，数组名是标识符，整型常量表达式指出数组的元素个数，如：

`int a[4];`

它表示数组名为 a 的整型数组，共有 4 个元素，每个元素都是整型数，因此该数组占用 8 字节的存储单元。

说明：
- 数组名的命名规则和变量相同。
- 数组名后是用方括号括起来的整型常量表达式，如"int a(4);"是错的。
- 整型常量表达式表示元素的个数，即数组长度。如前面定义的a[4]表示该数组有 4 个元素，分别为 a[0]、a[1]、a[2]、a[3]，而 a[4]不是其元素。
- 整型常量表达式中可以使用直接常量或符号常量，但不能使用变量。

2．一维数组的引用

C51 中，一个数组不能整体引用，数组名是一个地址常量，不能对其赋值，只能使用数组中的元素。方法如下：

数组名[下标]

下标可以是整型变量或整型表达式，如 a[0]、a[i](i 是一个整型变量)。

3．一维数组的初始化

数组的初始化即对数组元素赋值，对一维数组的初始化可以用以下三种方法实现。

(1) 在定义数组时对数组元素初始化，例如：

`int a[4]={1,2,3,4};`

经过初始化后，a[0]=1，a[1]=2，a[2]=3，a[3]=4。

(2) 可以只给一部分元素赋值，未赋值的元素内容为 0，例如：

`int a[4]={1,2};`

经过初始化后，a[0]=1，a[1]=2，a[2]=0，a[3]=0。

(3) 对全部数组元素赋值时，可以不指定数组长度。例如，"int a[4]={1,2,3,4};"可以写成"int a[]={1,2,3,4};"。

4．二维数组的定义

数组中每个元素带有两个下标的是二维数组，其定义形式为

类型说明符 数组名[常量表达式1][常量表达式2]；

例如：

```
int a[2][3];
```

逻辑上，可把二维数组看成是一个矩阵，常量表达式 1 表示矩阵的行数，常量表达式 2 表示矩阵的列数。也可以把二维数组看作一种特殊的一维数组，它的元素又是一维数组，即二维数组是一维数组的一维数组。

引用二维数组元素时必须带有两个下标，形式如下：

数组名[下标1][下标2]

5. 二维数组的初始化

(1) 对数组的全部元素赋值，例如：

```
int a[2][3]={{1,2,3},{4,5,6}};
```

这种赋值方法是把{1,2,3}分别赋给第一行的元素，把{4,5,6}分别赋给第二行的元素，这样比较直观，也可以将所有的数据写在一个大括号内，例如：

```
int a[2][3]={1,2,3,4,5,6};
```

(2) 对数组的部分元素赋值，例如：

```
int a[2][3] ={{1},{2}};
```

赋值后各元素为：a[0][0]=1，a[0][1]=0，a[0][2]=0，a[1][0]=2，a[1][1]=0，a[1][2]=0。

6. 字符数组

字符数组是指数组中元素的数据类型是字符类型的数组。字符数组的引用、初始化方法与一般数组相同，只是要注意字符数组的元素是字符，有特殊的表示格式。另外，Keil C 提供了专用于字符数组的库函数。

字符数组初始化方法也和一般数组相同，例如：

```
char s[6]={'C','h','i','n','a','\0'};
char s[6]={'1','2'};
```

初始化时没有赋值的元素值为空，是编码为 0 的字符，称为空字符，用'\0'表示。它既不是空格字符(ASCII 码为 32)，也不是'0'字符(48)。

字符串赋值可用双引号括起来，串末尾自动添加串结束标志'\0'。

```
char s[]={"China"};        //占用 6 字节内存空间
char s[5][10]={"China","Japan","Canada","America","Australia"};
```

3.2.6 指针类型

指针的含义是地址，所谓变量的指针就是指变量的地址，定义指针类型的变量实际上是定义一种用来存储地址的变量。

单片机中存储器的地址有两种：一种是由 8 位二进制数(1 字节)来表示的地址，如内部数据存储器的地址；还有一种是由 16 位二进制数(2 字节)来表示的地址，如程序存储器、外部数据存储器的地址。

指针变量用来存储一般变量的地址，由于一般变量分配的存储空间可能是内部数据存储器，也可能是外部数据存储器或者程序存储器，所以存储变量地址可能需要 1 字节，也可能需要 2 字节。

C51 有两种指针类型：基于存储器的指针类型和一般指针类型。

1. 基于存储器的指针类型

所谓基于存储器的指针类型是指在定义指针变量时，就确定好它存储的是什么地方的变量的地址，是在内部数据存储器，还是外部数据存储器或者是程序存储器。这样，这些指针的长度就可以具体确定(1 字节或 2 字节)。具体定义为：

`char xdata *ptr;`

- 定义指针类型变量时，在变量名前加"*"号，变量名的取名规则和一般变量相同。
- xdata 是指 ptr 里存储的是定义在外部数据存储器里变量的地址，所以 ptr 占 2 字节(具体在 3.2.8 小节"数据的存储类型"中详细说明)。

2. 一般指针类型

一般指针包括 3 字节，其中 2 字节用于存储地址，另外 1 字节用于存储类型，如表 3-3 所示。

表 3-3 一般指针构成

地 址	第 1 字节	第 2 字节	第 3 字节
内 容	存储器类型	地址高 8 位	地址低 8 位

其中第 1 字节表示存储器类型，存储器类型编码如表 3-4 所示。

表 3-4 一般指针存储器类型

存储器类型	内部数据存储器	外部数据存储器	外部数据存储器的一个页面(256 字节)	内部数据存储器低 128 字节	程序存储器
值	1	2	3	4	5

一个一般指针指向地址为 0x1234 的外部数据存储器时，其指针值如表 3-5 所示。

表 3-5 指向外部数据存储器的指针值

地 址	第 1 字节	第 2 字节	第 3 字节
内 容	0x02	0x12	0x34

3.2.7 Keil C51 中特有的数据类型

除了支持标准 C 语言的数据类型外，Keil C51 还增加了一些单片机特有的数据类型。

1．位型变量

对应单片机内部的位寻址单元，C51 提供了位型变量。位型变量实际是定义一个二进制位来存储数据，其值有"0"和"1"两种。定义形式如下：

`bit 变量名1[,变量名2,…];`

如：

`bit flag;    //定义一个位变量 flag`

所有的位变量分配的存储空间都在位寻址区，由于 51 系列单片机只有 16 字节的位寻址区，所以位变量最多可以定义 128 个。

使用位变量时还要注意以下两点。

- 不能定义位型数组。
- 不能定义位型指针。

2．特殊功能寄存器变量

51 系列单片机内部的特殊功能寄存器并不能直接被 C51 所接受，为了定义这些特殊功能寄存器，增加了 sfr、sfr16 和 sbit 三个关键词。

1) sfr 关键词

用于定义特殊功能寄存器与其地址的对应关系，其用法为

`sfr 变量名=地址值;`

这里的地址值是指特殊功能寄存器的地址，如"sfr P1=0x90;"即定义了 P1 和地址 0x90 对应，定义后在程序中就可以使用"P1"这个名称了。通过这种方法，可以为特殊功能寄存器自行定义新的名称。

2) sfr16 关键字

在特殊功能寄存器中，对于由两个地址连续的 8 位寄存器组成的 16 位特殊功能寄存器，如 DPTR 是由 DPH 和 DPL 组成，可以分开定义这两个特殊功能寄存器，也可以用 sfr16 来定义，如：

`sfr16 DPTR=0x82;`

3) sbit 关键字

用于定义特殊功能寄存器中可以位寻址(地址能被 8 整除)的相应位，sbit 的用法有以下三种。

- `sbit 位变量名=地址值;`
- `sbit 位变量名=SFR 名称^变量位地址值;`
- `sbit 位变量名=SFR 地址^变量位地址值;`

例如，在 P1 中定义 P1.0 有以下三种方法：
- sbit P1_0=0x90;
- sbit P1_0=P1^0;
- sbit P1_0=0x90^0;

💡 **注意：** sfr、sfr16、sbit 为特殊寄存器定义名称时，每行只能书写一条语句来定义一个特殊功能寄存器，若想定义多个特殊功能寄存器，则应书写多行语句。

3.2.8 数据的存储类型及存储器的存储模式

1. 数据的存储类型

51 系列单片机的存储器分为内部数据存储器、外部数据存储器以及程序存储器。

内部数据存储器是可读写的，52 子系列最多可有 256 字节的内部数据存储器，其中低 128 字节可直接寻址，高 128 字节(0x80～0xFF)只能用寄存器间接寻址。从 20H 开始的 16 字节可位寻址。内部数据器可分为 3 个不同的存储类型：data、idata 和 bdata。

外部数据存储器也是可读写的，访问外部数据器比访问内部数据器慢，因为外部数据器是通过数据指针加载地址来间接访问的。C51 提供两种不同的存储类型 xdata 和 pdata 来访问外部数据存储器。

程序存储器只能读不能写。程序存储器又分为内部程序存储器和外部程序存储器，这由 51 系列单片机的硬件决定。C51 提供了 code 存储类型来访问程序存储器。

每个变量可以明确地分配到指定的存储空间，对内部数据存储器的访问比对外部数据存储器的访问快许多，因此应将频繁使用的变量放在内部存储器中，而把较少使用的大量数据放在外部数据存储器(如果扩展了外部数据存储器的话)中。程序存储器常用于存储表格数据。各存储器与存储类型的对应关系如表 3-6 所示。

表 3-6　C51 存储类型与 51 系列单片机存储空间的对应关系

存储类型	描　述
data	片内 RAM 的低 128 字节，采用直接寻址方式，访问速度快
bdata	片内 RAM 的位寻址区，128 位(0x20～0x2F)
idata	片内 RAM 的 256 字节，采用寄存器间接寻址方式
xdata	外部数据存储器，使用 DPTR 间接寻址
pdata	外部存储器的一页(256 字节)，通过 P0 口的地址对其寻址
code	程序存储器，使用 DPTR 寻址

1) data 区

data 存储类型变量位于片内数据存储器中(片内 RAM)的低 128 字节，用于定义使用频率高的中间结果或临时变量，例如：

unsigned char data x[6];   //在 data 区定义无符号字符数组变量

2) bdata 区

bdata 存储类型变量位于片内数据存储器中的位寻址区，用于定义位变量或其中各位能够位寻址的字节变量，例如：

```
char bdata var8;          //在位寻址区定义字节型变量
```

声明的变量 var8 可以进行位操作运算，可以用 sbit 在 bdata 定义变量的基础上声明新的变量，例如：

```
sbit mybit2=var8^2;  //位变量 mybit2 位于 var8 的第二位
```

> 注意：编译器不允许在 bdata 区定义 float 型变量。

3) idata 区

idata 存储类型的变量位于片内数据存储器中的 256 字节(52 子系列单片机)，采用寄存器间接寻址方式，也可以安排使用比较频繁的变量。对于 52 子系列单片机，当片内 RAM 的低 128 字节空间不够时，编译器会自动将其安排在高 128 字节空间中。

定义形式为：

```
unsigned int idata i;       //在 idata 区定义无符号整型变量 i
```

4) xdata 和 pdata 区

xdata 和 pdata 存储类型的变量位于片外数据存储器，pdata 区只有 256 字节，而 xdata 区为片外数据存储器的全部空间。这两种存储类型的操作类似，都使用 MOVX 指令，采用寄存器间接寻址方式，只是对于 pdata 变量利用 Ri 寄存器存储 8 位地址，对于 xdata 变量利用 DPTR 寄存器存储 16 位地址。

定义形式为：

```
unsigned char xdata x,y;
```

5) code 区

code 区就是单片机的程序代码区，即程序存储器，该区域内的数据是不能改变的。一般用于存储表格数据、跳转向量或状态表。

定义形式为：

```
unsigned char code disp[10]={0x3f,0x06,0x5b,0x4f,0x66,0x6d,0x7d,0x07,0x7f,0x6f};
//共阴极 LED 数码管的显示码
```

2．存储器的存储模式

如果在定义变量时省略存储类型标识符，编译器会自动默认存储类型。存储模式决定了默认的存储器类型，此存储类型将应用于函数参数、局部变量等定义时没有显式包含存储类型的变量。

在编译器的命令行中使用 SMALL、COMPACT、LARGE 控制命令指定存储器类型。

定义变量时，使用存储器类型显式定义将屏蔽由存储模式决定的默认存储器类型。

1) 小(SMALL)模式

在 SMALL 模式下，所有变量都默认位于片内数据存储器，和使用 data 指定存储器类型的作用一样，但是要注意所有的变量和堆栈的总大小不能超过片内数据存储器的容量。

2) 紧凑(COMPACT)模式

在 COMPACT 模式下，所有变量都默认位于片外数据存储器的 256 单元内，但堆栈位于片内数据存储器中，其作用与使用 pdata 指定存储器类型一样。

3) 大(LARGE)模式

在 LARGE 模式下，所有变量都默认位于片外数据存储器内，其作用与使用 xdata 指定存储器类型一样。

3.3 运算符和表达式

3.3.1 算术运算符和算术表达式

1．基本的算术运算符

- ＋ 加法运算符，如 4+3。
- － 减法运算符，如 5-3。
- ＊ 乘法运算符，如 5*8。
- ／ 除法运算符，如 10/3。
- ％ 求模运算符或取余运算符，如 10%3。

基本的算术运算符都是双目运算符，即需要两个操作数；对于"/"运算符，若是两个整数相除，结果为整数，如有小数自动舍去(注意不是四舍五入)，如 11/3，结果是 3，而不是 3.667，如果需要得到真实结果，需要写成 11.0/3；对于"%"，要求"%"运算符两侧的操作数都为整型数据，所得结果的符号与左侧操作数的符号相同。

2．自增/自减运算符

- ++ 自增运算符。
- -- 自减运算符。

++和--是单目运算符。++和--只能用于变量，不能用于常量和表达式；自增运算符和自减运算符可以在变量的左侧或右侧，在左侧叫作前缀，在右侧叫作后缀，前缀的情况先运算后使用，后缀的情况先使用后运算。

如"a=2; b=++a;"，因为是前缀，先执行++a 后 a=3，再执行 b=a 之后 b 的值也是 3，则结果为"b=3，a=3"。而对于"a=2;b=a++;"，因为是后缀，则先执行 b=a 后 b 的值是 2，再执行 a++后 a 的值是 3，即结果是"b=2，a=3"。

3．算术表达式和运算符的优先级与结合性

用算术运算符和括号将操作数(运算对象)连接起来，形成符合 C51 语法规则的表达式，称为算术表达式。操作数包括常量、变量、函数、数组元素及结构体成员等，如 a*b+(5-c/3)。

C51 规定了运算符的优先级和结合性，在表达式求值的时候，先按运算符的优先级运算。

C51 规定算术运算符的优先级为：先自增/自减，再乘除取模，后加减，括号最优先。算术

运算符的结合性为从左到右进行运算。

4. 各类数值数据间的混合运算

C51 中，整型数据、字符型数据、实型数据都可以进行混合运算，如 20+'a'+11.9*c-123*b，这个表达式在 C51 中是合法的。

运算时不同类型的数据要先转换成相同类型的数据，然后才能进行运算，转换方式有两种。第一种是自动类型转换，即在程序编译时，由 C51 编译器自动完成数据类型转换，转换规则如图 3-3 所示。转换原则是将精度较低(字节数少)的数据类型转换成精度较高的数据类型，结果是精度较高的数据类型。

第二种数据类型转换方式为强制转换，需要使用强制类型转换运算符，其形式为：

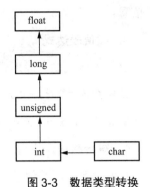

图 3-3　数据类型转换

(类型名) 表达式;

例如：

```
(float)x        //将 x 强制转换为 float 类型
(int)(x+y)      //将 x+y 的结果强制转换为 int 类型
```

3.3.2　赋值运算符和赋值表达式

1. 赋值运算符

符号"="为赋值运算符，其作用是将一个数据赋给一个变量，如 x=5 的作用是将常数 5 赋给变量 x。也可以将一个表达式的值赋给变量，如 x=5+y。

💡 **注意：** 赋值运算符的优先级较低，仅高于逗号运算符。

2. 类型转换

赋值运算符的两侧如果类型不一样，也是可以赋值的，但赋值时需要进行数据类型转换，转换的方式有以下几种。

(1) 将实型数据赋给整型变量时，直接舍弃小数部分。如 x 为整型变量，执行 x=3.63 后，x 的值为 3。

(2) 将整型数据赋给实型变量时，数值不变，但以实型格式存储。

(3) 将无符号(unsigned)字符型数据赋给整型变量时，由于字符型只占 1 字节，整型占 2 字节，因此将字符型数据放到整型变量的低 8 位中，高 8 位用"0"补齐。

(4) 将有符号(char)字符型数据赋给整型变量时，将字符型数据放到整型变量的低 8 位中，高 8 位需要看字符型数据是正还是负，如果是正，高 8 位用"0"补齐，如果是负，高 8 位用"1"补齐。

(5) 将整型数据赋给字符型变量时，只需将整型数据的低 8 位送到字符型变量即可。

在将精度高的表达式赋值给精度低的变量时，程序编译时会出现警告信息，提醒程序员有可能在赋值时丢弃部分数据而造成结果不正确，如果程序员确定赋值后不会影响结果，就需要将表达式采用强制类型转换的方式转换为赋值运算符左侧的变量的类型，以消除警告信息。

3．赋值表达式

赋值表达式的一般形式为：

变量 赋值运算符 表达式

如 a=5、a=5+6、a=b=5 等都是赋值表达式。

4．复合赋值运算符

赋值运算符与其他运算符组合在一起构成复合赋值运算符。C51 包含 10 种复合赋值运算符：+=、-=、*=、/=、%=、&=、|=、^=、<<=、>>=。其作用是先进行运算，再进行赋值，例如：

```
a+=b      等价于：a=a+b
a*=b+3    等价于：a=a*(b+3)
```

3.3.3 逗号运算符和逗号表达式

在 C51 中提供了一种特殊运算符——逗号运算符。用逗号运算符将多个表达式连接起来，构成逗号表达式，其一般形式为

表达式1,表达式2,…,表达式n

逗号表达式的求解过程是：先求解表达式1，再求解表达式2，直到最后一个表达式，但整个表达式的值是最后一个表达式的值。如 "3+5,5+6,7+8" 逗号表达式的值为 15。

💡 **注意：** 逗号运算符在所有运算符中的优先级最低。

3.3.4 关系运算符和关系表达式

关系运算就是比较运算，将两个表达式进行比较以判断是否满足条件。

1．关系运算符

C51 提供了以下 6 种关系运算符。

- < 小于。
- <= 小于等于。
- > 大于。
- >= 大于等于。
- == 等于。

- != 不等于。

优先级的次序如下：
- 前 4 种关系运算符(<、<=、>、>=)的优先级相同，后两种(==、!=)的优先级也相同，前 4 种的优先级高于后两种。
- 关系运算符的优先级低于算术运算符。
- 关系运算符的优先级高于赋值运算符。

2．关系表达式

用关系运算符将两个表达式连接起来的式子称为关系表达式，如 a>b、a+b>b+c、a!=b。
关系表达式的值只有两种："真"和"假"。在 C51 中，运算结果如果是"真"，则用数值"1"表示；运算结果如果是"假"，则用"0"表示。

💡 注意： 关系运算符的等于运算符由两个"=="号组成，书写时要特别注意！

3.3.5 逻辑运算符和逻辑表达式

1．逻辑运算符

C51 提供了以下 3 种逻辑运算符。
- && 逻辑与。
- || 逻辑或。
- ! 逻辑非。

"!"的优先级高于算术运算符，"&&"的优先级高于"||"的优先级，但都处于关系运算符和赋值运算符之间。

2．逻辑表达式

用逻辑运算符将两个表达式连接起来的式子称为逻辑表达式，逻辑表达式的运算结果也是两种："真"和"假"。用"1"表示"真"，用"0"表示"假"。但在判断一个量是否为"真"时，以 0 代表"假"，而以非 0 代表"真"，如：
- 若 a=5，!a 的值为 0；若 a=-2，结果也一样。
- 若 a=5、b=8，则 a&&b 的值为 1；若 a=0、b=8，则 a&&b 的值为 0。

逻辑表达式运算时的执行规则是：逻辑表达式不一定完全执行，只有当一定要执行下一个运算符才能确定表达式的值时，才执行该运算符，否则后面的表达式就不执行而被短路了。如 a&&++b，若 a 的值是 0，b 的值是 3，由于该表达式"&&"左侧的 a 的值是 0，0 与任何值还是 0，则"&&"右侧的表达式"++b"将不会被计算，所以该表达式执行后 b 的值还是 3。对于"a||b--"，若 a 的值非 0，则"||"右侧的表达式"b--"将不被执行。

3.3.6 位操作运算符和表达式

位运算的对象只能是整型、字符型以及单片机特有的位型数据，不能是实型数据。C51

提供了6种位操作运算符：按位与(&)、按位或(|)、按位异或(^)、按位取反(~)、位左移(<<)和位右移(>>)。除按位取反是单目(只有一个操作数)运算符外，其他位操作运算符都是双目运算符。应特别注意的是，按位与、或要和逻辑运算符的与、或区分开。

1. 按位与

参加与运算的两个操作数对应的位按位与，和前后位无关。如果两个操作数的对应位都是1，则该位结果是1，否则该位结果是0。按位与运算可用于将一个数的某些位清零，需要清零的位与0相与即可；也可用于取出一个数中的某些特定位，需要取出的位与1相与，不需要取出的位与0相与。

2. 按位或

参加或运算的两个操作数的对应位都是0，则结果的该位是0，否则该位结果是1。按位或运算可用于将一个数的某些位置1，需要置1的位和1相或，不需要改变的位和0相或。

3. 按位异或

参加异或运算的两个操作数的对应位相同则结果的该位是0，不相同则为1。可用于将一个数的某些位翻转(取反)，需要取反的位与1相异或，不需要改变的位与0相异或。

4. 按位取反

按位取反是单目运算符，用于将一个数按位取反。

5. 位左移

左移运算符用于将一个数的各位全部左移若干位，移位后的数据长度不能改变，左端移出的高位被舍弃，最低位补0。在左端移出不是1的情况下，无符号数左移一位相当于乘2，左移n次相当于乘以2的n次方。

6. 位右移

右移运算符用于将一个数的各位全部右移若干位，移位后的数据长度不能改变，右端移出的低位被舍弃。对于无符号数高位补0，对于有符号数高位符号保持不变。右移一次相当于除以2，右移n次相当于除以2的n次方。

【例3.4】 当a=0x45、b=0x78时，各种位运算情况如下：

按位与　　a&b 的值为 0x40
```
  a   01000101
& b   01111000
      01000000
```
按位或　　a|b 的值为 0x7d
```
  a   01000101
| b   01111000
      01111101
```

按位异或　　a^b 的值为 0x3d
　　　　　　a　01000101
　　　　　　^b　01111000
　　　　　　　　00111101
按位取反　　~a 的值为 0xba
　　　　　　~a　01000101
　　　　　　　　10111010
位左移　a=a<<2 的值为
　　　　　　　　01000101
　　　　　　01 00010100

移出的"01"自动丢弃，后面的两位用"0"补齐，因此运算的结果为 0x14。
位右移　a=a>>2 的值为
　　　　　　　　01000101
　　　　　　　　00010001 01

移出的"01"自动丢失，前面的两位用"0"补齐，因此运算的结果为 0x11。

3.4　C51 程序的结构

C51 程序在结构上可以分为 3 类，即顺序结构、选择结构和循环结构。

3.4.1　顺序结构

顺序结构是一种最基本、最简单的编程结构，在这种结构下，程序按语句顺序由前到后执行。下面通过一个例子来熟悉 C51 的顺序结构。

【例 3.5】　求两个数的和。

定义两个变量，先对其进行赋值，再求出两个数的和，程序代码如下：

```
void main( )
{   int a, b, sum;
    a=3;
    b=2;
    sum=a+b;
}
```

3.4.2　选择结构

用选择语句构成选择结构，选择语句即条件判断语句，首先判断给定的条件是否满足，再根据判断结果执行相应选择语句。C51 的选择语句有 if 语句和 switch 语句。

1．if 语句

C51 提供三种形式的 if 语句：单分支语句、双分支语句和多分支语句。

1) 单分支语句

格式为

  if(表达式)
    语句

如果表达式为"真"，则执行语句，否则不执行，如

```
if (a<5)
    b=3;
```

2) 双分支语句

格式为

  if(表达式)
    语句 1
  else
    语句 2

如果表达式为"真"，执行语句 1，否则执行语句 2，如

```
if (a<5)
    b=3;
else
    b=-3;
```

3) 多分支语句

格式为

  if(表达式 1)
    语句 1
  else if(表达式 2)
    语句 2
  …
  else if(表达式 n)
    语句 n
  else
    语句 n+1

如果表达式 1 的结果为"真"，则执行语句 1 后退出 if 语句，否则如果表达式 1 的结果为"假"，则判断表达式 2；如果表达式 2 的结果为"真"，则执行语句 2 后退出 if 语句……否则如果表达式 n 结果为"真"，则执行语句 n 后退出 if 语句；如果表达式 n 也不成立，则执行 else 后面的语句 n+1，else 和语句 n+1 也可以没有。如

```
if(a>10)
    b=1;
else if(a>6)
```

```
    b=2;
else if(a>2)
    b=3;
else
    b=4;
```

【例 3.6】 电路如图 3-4 所示。要求：通电初始，灯全灭；按住 K1，8 个 LED 灯全亮；松开 K1，灯全灭。

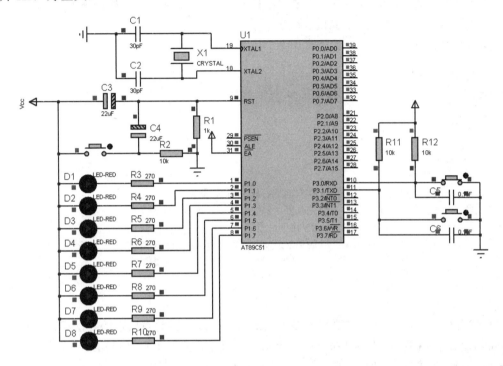

图 3-4 带 8 个 LED 和两个按钮的单片机系统

参考程序如下：

```
#include <reg51.h>
sbit K1=P3^0;
void main( )
{
    while(1)                //循环
    {
        K1=1;               //准双向口，输入前先置 1
        if(K1==0)           //判断 K1 是否按下
            P1=0x00;        //K1 按下后，点亮全部灯
        else
            P1=0xff;        //K1 松开后，熄灭全部灯
    }
}
```

程序分析：本程序用了 if 语句的双分支形式，表达式判断按钮 K1 是否按下，如果按钮

按下,则执行语句 1,使 8 个 LED 灯全亮;如果按钮没有按下,执行语句 2,使 8 个 LED 灯全灭。判断按钮 K1 是否被按下通过直接判断开关 K1 对应位 P3.0 是否为 0 来实现,由于该语句转换为汇编语言(机器语言)后有对应的位判断指令,所以操作快捷,程序清晰。如果开关 K1 按下,则 P3.0 位为 0,即满足条件;如果按钮 K1 没按下,则 P3.0 是 1,即不满足条件。程序中 while(1)为死循环语句,表明重复执行大括号中的内容,这将在 3.4.3 节"循环结构"中再详细学习。

【例 3.7】 电路如图 3-4 所示。要求:按一下 K1,全部灯亮;按一下 K2,全部灯灭,且 K2 优先,只要 K2 被按下,K1 不能点亮灯。

参考程序如下:

```
#include <reg51.h>
sbit K1=P3^0;
sbit K2=P3^1;
void main( )
{
    while(1)
    {
        P3=P3|0x03;        //准双向口,输入前先置 1
        if(K2==0)          //先判断 K2 是否按下,即 K2 优先
            P1=0xff;       //K2 按下,灯灭
        else if(K1==0)     //如果 K2 没有按下,再判断 K1 是否按下
            P1=0x00;       //K1 按下,灯亮
    }
}
```

程序分析:本程序用了 if 语句的多分支形式,判断按钮是否按下的方法和例 3.6 相同,先判断 K2 是否按下,如果 K2 按下,灯全灭,并且不再判断 K1;如果 K2 没有按下,再判断 K1,如果 K1 按下,则灯全亮。

2. if 语句的嵌套

if 语句中包含一个或多个 if 语句称为"if 语句的嵌套",其一般形式为:

if(表达式 1)
    if (表达式 2) 语句 1
    else 语句 2
else
    if (表达式 3) 语句 3
    else 语句 4

使用 if 嵌套语句特别要注意 if 和 else 的配对,else 总是和最近的尚未配对的 if 配对,如果写成:

```
if (表达式 1)
    if(表达式 2) 语句 1
else
    语句 2
```

虽然 else 和第一个 if 在书写格式上对齐，但 C51 并不以书写形式进行配对，根据 else 总是和最近的尚未配对的 if 配对原则，else 和第二个 if 配对。如果希望 else 后的语句 2 是在表达式 1 不满足的条件下执行，即 else 与 if(表达式 1)配对，则应使用花括号将其括起来以实现强制配对，如：

```
if (表达式 1)
{
        if(表达式 2)
            语句 1
}
else
        语句 2
```

【例 3.8】 电路如图 3-4 所示。要求：如果 K1、K2 都被按下，那么灯全亮；松开 K2，灯不灭；松开 K1 后，灯全灭。

```
#include <reg51.h>
sbit K1=P3^0;
sbit K2=P3^1;
void main( )
{
    while(1)
    {
        P3=P3|0x03;        //准双向口输入前先置 1
        if(K1==0)          //先判断 K1 是否被按下
        {
            if(K2==0)      //再判断 K2 是否被按下
                P1=0x00;   //K1 和 K2 同时按下，灯亮
        }
        else
            P1=0xff;       //K1 松开，灯灭
    }
}
```

3．条件运算符

C51 提供了一个唯一的三目运算符——条件运算符，其作用与 if-else 语句的功能相当。凡是能够用 if-else 语句实现的功能，都能够用条件运算符实现。

用条件运算符写成的条件表达式的一般格式为：

表达式 1？表达式 2：表达式 3

其执行过程是：先计算表达式 1 的值，如果其值为真，则计算表达式 2 的值，并将表达式 2 的值作为条件表达式的结果，否则计算表达式 3 的值并作为条件表达式的结果。

例如求两个数的最大值并赋值给 max，用 if-else 实现如下：

```
if (a>b)
    max=a;
```

```
    else
      max=b;
```

而条件运算符则用 "max=(a>b)? a:b" 来表示。

又如求两个数的最大值和最小值,用条件运算符实现,表示如下:

```
(a>b)?(max=a,min=b):(max=b,min=a)
```

4. switch 语句

实际问题中,往往遇到以一个变量或表达式的值为判断条件,将此变量或表达式的值分成几种情况,每种对应一种选择或操作。这种情况用 if 语句来嵌套非常麻烦,于是 C51 提供了 switch 语句。switch 语句的一般结构如下:

```
switch  (表达式)
{    case    常量表达式1:语句1,break;
     case    常量表达式2:语句2,break;
           ⋮
     case    常量表达式n:语句n,break;
     default:语句n+1;
}
```

说明:

- switch 语句后面的表达式只能是整型、字符型、枚举类型。
- 每一个 case 后面的常量表达式的值必须不同。
- 若表达式的值与某一个 case 后面的常量表达式值相同,就以该 case 为入口,开始执行其后面的语句;如果没有一个 case 后面的常量表达式值与表达式值相同,则执行 default 后面的语句。
- 执行完一个 case 后面的语句后,并不跳出 switch 语句,而是执行后面的 case 语句,直到结束。如果需要执行完当前 case 后面的语句之后结束 switch 语句,需要在该 case 语句后面加 break 语句,如 "case   常量表达式:语句;break;"。

【例 3.9】 电路如图 3-4 所示。要求:按住 K1,D1 灯亮,按住 K2,D2 灯亮,如果不按,D3~D8 灯亮。

```
#include <reg51.h>
void main( )
{   unsigned char key;        //8 个按键从 P3 口输入,定义为无符号字符型
    while(1)
    {
        P3=0xff;              //准双向口输入前先置1
        key=P3;               //读入 P3 口所连接的按键
        switch(key)
        {
            case 0xfe: P1=0xfe; break;  //K1 键按下 D1 亮
            case 0xfd: P1=0xfd; break;  //K2 键按下 D2 亮
            default: P1=0x03;           //否则 D3~D8 全亮
```

            }
        }
}
```

### 3.4.3 循环结构

顺序结构和分支结构都有一个共同的特点,任意一条语句最多只能执行一次。大多数情况下,需要重复执行某些操作以完成任务,重复操作需要使用的结构是循环结构。循环是指反复执行某一部分程序行的操作,重复执行的这部分程序行称为循环体。

循环结构使得程序结构变得简单、清晰,易于修改,占用较少内存。常见的循环结构有两种:当型循环和直到型循环。当型循环的执行是当循环控制条件满足时,执行循环体,否则结束循环;直到型循环的执行则是先执行循环体,再判断循环控制条件是否满足,如果满足,则继续循环,否则结束循环。

无论是哪种类型的循环,都必须包含 4 个组成部分:循环条件的初始化、循环控制、循环体和循环条件的修改。

- 循环条件初始化部分:主要为循环做准备工作,包括设置有关的循环计数的初始值、其他变量的初始值等。
- 循环控制部分:用于控制是否继续循环,即判断循环条件是否满足要求,满足要求,则继续循环,否则结束循环。该部分是循环结构设计的关键,每个循环结构必须选择一个控制循环结构运行或结束的条件。
- 循环体部分:循环体是循环结构的核心部分,是每次循环都要重复执行的程序段,用于完成各种具体操作。
- 循环条件修改部分:循环不是相同的重复,而是有规律的变化,趋向于使任务完成。为了保证每次循环都与上次不同,并能够正常结束,就需要修改某些条件。

通常,判断循环是否结束主要有两种方法:计数器控制的循环、条件控制循环。计数器控制的循环用于循环次数已知的情况;条件控制循环用于循环次数难以确定,需要根据条件决定是否结束的情况。

#### 1. while 循环语句

while 语句的一般格式为

**while(表达式)**
    {语句}

当表达式的判断为"真"时,执行循环体(大括号内的语句),否则不执行。

【例 3.10】 电路如图 3-4 所示。要求:按下 K1 后 8 个灯循环点亮,松开 K1 后停止。程序代码如下:

```
#include <reg51.h>
#include <intrins.h>
sbit K1=P3^0;
void Delay(unsigned int delaytime)   // 延时子程序
```
```

```
    {
        unsigned char i;
        while(delaytime>0)
        {
            i=125;
            while(i>0)
                i--;
            delaytime--;
        }
    }
    void main( )
    {
        unsigned char light=0xfe;
        while(1)
        {
            K1=1;                           //准双向口输入前先置1
            while(K1==0)                    //判断 K1 按键是否按下
            {
                P1=light;                   //点亮 LED
                light=_crol_(light,1);      //循环左移一位
                Delay (1000);               //延时 1000ms
            }
            P1=0xff;                        //按键 K1 松开后灯灭
        }
    }
```

本程序包括两个 while，构成两层循环。while(1)是外层循环，条件永远成立，程序一直执行，循环体内第一条语句"K1=1"使准双向口做好输入准备，第二句是由 while(K1==0)构成的复合语句。第三句"P1=0xff"使 LED 全部熄灭。while(K1==0)构成的复合语句是内层循环，"K1==0"完成判断按键是否按下，满足条件即按键按下则执行内层循环。内层循环包括三条语句，"P1=light;"点亮 P1 口所连的 LED；"light=_crol_(light,1);"使 LED 控制字循环左移一位；"Delay(1000);"是一条函数调用语句，其作用是延时 1 秒。

在本程序的内层循环中，没有循环条件的修改部分，循环条件判断的依据"按键是否按下"由外部的按键电路决定。

2．do-while 循环语句

do-while 语句的一般形式为

do
{语句**}**
while(表达式**);**

把例 3.10 改成 do-while 语句，程序代码如下：

```
#include <reg51.h>
#include <intrins.h>
```

```c
sbit K1=P3^0;
void Delay( unsigned int delaytime)      // 延时子程序
{
    unsigned char i;
    do
    {
        i=125;
        do
        {
            i--;
        }while(i>0);
        delaytime--;
    }while(delaytime>0);
}
void main( )
{
    unsigned char light=0xfe;            //D1 亮,其他 LED 灭
    while(1)
    {
        K1=1;                            //准双向口输入前先置 1
        do
        {
            P1=light;
            light=_crol_(light,1);       //循环左移一位
            Delay(1000);                 //延时 1000ms
        }while(K1==0);                   //键按下则循环
        P1=0xff;
    }
}
```

程序分析：本例与例 3.10 相比，由于内层循环把 while 语句改成了 do-while 语句，假如 K1 没有按下，程序也会执行一次循环体，让第一个灯 D1 亮 1 秒，然后退出 do-while 循环，执行 "P1=0xff" 语句后灯熄灭。上述过程是外层循环的循环体，而外层循环是死循环，一直在执行，就会出现按键没按下，而 D1 亮 1 秒后熄灭时间极短，然后马上进入新一轮循环。观察到的现象就是按键 K1 没按下，而 D1 灯常亮。这显然是不满足要求的。

3. for 循环语句

for 语句的一般形式为：

for(表达式 1;表达式 2;表达式 3)
  {语句}

for 循环语句的执行过程如下。

第 1 步：求解表达式 1。

第 2 步：求解表达式 2，如果结果为"真"，即条件成立，则执行循环体语句；如果结果为"假"，转到第 5 步。

第 3 步：求解表达式 3。
第 4 步：转回第 2 步。
第 5 步：退出 for 循环，执行下面的语句。

从 for 语句的执行过程可以看到，表达式 1 只执行一次，所以表达式 1 一般用于循环条件初始化。表达式 2 一般为循环条件判断，表达式 3 一般为循环条件修改。如

```
int i,sum=0;
for(i=0;i<10;i++)
    sum=sum+i;
```

在程序中，当循环体只有一个语句时，可以不加"{}"。
for 语句中可以有一些变形的描述方式，但是三个表达式间的分号不能省略。

- 表达式 1 可以是逗号表达式，可以移到 for 语句之前。
- 表达式 2 可以没有，表示循环条件永远满足，或者移到循环体内开头用 if 语句实现判断。
- 表达式 3 也可以是逗号表达式，并且可以移到循环体末尾与原循环体合并成新的循环体。

4．break 语句和 continue 语句

在一个循环语句中，可以通过判断条件来退出循环，也可以通过 break 语句来强制退出循环。

continue 语句用于结束本次循环，即跳过循环体中 continue 后面的语句，而直接进行下一轮是否循环的判断。

【例 3.11】 电路如图 3-4 所示。要求：开机后，全部灯不亮；按下 K1 后，则从 D1 开始依次点亮，至 D8 后停止并全部熄灭，之后再次循环点亮；若 K1 松开，则依次点亮 D1 到 D8 后全部熄灭；如果依次点亮的中途 K2 被按下，则灯立即全部熄灭，并返回初始状态。程序代码如下：

```
#include <reg51.h>
#include <intrins.h>
sbit K1=P3^0;
sbit K2=P3^1;
void Delay( unsigned int delaytime)      // 延时子程序
{
    unsigned char i;
    for( ; delaytime>0;delaytime--)
        for( i=0; i<=124; i++)
            ;
}
void main( )
{
    unsigned char light=0xfe;
    unsigned char i;
    for(;;)
```

```
        {
            P3=P3|0x03;                    //按键 K1、K2 输入初始化
            if(K1==0)                      //按键 K1 按下
            {
                light=0xfe;                //D1 亮的控制信息
                for(i=8;i>0;i--)           //循环 8 次,依次点亮 D1 到 D8
                {
                    P1=light;              //点亮 LED
                    Delay(1000);
                    if (K2==0)             //如果循环移位过程中按键 K2 按下
                        break;             //结束循环移位过程
                    light=_crol_(light, i);//循环左移
                }
            }
            P1=0xff;                       //全部熄灭
        }
}
```

程序分析：通电后，检测到 K1 按下，则执行一个 8 次循环，分别点亮各个灯，中间如果 K2 按下，则执行 break 语句，退出循环。

如果把上题中的 break 改成 continue，通电后，若检测到 K1 被按下，则各灯开始依次点亮；如果 K2 没有被按下，则循环 8 次结束，再次判断 K1 是否按下。如果在一次运行中，K2 被按下，不是退出循环，而是结束本次循环，即不执行循环体中 continue 后面的语句"light=_crol_(light, i);"，继续转去判断下一次循环条件是否满足，造成 LED 不能循环而一直保持原 LED 亮的状态，循环还是要经过 8 次才结束。观察到的现象就是在 K2 按下的过程中，某灯一直亮，而不会循环到最后一个灯。

3.5 函　　数

3.5.1 函数的定义

一个完整的 C51 程序由一个主函数和若干个子函数组成。主函数调用子函数，子函数之间也可以互相调用，同一个函数可以被一个或多个函数调用任意次。

函数定义的一般形式为

```
函数返回值类型 函数名(形式参数列表)    //函数首部
{
    声明部分;
    执行部分;
}
```

说明：
- 函数包括两部分，即函数首部和函数体。函数体用大括号"{}"括起来。

- 函数体包括两部分，即声明部分和执行部分。声明部分主要用于定义变量，以及对定义在该函数之后的函数进行声明；执行部分完成函数功能。
- 如果没有形式参数列表，则为无参函数，但函数名后的括号必须有。
- 如果函数有返回结果，则返回值类型与结果类型一致，函数体中包括 return 语句。
- 如果函数不需要返回结果，则将返回值类型定义为 void 类型，函数体中不需要 return 语句。

【例 3.12】 求两个整数 x 和 y 的最大值，函数定义如下：

```
int max(int x,int y)
{   int z;
    if(x>y)
        z=x;
    else
        z=y;
    return(z);
}
```

函数名为 max，前面的 int 表示返回值的类型为整型，括号中是两个形式参数(形参)。当形参多于一个时，形参之间用逗号隔开。

3.5.2 函数的调用

1. 函数的调用形式

函数调用的一般形式为

函数名(实参列表)；

对于有参函数，若包含多个实际参数，则各个参数之间用逗号间隔，实参与形参之间要个数相等、类型一致、顺序对应。对于无参函数，函数名后的括号不能省略。

函数调用时一般有三种方式。
- 函数调用作为一个语句，如"Delay();"。这时不要求函数有返回值，只要求函数完成一定的功能操作。
- 函数调用出现在一个表达式中，要求函数带回一个确定的值以参加表达式的运算。
- 函数调用作为另一个函数调用的参数，如"c=max(a,max(b,c));"。max(b,c)的返回值作为外部 max 的一个参数。

2. 调用函数的声明和函数原型

在一个函数中调用另一个函数必须同时具备以下条件。
- 被调用的函数一定要存在，函数可以是自己编写的，也可以是库函数。
- 如果是库函数，一般应在文件开头用#include 命令将定义该库函数的头文件包含到本文件中。如例 3.11 中要用到库函数_crol_，所以在文件开头需要"#include <intrins.h>"语句。

- 如果使用用户自定义的函数，而且该函数与调用它的函数(主调函数)在同一文件中，但是被调用的函数在主调函数之后定义，必须在函数调用之前做声明。

【例 3.13】 对被调用函数做声明。程序代码如下：

```
void main( )
{
    int max(int x, int y);      //因为max函数在后面定义，应在调用之前声明
    int a=10, b=20, c;
    c=max(a,b);                  //主调函数
}
int max(int x, int y)            //被调用函数的定义
{
    int z;
    z=x>y? x:y;
    return(z);
}
```

其中，main 函数开始的第 3 行"int max(int x, int y);"是对被调用的 max 函数做声明。在函数声明中，也可以不写形参名，而只写形参的类型，如"int max(int, int);"。

在 C51 中，以上的函数声明称为函数原型。从例 3.13 可以看出，main 函数的位置在 max 函数的前面，在进行编译时，是从上到下逐行进行的。如果没有函数的声明，当编译到"c=max(a,b);"时，编译系统不知道 max 是什么，也无法判断 a 和 b 的类型是否正确，因而无法进行正确性检查。

函数原型的一般形式有以下两种。

函数类型 函数名(参数类型 1,参数类型 2,…);
函数类型 函数名(参数类型 1 参数名 1,参数类型 2 参数名 2,…);

注意： 如果主调函数在被调函数的后面，可以不用声明。

3．函数参数传递

对于有参函数,函数之间存在着参数传递的问题,参数传递是由主调函数的实际参数(简称实参)向被调用函数的形式参数(简称形参)的单向复制，即将实参复制到形参。所谓实际参数是指调用时函数名后面括号里的表达式，其个数和被调函数的形式参数个数一致。

以 int max (int x, int y)为例，定义的形式参数有 x 和 y 两个，当主调函数调用时，将会写成"a=max(5,9);"的形式。该例中 5 和 9 是实际参数，在调用时，把 5 复制给 x，9 复制给 y。因为函数有结果，所以将函数结果赋值给变量 a(已在使用之前定义)。

关于形参和实参的说明如下。

- 定义函数时的形参在未出现函数调用时，并不分配内存，只有在发生函数调用的时候，系统才为函数中的形参分配存储单元，调用结束后，形参所占用的内存单元释放而被系统回收；
- 实参可以是常量、变量或表达式；
- 在定义函数的时候，必须指定形参的类型；

- 实参和形参的类型要一致,顺序要相同。

3.5.3 局部变量和全局变量

一个 C51 程序中的变量可以仅在一个函数中使用,也可以在所有的函数中使用,这就要引入局部变量和全局变量的概念。

1. 局部变量

在一个函数内部定义的变量称为局部变量,它只在这个函数内有效,如

```
int fun1( int a)
{
    int b,c;
    ⋮
}
char fun2( char x, char y)
{
    int i,j;
    ⋮
}
void main( )
{
    int m,n;
    ⋮
    fun1(10);
    fun2(5,8);
}
```

说明:
- main 函数中定义的变量 m、n 只在 main 函数中有效,在 fun1、fun2 中无效。
- 不同函数中可以使用相同名字的变量,它们代表了不同的对象,互不干扰。
- 形式参数也是局部变量。
- 用"{}"括起来的复合语句中也能定义变量,这些变量只能在复合语句中起作用,例如:

```
void main( )
{
    int a, b;
    ⋮
    {
        int c;
        c=a+b;          // c 只能在本复合语句中有效
    }
}
```

2. 全局变量

一个源文件可以包含一个函数或若干个函数。在函数之外定义的变量称为全局变量，全局变量在本文件的该变量定义之后的任何函数中都可以使用，例如：

```
int x,y;
int fun1( int a)
{
    int b,c;
    a=b+c+x;
    ⋮
}
void main( )
{
    int m,n ;
    ⋮
    fun1(y);
}
```

其中，x、y 为全局变量，在 fun1 函数和 main 函数中都能使用，而 a、b、c、m、n 为局部变量。

全局变量的出现为各个函数之间的数值联系提供了方便。但是，由于在同一个文件中各个函数都能使用全局变量，如果在一个函数中改变了全局变量的值，那么就会影响到其他函数。为了避免全局变量使用中引起的混乱现象，建议尽量不使用全局变量。

在同一文件中，如果全局变量和局部变量同名，则在局部变量的范围内，全局变量不起作用。

3.5.4　intrins.h 库函数介绍

C51 提供了大量库函数，使用库函数能够使程序代码简单、结构清晰，易于调试和维护。C51 提供的几类库函数有：本征库函数 intrins.h、特殊功能寄存器定义库 reg51.h、绝对地址定义库函数 absacc.h、类型转换及动态内存分配库函数 stdlib.h、字符串处理库函数 string.h、字符判断转换库函数 ctype.h、输入/输出库函数 stdio.h、数学计算库函数 math.h。

本征函数是指编译时直接将固定的代码插入当前行，而非本征函数需要用函数调用。

单片机的某些功能，C51 中没有对应的运算符能够实现，如循环移位、位测试功能。C51 提供了对应的本征库函数"intrins.h"，本征库函数只有 9 个。

1. _crol_ 函数

原型：unsigned char _crol_(unsigned char val,unsigned char n);

功能：用于将字符 val 循环左移 n 次。

返回值：返回 val 移位后的值。

【例 3.14】 使用_crol_函数的示例代码如下：

```
#include <intrins.h>
void tst( )
{
    char a;
    char b;
    a=0xa5;
    b=_crol_(a,3);
}
```

执行完后，b 的值是 0x2d。

2. _cror_函数

原型：unsigned char _cror_(unsigned char val,unsigned char n);

功能：用于将字符 val 循环右移 n 次。

返回值：返回 val 移位后的值。

3. _irol_函数

原型：unsigned int _irol_(unsigned int i,unsigned char n);

功能：用于将无符号整型数 i 循环左移 n 次。

返回值：返回 i 移位后的值。

4. _iror_函数

原型：unsigned int _iror_(unsigned int i,unsigned char n);

功能：用于将无符号整型数 i 循环右移 n 次。

返回值：返回 i 移位后的值。

5. _lrol_函数

原型：unsigned long _lrol_(unsigned long l,unsigned char n);

功能：用于将无符号长整型数 l 循环左移 n 次。

返回值：返回 l 移位后的值。

6. _lror_函数

原型：unsigned long _lror_(unsigned long l,unsigned char n);

功能：用于将无符号长整型数 l 循环右移 n 次。

返回值：返回 l 移位后的值。

7. _nop_函数

原型：void _nop_(void);

功能：函数_nop_用于产生一个空操作(对应单片机的 NOP)指令。

返回值：无。

【例3.15】 使用_nop_函数的示例代码如下：

```
#include <reg51.h>
#include <intrins.h>
```

```
void tst( )
{
    P1=0xff;
    _nop_( );        // 因硬件需要，进行短暂延时
    _nop_( );
    P1=0x00;
}
```

8. _testbit_函数

原型：bit _testbit_(bit b);

功能：函数_testbit_用于产生一条 JBC 指令来测试位 b 是否为 1，如果是 1，将该位清零。该指令只能用于可直接位寻址的变量，不能用于其他表达式。

返回值：当位 b 是 1 时返回 1，当 b 是 0 时返回 0。

【例 3.16】 使用_testbit_函数的示例代码如下：

```
#include <intrins.h>
void tst( void)
{
    bit flag;
    unsigned char a;
    if(_testbit_(flag))
        a=0;
    else
        a=1;
}
```

9. _chkfloat_函数

原型：unsigned char _chkfloat_(float val);

功能：函数_chkfloat_用于检查浮点数 val 的类型。

返回值：浮点数 val 的类型。标准浮点数时返回 0，值为 0 时返回 1，正溢出时返回 2，负溢出时返回 3，非浮点数时返回 4。

3.5.5 中断函数

1. 中断函数的格式

使用汇编语言编写中断程序时，首先使用 ORG 伪指令在指定的地址处写上跳转指令，转到真正的中断程序入口，然后在主程序中设定中断优先级，开启相应的中断允许位。最后开启总中断允许位。这样，一旦中断发生，就可以转到相应的中断服务程序去执行。

使用 C51 语言编写中断函数与此类似，在 main 函数中直接对相应特殊功能寄存器进行操作，以设置中断优先级，开启中断允许和总中断允许等。由于中断的发生在时间上是随机的、难以确定的，所以中断服务函数没有参数，也没有函数返回结果。中断函数的格式如下：

```
void 函数名(void) interrupt n
```

其中，n 对应中断源的类型号。以 51 系列单片机为例，n 的编号为 0～4，分别对应外部中断 0、定时/计数器 0 中断、外部中断 1、定时/计数器 1 中断、串行中断。

【例 3.17】 如图 3-5 所示，51 系列单片机的 P3.2 口引脚(外部中断 0)接有按钮。按下此按钮后，P1.0 引脚所接的 LED 点亮，再次按下 LED 熄灭，如此反复。

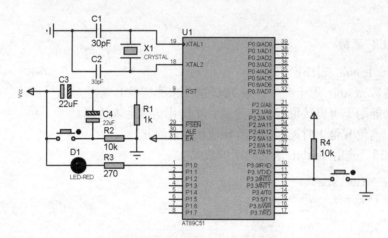

图 3-5 中断控制发光二极管亮灭

程序代码如下：

```
#include <reg51.h>
sbit P1_0=P1^0
void main( )
{
    IT0=1;              //设置外部中断 0 边沿触发
    EX0=1;              //允许外部中断 0
    EA=1;               //开中断总允许
    while(1)            //死循环，等待中断发生
        ;
}
void int0(void) interrupt 0    //外部中断 0 服务函数
{
    P1_0=~P1_0;                //P1_0 取反
}
```

2．寄存器组的切换

由于中断发生的时间是不确定的，当发生中断时，中断函数中必然使用到一些寄存器，而这些寄存器的内容不因中断函数的执行而受到影响，所以需要在中断函数执行之前首先将这些寄存器进行保护，称为保护现场；当中断函数执行完之后，再将保护的寄存器恢复到中断发生前的状态，称为恢复现场。保护现场及恢复现场一般采用堆栈方式进行，但是保护现场及恢复现场的操作需要时间。为了减少中断服务时间，还可以采用切换寄存器组的方式以达到不占用原程序中所使用的寄存器的目的。在 51 系列单片机中，共有 4 组工作

寄存器，每组都包括 R0~R7，可以通过设置 RS0、RS1 来快速地切换工作寄存器组。

工作寄存器组的选择使用"using m"，其中 m 的值为 0~3，对应 4 组工作寄存器。如"void timer0( ) interrupt 0 using 1"表示在定时/计数器 0 的中断函数中使用 1 组工作寄存器。

采用寄存器组切换的中断服务函数的格式如下：

```
void  函数名(void)  interrupt n  [using m]
```

中断函数的特点如下。
- 中断函数不能进行参数传递，即中断函数是无参函数；
- 中断函数没有返回值；
- 在任何情况下，中断函数不能被其他函数直接调用；
- 如果中断函数中调用了其他函数，则被调用的函数所使用的寄存器必须与中断函数中所使用的相同，被调用函数最好设置为可重入的；
- 中断函数最好写在整个程序的尾部，并且禁用 extern 存储类型声明，以防止其他程序调用；
- 中断函数中应尽量少做工作，一则中断反应迅速，二则中断函数结构简单，不易出错；
- 仔细考虑各中断函数之间的关系和考量每个中断函数执行的时间，特别要注意对同一个数据进行操作的中断处理程序。

【成果展示】

按钮控制流水灯左右循环移位的执行效果如图 3-6 所示。

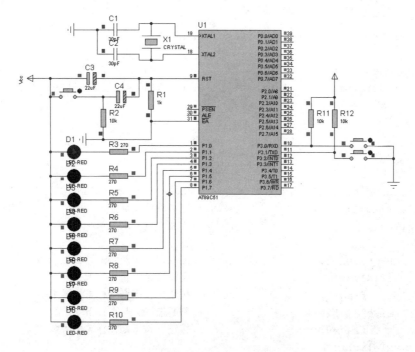

图 3-6　按钮控制流水灯左右循环移位电路

【项目实现】

1. 设计方案

八个 LED 作为流水灯,两个按钮作为循环左移或循环右移的控制按钮,当按钮 1 按下时,流水灯循环左移,按钮 2 按下时流水灯循环右移。

加入软件延时控制流水灯的移位速度。

2. 硬件电路

本任务用 P1 口连接八个 LED,采用灌电流的方式驱动,即将 LED 的正极接电源,负极接到单片机端。为了保障 LED 中的电流能够使 LED 点亮,限流电阻的阻值为 270 欧姆。采用这种方式连接 LED,若要 LED 点亮,则单片机端口应输出 0;若要熄灭 LED,则单片机端口应输出 1。

两个按钮分别接到 P3.0 和 P3.1,作为 LED 左右移位的控制按钮。按钮连接采用上拉方式,当按钮没有按下时,输入端通过上拉电阻拉高到高电平,输入 1;当按钮按下时,输入端经过按钮接地,输入 0。

电路连接图如图 3-6 所示。

3. 参考程序

程序代码如下:

```c
#include <reg51.h>              //51 子系列单片机特殊功能寄存器头文件
#include <intrins.h>            //本征函数库头文件
sbit K1=P3^0;
sbit K2=P3^1;
void delay(unsigned int delaytime) //延时函数
{
    unsigned char i;
    for(;delaytime>0;delaytime--) //延时采用自减,使单片机指令优化
        for(i=125;i>0;i--)
            ;
}
void main()
{
    unsigned char light=0xfe;   //0xfe 即二进制 11111110,P1.0 的 LED 点亮
    bit flag=1;                 //左右移位控制标志位
    while(1)                    //LED 一直流水显示
    {
        P3=P3|0X03;             //准双向口输入前先置 1
        if(K1==0)               //判断按钮 1 是否按下
            flag=1;             //按钮 1 按下则使标志位置 1
        else if(K2==0)          //判断按钮 2 是否按下
            flag=0;             //按钮 2 按下则使标志位清零
        P1=light;
        if(flag)                //左右移位标志为 1 则 LED 循环左移
```

```
                light=_crol_(light,1);
        else                                    //否则LED循环右移
                light=_cror_(light,1);
            delay(1000);                        //延时
    }
}
```

while 循环中的前半部分包括一个使 P3 口低两位置 1 的语句和一个 if 语句，if 语句完成按钮的判断，并根据按钮按下情况设置左右移位标志位 flag；后半部分包括一个赋值语句、一个 if 语句和一个函数调用语句，赋值语句完成显示代码送 P1 口控制 LED 点亮，if 语句根据 flag 的状态完成将显示码左移或右移的操作，函数调用语句完成延时一段时间。

本任务中两个按钮的判断采用了 if-else 语句，可以做到当两个按钮按下时以按钮 1 按下为准，即按钮 1 优先。

【拓展训练：基于 C51 语言的简单液位指示系统】

1. 设计方案

在一个容器内部的侧壁上均匀安装了八个液位开关，当液体漫过该点时，开关闭合，否则开关打开。根据液位高度，通过 LED 发光二极管显示对应位置。

2. 硬件电路

为了采样液位的开关信号，将八个开关连接到单片机的 P1 口，由于 P1 口内部集成了上拉电阻，因此将开关的一端直接连接到单片机的 P1 口上，另一端接地。当液位淹没开关时，对应的 P1 口的开关接地，电平为低，否则为高电平。

八个 LED 接到 P0 口，用于显示液位状态。硬件电路如图 3-7 所示。

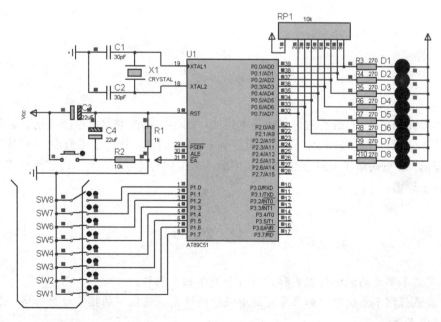

图 3-7 液位指示系统

3. 参考程序

本项目在 P1 口接了 8 个开关，P0 口接 8 个 LED 灯，根据开关的闭合情况，控制 LED 灯亮灭以指示液位位置。开关的闭合有一定的规律，如液位刚好漫过 4 点位置时，4 号开关闭合，同时 1、2、3 号开关也肯定闭合，因此可以分成 8 种情况处理，采用 switch 语句进行处理。

程序代码如下：

```c
#include <reg51.h>
void main()
{
    while(1)
    {
        P1=0xff;                    //准双向口输入前先置1
        switch(P1)                  //根据开关闭合情况分别进行处理
        {
            case 0x7f:  P0=0x7f;break;  //液位1
            case 0x3f:  P0=0xbf;break;  //液位2
            case 0x1f:  P0=0xdf;break;  //液位3
            case 0x0f:  P0=0xef;break;  //液位4
            case 0x07:  P0=0xf7;break;  //液位5
            case 0x03:  P0=0xfb;break;  //液位6
            case 0x01:  P0=0xfd;break;  //液位7
            case 0x00:  P0=0xfe;break;  //液位8
            default:    P0=P1;          //其他情况
        }
    }
}
```

小 结

本单元介绍了 C51 语言的特点和基本组成，阐述了数据类型、存储类别、运算符、表达式等基本知识。在此基础上，以单片机控制 LED 灯为例，讲述了 C51 的三种基本结构和函数的概念；着重讲解了 C51 的函数以及中断函数的编写方法。最后，通过两个实例对 C51 应用进行了训练。

强化练习

1. 完成本单元的流水灯左右移位项目和液位指示项目。
2. 在液位指示系统中，如果希望随着液位的升高，液位下的指示灯全部亮，怎样修改程序？试完成之。

习 题

1. C51 的数据类型有哪些？存储类型有哪些？
2. 在 C51 中，哪个函数是必需的？程序的执行顺序是如何决定的？
3. C51 和 ANSI C 相比，多了哪些数据类型？举例说明。
4. 请说明下列语句的含义。

(1)
```
unsigned char x,y;
unsigned int k;
k=(int)(x+y);
```

(2)
```
#define uchar unsigned char
uchar a,b,min;
min=(a<b)?a:b;
```

5. 利用 C51 语言编写程序完成霓虹灯的控制。在 P1 口上连接 8 个 LED 发光二极管，先循环左移点亮每个 LED，再循环右移点亮每个 LED，之后从两侧向中间循环点亮 LED，最后实现逐个点亮 LED 再逐个熄灭 LED。如此循环往复，无休无止。

6. 在完成上面霓虹灯控制的基础上，加入两个按键对霓虹灯进行控制，其中一个按键控制 LED 按不同效果进行点亮，另一个按键控制 LED 点亮的速度。

单元 4

单片机中断应用

教学目标

中断在单片机系统中起着十分重要的作用，它的作用是让单片机对内部或外部突发事件及时地做出响应，提高系统运行的并行性。一个功能强大的中断系统能大大提高单片机处理随机事件的能力，提高效率，增强系统的实时性。

51单片机具有一套完善的中断系统，含有5个中断源，两个优先级。本单元通过对典型案例进行分析从而导出单片机中断系统的相关知识点，并给出应用实例供读者进行训练掌握。

通过本单元的学习，读者应能够掌握51单片机的中断系统的工作原理和中断系统编程的基本方法和技巧。

【项目引导：加减数操作】

1. 项目目标

很多单片机应用系统经常要对相关数据进行设置，为了简化系统硬件，常采用两个按键对某个数据进行加1或减1来达到要求。加1键每按下一次将数据加1，减1键每按下一次将数据减1。每次按键操作将数据通过数码管显示出来。

要求：按键有消除抖动功能。

2. 项目分析

在中断概念引入之前，要完成按键每按下一次加(减)1，对按键的判断就需要经历三个过程：按键按下时消除下降沿抖动，按键按下未抬起时的等待，按键抬起时再次消除上升沿抖动。按键按下过程时间长，判断复杂，且在进行按键判断过程中无法执行其他程序。

采用中断对按键进行操作，按键按下即发生中断，每发生一次中断，数据加(减)1。

3. 知识准备

- 单片机中断系统。
- 中断编程。

4.1 中断的概念

日常生活中也常发生被打断当前事情，转而做另一件事情的现象，比如某人正在看书，有电话铃响，决定接电话。做书签标记当前读到的位置，起身接电话，接完电话再从刚才做标记的位置继续读书。该过程就是中断，描述如图4-1所示。

所谓中断，是指计算机系统执行正常程序时，由于内部或外部事件引起系统中出现紧急事件的请求，系统需要暂时中止当前程序，转而去执行更紧急的事件的处理程序，执行完毕后，系统再返回原程序被中止的地方继续执行原程序的过程。对应的单片机的中断过程示意如图4-2所示。

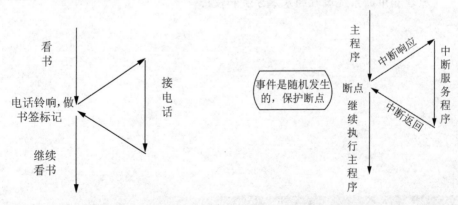

图4-1 生活中的中断过程示意图　　图4-2 单片机的中断过程示意图

从现象上看，中断服务的过程与执行函数调用的过程有类似之处，但二者有本质的区

(1) 函数调用是程序员事先在程序中安排好的，只有程序执行到函数调用时才去执行被调用的函数；而中断是随机发生的，是由随机事件的请求引发的。

(2) 被调用的函数与主调函数之间是有直接关系的，主调函数要为被调用函数提供参数，被调用函数要将执行结果提供给主调函数使用；而中断服务函数可能与被中断的函数无关，被中断的函数无法为中断服务函数提供参数，也不需要中断函数提供结果。

(3) 函数调用完全由软件实现；而中断的实现需要由软件、硬件系统共同完成，中断处理要比函数调用复杂得多。

引起系统中断的事件，称为中断源；中断源向系统提出处理申请，称为中断请求；系统暂停当前任务，转而去处理提出申请的事件的过程，称为中断响应；对提出申请的事件进行处理的过程，称为中断服务；处理完毕之后，返回到被中断的地方继续执行，称为中断返回。

4.2 中断系统

51系列单片机有5个中断源(外部中断0，定时/计数器0，外部中断1，定时/计数器1，串行中断)、两个优先级，可实现二级中断嵌套。中断系统由中断请求标志寄存器TCON(IE0、TF0、IE1、TF1)和SCON(TI、RI)、中断允许控制寄存器IE、中断优先级寄存器IP和查询硬件等组成。中断系统结构框图如图4-3所示，该图从逻辑上描述了51子系列单片机中断系统的整体工作机制。

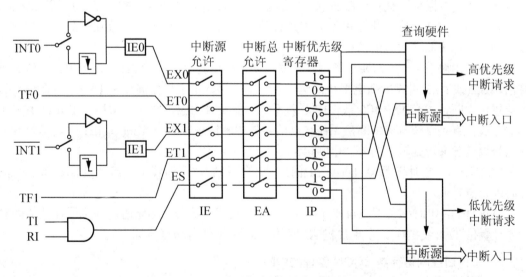

图4-3　51子系列单片机的中断系统结构框图

4.2.1 中断源及中断请求标志

51子系列单片机有5个中断源：外部中断0、定时/计数器0、外部中断1、定时/计数器1、串行口中断。当有中断源发出请求时，由硬件将相应的中断请求标志位置1。在中断请求被响应前，相应的中断请求标志位被锁存在特殊功能寄存器 TCON 和 SCON 中。

1．定时器控制寄存器 TCON 管理的中断

外部中断源有外部中断 0($\overline{INT0}$) 和外部中断 1($\overline{INT1}$)，经由外部引脚 P3.2、P3.3 引入。在特殊功能寄存器 TCON 中有 4 位与外部中断有关的位和 4 位与定时/计数器有关的位，如表 4-1 所示。

表 4-1　TCON 寄存器

D7	D6	D5	D4	D3	D2	D1	D0
TF1	TR1	TF0	TR0	IE1	IT1	IE0	IT0

IT0(IT1)：外部中断 0(或 1)触发方式控制位，可由软件进行置位和复位。IT0(IT1)=0 时，外部中断为电平触发方式，低电平有效；IT0(IT1)=1 时，外部中断为边沿触发方式，当系统检测到有高电平到低电平的跳变就置位中断请求标志位 IE0(IE1)。

IE0(IE1)：外部中断 0(或 1)中断请求标志位。在电平触发方式时，系统在每个机器周期的 S_5P_2 时刻采样 P3.2(或 P3.3)引脚的电平，若引脚为高电平，则 IE0(或 IE1)清零；若引脚为低电平，则 IE0(或 IE1)置 1，向系统提出中断请求。在边沿触发方式时，若第一个机器周期采样到引脚为高电平，第二个机器周期采样到引脚为低电平，则将 IE0(或 IE1)置 1，向系统提出中断请求，中断响应后由硬件自动清除中断请求标志位。

对于电平触发方式，外部中断源 P3.2(或 P3.3)引脚的有效低电平必须保持到请求获得响应为止，否则中断就不能得到服务；在中断服务结束之前，中断源的有效低电平必须撤掉，否则就会再次产生请求。电平触发方式适合外部中断请求为低电平，且在中断服务程序中能够撤销外部中断请求源的情况。

对于边沿触发方式，需要连续两个机器周期采样引脚 P3.2(或 P3.3)。为了保证检测到下降沿，P3.2(或 P3.3)引脚的高电平和低电平应该至少保持 1 个机器周期。只要检测到下降沿，就会置位中断请求标志位 IE0(或 IE1)，若系统不能及时响应，中断请求标志 IE0(或 IE1)也不会丢失，直到系统响应中断后系统自动清零该中断请求标志位 IE0(或 IE1)。边沿触发方式适合以负脉冲形式输入的外部中断请求。

TR0(TR1)：定时/计数器 T0(或 T1)的启动/停止控制位。当置 1 时启动定时/计数器，清零时停止定时或计数。

TF0(TF1)：定时/计数器 T0(或 T1)的溢出中断请求标志位。当定时时间到或计数值满时由硬件置位 TF0(或 TF1)。在单片机响应中断后，由硬件自动将该标志位清零。

2．串行口控制寄存器 SCON 管理的中断

51 子系列单片机的 5 个中断源有 6 个中断请求标志位，其中 4 个与外部中断和定时/计数器有关的中断请求标志存放在 TCON 寄存器中，另外两个与串行口中断有关的标志保存在串行口控制寄存器 SCON 中。SCON 的 D7～D2 位涉及的是串行通信，在单元 6 中进行详细讲解，此处只介绍与中断源有关的低两位，SCON 寄存器如表 4-2 所示。

表 4-2　SCON 寄存器结构

D7	D6	D5	D4	D3	D2	D1	D0
SM0	SM1	SM2	REN	TB8	RB8	TI	RI

TI：串行发送中断请求标志位。每当发送完一帧数据，由硬件将 TI 置 1，向系统申请中断。

RI：串行接收中断请求标志位。每当接收完一帧数据，由硬件将 RI 置 1，向系统申请中断。

无论 TI 或 RI 哪个标志位置 1，都请求串行口中断。到底是发送中断 TI，还是接收中断 RI，只能在中断服务程序中通过指令查询来判断。串行口中断响应后，由于要对 TI 和 RI 进行判断以决定进行何种服务，所以 TI 或 RI 不能由硬件清零，而需要在中断服务函数中由软件清零。

4.2.2　中断允许控制

51 单片机对各个中断源的允许和禁止是由中断允许控制寄存器 IE 的各位来控制的，IE 的字节地址为 A8H，可以进行位寻址，IE 的状态通过软件设定，若某位设定为 1，对应的中断源允许，若某位设定为 0，则对应的中断被禁止。IE 寄存器各位定义如表 4-3 所示。

表 4-3　中断允许寄存器 IE

D7	D6	D5	D4	D3	D2	D1	D0
EA	—	—	ES	ET1	EX1	ET0	EX0

EA：中断允许总控制位。EA=0，禁止所有的中断请求；EA=1，开放中断。EA 的作用是使中断允许形成两级控制，即各中断源首先受 EA 位的控制，其次还要受各中断源自己的中断允许位控制。

ES：串行口中断允许控制位。ES=1，允许串行口中断；ES=0，禁止串行口中断。

ET1：定时/计数器 T1 溢出中断允许控制位。ET1=1，允许 T1 中断；ET1=0，禁止 T1 中断。

EX1：外部中断 1 中断允许控制位。EX1=1，允许外部中断 1 中断；EX1=0，禁止外部中断 1 中断。

ET0：定时/计数器 T0 溢出中断允许控制位。ET0=1，允许 T0 中断；ET0=0，禁止 T0 中断。

EX0：外部中断 0 中断允许控制位。EX0=1，允许外部中断 0 中断；EX0=0，禁止外部中断 0 中断。

如果要设置允许外部中断 0 和定时/计数器 1 中断，其他中断不允许，则 IE 的值为 10001001B，即 IE=89H。

4.2.3 中断优先级控制

51 单片机采用了自然优先级和人工设置高、低优先级两种策略，每个中断源都可由软件设置其优先级别为高优先级或低优先级。一个正在被执行的低优先级的中断服务程序可以被高优先级的中断源所打断，而一个正在被执行的高优先级中断的服务程序不能被任何中断源所打断，从而实现二级中断嵌套，中断嵌套过程如图 4-4 所示。

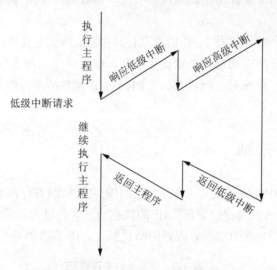

图 4-4　单片机的中断嵌套示意图

上电复位后，中断优先级寄存器 IP 被清零，每个中断源都处于同一个优先级，这时若其中几个中断同时产生中断请求，系统通过内部硬件查询逻辑按自然优先级顺序确定应该响应哪个中断请求。自然优先级由硬件形成，如表 4-4 所示。

表 4-4　51 单片机中断的自然优先级

中 断 源	同级内的优先权
外部中断 INT0	最高
定时/计数器 T0	↓
外部中断 INT1	
定时/计数器 T1	
串行口	最低

在某些特殊情况下，如果希望某个中断源有更高的优先级，则可以通过软件设置中断优先级寄存器 IP 中的相应位，IP 的字节地址为 B8H，IP 寄存器各位定义如表 4-5 所示。

PS：串行口中断优先级设定位。PS=1，设定串行口中断为高优先级中断；PS=0，设定串行口中断为低优先级中断。

表 4-5 中断优先级寄存器 IP

D7	D6	D5	D4	D3	D2	D1	D0
—	—	—	PS	PT1	PX1	PT0	PX0

PT1：定时/计数器 T1 优先级设定位。PT1=1，设定定时/计数器 T1 为高优先级中断；PT1=0，设定定时/计数器 T1 为低优先级中断。

PX1：外部中断 1 优先级设定位。PX1=1，设定外部中断 1 为高优先级中断；PX1=0，设定外部中断 1 为低优先级中断。

PT0：定时/计数器 T0 优先级设定位。PT0=1，设定定时/计数器 0 为高优先级中断；PT0=0，设定定时/计数器 0 为低优先级中断。

PX0：外部中断 0 优先级设定位。PX0=1，设定外部中断 0 为高优先级中断；PX0=0，设定外部中断 0 为低优先级中断。

如果 5 个中断源同时请求中断，要求响应的顺序为：定时/计数器 T0→外部中断 1→外部中断 0→定时/计数器 T1→串行口中断。由于在相同优先级时的自然优先级顺序为：外部中断 0→定时/计数器 0→外部中断 1→定时/计数器 1→串行中断，要想达到要求的顺序，需要改变定时/计数器 0 和外部中断 1 的优先级，即将其设置为高优先级，则 IP 各位的内容为 00000110B，即 IP=06H。

51 子系列单片机中断系统的主要信息归纳如表 4-6 所示。

表 4-6 51 系列单片机中断系统的主要信息

中断源	中断请求		中断响应		中断入口	
	触发条件	中断标志	中断允许 IE	中断优先级 IP	入口地址（汇编）	中断号（C51）
外部中断 0	IT0=0 时，P3.2 引脚低电平触发；IT0=1 时，P3.2 引脚下降沿触发	IE0	EX0	PX0	0003H	0
定时/计数器 T0 中断	T0 计数溢出	TF0	ET0	PT0	000BH	1
外部中断 1	IT1=0 时，P3.3 引脚低电平触发；IT1=1 时，P3.3 引脚下降沿触发	IE1	EX1	PX1	0013H	2
定时/计数器 T1 中断	T1 计数溢出	TF1	ET1	PT1	001BH	3
串行口中断	发送完一帧数据	TI	ES	PS	0023H	4
	接收完一帧数据	RI				

4.3 单片机中断处理过程

4.3.1 中断响应的条件

单片机的控制器在每个机器周期顺序查询每一个中断源,在机器周期的 S_5P_2 状态采样并排序所有被激活的中断请求的优先级,只要不被阻止,将在下一个机器周期的 S_1 状态响应激活了的最高级中断请求。但是遇到下列三种情况之一时,中断响应将被阻止。
- 单片机正在处理一个同级或更高级别的中断请求。
- 当前正在执行的指令还没有执行完。
- 当前正在执行的指令是 RETI 或访问 IP、IE 寄存器的指令,则单片机至少再执行一条指令才能响应中断。

4.3.2 中断响应过程

在满足中断响应条件的情况下,进入中断响应过程,按照以下步骤进行。

第 1 步:自动清除中断请求标志(对串行口的中断标志需要用软件清除,外部中断电平触发方式需要在中断服务程序中撤销外部中断),然后保护断点(就是将下一条将要执行的指令的地址压入堆栈)。

第 2 步:寻找中断入口,根据 5 个不同的中断源所产生的中断,查找对应的入口地址,即将中断对应的入口地址装入程序计数器 PC 中(控制器从 PC 所指向的程序存储器中取指令)。以上工作是由单片机硬件自动完成的,与编程者无关。

第 3 步:执行中断处理程序。

第 4 步:中断返回。执行中断返回指令,将该中断对应的优先级触发器清零,然后从堆栈中弹出响应中断时保护的断点地址给 PC,继续执行被中断的程序。

各中断源的中断服务程序入口地址见表 4-6,可以看到两个相邻的中断服务程序的入口地址只间隔了 8 个单元。一般情况下,8 字节的程序存储器空间无法存放中断服务程序,必须将中断服务程序安排在后面的空间中,然后在入口地址放置一条跳转指令,跳转到服务程序的开始位置。

在汇编语言程序中要通过 AJMP 或 LJMP 等跳转指令完成跳转。一个完整的主程序的轮廓如下:

```
        ORG     0000H
        LJMP    START       ;跳到主程序
        ORG     0003H
        LJMP    SINT0       ;跳到外中断 0 的服务子程序
        ORG     000BH
        LJMP    STIME0      ;跳到定时/计数器中断的服务子程序
        …
START:  …                   ;主程序
```

```
        ……
SINT0:  ……                    ;外部中断 0 服务子程序
        RETI
STIME0: ……                    ;定时器 0 服务子程序
        RETI
```

对于 C51 程序，只需要按照中断函数的书写格式进行编程，由 Keil 编译器完成跳转指令的放置。

```
void main( )
{
    主程序内容
}
/*****中断程序入口，"using 工作组"可以根据实际情况选择使用或忽略*****/
void 函数名( ) interrupt 中断序号 using 工作组
{
    中断服务内容
}
```

4.3.3 中断响应时间

$\overline{INT0}$ 和 $\overline{INT1}$ 管脚的电平在每个机器周期的 S_5P_2 被采样并锁存到 IE0、IE1 中，在下一个机器周期被查询，这个过程需要 1 个机器周期。假如该中断请求满足响应条件，将由硬件将中断服务程序的入口地址送入 PC，该过程需要两个机器周期。因此，从产生外部中断请求到开始执行其中断服务程序的第一条指令之间最少需要 3 个机器周期。

如果中断请求被前面所列的三个条件之一所阻止，则需要更长的响应时间。如果正在执行的指令还没有执行到最后一个机器周期，则附加的等待时间不会超过 3 个机器周期(最长的指令的执行时间为 4 个机器周期)；如果正在执行的指令是中断返回指令 RETI 或访问 IP、IE 的指令，则附加的等待时间不会超过 5 个机器周期(完成本指令需要 1 个机器周期)。

结论：在单级中断情况下，最长的响应时间为 3~8 个机器周期。

4.4　中断系统 C51 语言编程要点

在 C51 中，中断程序的设计要点如下：
- 在主函数中设置相关中断的中断允许和中断优先级。如果是外部中断，还需要设置其中断触发方式。
- 编写中断函数，用关键字 interrupt 进行定义，格式如下：

    void 中断函数名() interrupt 中断号 [using 寄存器组号]

中断号取值为 0~4，中断号与中断源的对应关系如表 4-7 所示。寄存器组号取值为 0~3，对应着 4 组工作寄存器。

表 4-7　中断号与中断源的对应关系

中 断 号	中 断 源	中 断 号	中 断 源
0	外部中断 0	3	定时/计数器 T1 溢出
1	定时/计数器 T0 溢出	4	串行接口中断
2	外部中断 1	5	定时/计数器 T2 溢出

例如，单片机 P1.0 引脚接 LED 发光二极管，P3.2 引脚接按键。按键每按下一次就让 LED 发光二极管状态翻转一次，即 LED 亮时按下按键则灭，LED 灭时按下按键则亮，电路如图 4-5 所示。

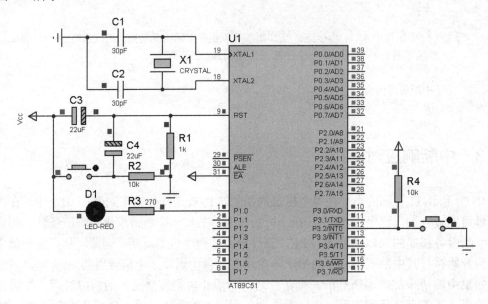

图 4-5　按键控制发光二极管亮灭

用 C51 编写的源程序如下：

```
#include <reg51.h>
sbit    P1_0=P1^0;
void main( )
{
        IT0=1;                    //设定外部中断 0 下降沿触发
        EX0=1;                    //外部中断 0 允许
        EA=1;                     //开总中断
        while(1);                 //主函数死循环，等待中断发生
}
void INT_0( ) interrupt 0         //外部中断 0 服务子程序
{
        P1_0=~P1_0;               //翻转 LED 状态
}
```

【成果展示：加减数操作】

加减数操作的运行效果如图 4-6 所示。

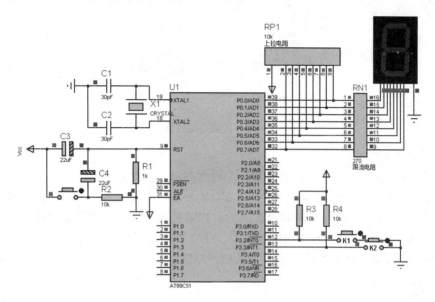

图 4-6 加减数操作

【项目实现：加减数操作】

1. 设计方案

每按下一次"加 1 键"(或"减 1 键")按键，数码管显示的数值加 1(或减 1)，因此需要选用两个外部中断分别作为"加 1 键"和"减 1 键"信号的输入端。每当"加 1 键"按下时外部中断 0 发生，转到外部中断 0 的中断服务程序，完成数据加 1 操作，并在数码管上显示出来；每当"减 1 键"按下时外部中断 1 发生，跳转到外部中断 1 的中断服务程序，完成数据减 1 操作，并将数值显示到数码管上。

选用 P0 口作输出口驱动共阴极数码管，以输出电流方式控制数码管显示。

2. 硬件电路

硬件原理图如图 4-6 所示。注意 P0 口作通用 I/O 口时要接上拉电阻。

1) 按键工作原理

按键的常规连接方法是：按键一端接地、一端接单片机 I/O 口，同时单片机 I/O 口再通过一上拉电阻接电源。这样，当按键按下时单片机 I/O 口通过按键接地，输入低电平；当按键抬起时，单片机 I/O 口通过上拉电阻接电源，输入高电平。另外，在按键按下和抬起的时候，由于按键的弹性作用，造成按键按下与抬起时均伴有短暂抖动现象，抖动持续时间(5～10ms)由按键的机械特性决定，如图 4-7 所示。由于单片机执行指令的时间非常快(微秒级)，完成一次中断服务程序的执行时间甚至少于按键按下一次的 1%，因而抖动现象会造成一次按键操作误读多次的情况发生。为了消除抖动，可采用硬件消抖或软件消抖。硬件消抖常采用双稳态电路，软件消抖则是在检测到按键闭合或抬起时延时一段时间，待抖动消失后再进行判断。本例采用软件消抖方法。

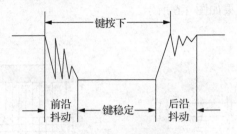

图 4-7 按键抖动现象

2) 数码管工作原理

数码管又称八段数码管，由 8 个发光二极管组成，根据其连接方法又分为共阴极和共阳极数码管，其外形及内部结构如图 4-8 所示。如果把 8 个发光二极管的正极连接在一起并通过一个引脚 com 引出，称为共阳极数码管；如果把 8 个发光二极管的负极连接在一起并通过一个引脚 com 引出，称为共阴极数码管。LED 点亮时压降一般为 1.4V 左右，驱动电流一般为 10mA，因此在驱动电路中必须加入限流电阻，对于 5V 供电系统，限流电阻一般可取 300Ω 左右。

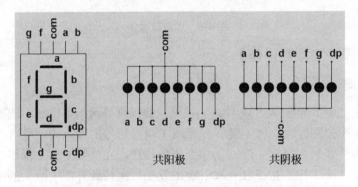

图 4-8 数码管外形及内部结构

对于共阴极数码管，如果需要点亮某段，则在其正极输入高电平，单片机输出 1；对于共阳极数码管，如果需要点亮某段，则在其负极输入低电平，单片机输出 0。通过点亮不同的段使得数码管能够显示不同的信息，如果将数码管的各段从 a~dp 对应连接到单片机的某个并行口的 0~7 位，则常用的一些字符编码如表 4-8 所示。

表 4-8 常用字符的共阴极数码管编码

显示字符	引脚								十六进制编码
	dp	g	f	e	d	c	b	a	
0	0	0	1	1	1	1	1	1	0x3f
1	0	0	0	0	0	1	1	0	0x06
2	0	1	0	1	1	0	1	1	0x5b

续表

显示字符	引脚								十六进制编码
	dp	g	f	e	d	c	b	a	
3	0	1	0	0	1	1	1	1	0x4f
4	0	1	1	0	0	1	1	0	0x66
5	0	1	1	0	1	1	0	1	0x6d
6	0	1	1	1	1	1	0	1	0x7d
7	0	0	0	0	0	1	1	1	0x07
8	0	1	1	1	1	1	1	1	0x7f
9	0	1	1	0	1	1	1	1	0x6f
A	0	1	1	1	0	1	1	1	0x77
B	0	1	1	1	1	1	0	0	0x7c
C	0	0	1	1	1	0	0	1	0x39
D	0	1	0	1	1	1	1	0	0x5e
E	0	1	1	1	1	0	0	1	0x79
F	0	1	1	1	0	0	0	1	0x71
H	0	1	1	1	0	1	1	0	0x76
L	0	0	1	1	1	0	0	0	0x38
P	0	1	1	1	0	0	1	1	0x73
J	0	0	0	0	1	1	1	0	0x0e
n	0	1	0	1	0	1	0	0	0x54
o	0	1	0	1	1	1	0	0	0x5c
r	0	1	0	1	0	0	0	0	0x50
u	0	0	0	1	1	1	0	0	0x1c
y	0	1	1	0	1	1	1	0	0x6e

由于数码管段数的限制,能够显示的字符是有限的。

对于共阳极数码管,只需要将共阴极的各段信号取反即可,如"0"的显示编码是0xc0,是将共阴极的0x3f各位取反得到的。

3. 参考程序

1) 程序分析

在实际电路中按键难免出现抖动现象,本例采用延时20ms来消抖。

由于中断的发生是随机的,所以中断函数(中断服务程序)不能在主函数中进行调用。另外,中断函数无论写在主函数的前面还是后面,都不需要进行声明。为了实现中断函数的编写、调用问题,Keil C 在 C 语言的基础上进行了扩展,中断服务函数在格式上增加了"interrupt n",由 n 指定具体的中断类型。只要中断对应的条件成立,并且设置好对应的中断允许位,程序在执行过程中就会自动跳转到对应的中断服务函数执行;当服务函数执行完毕之后，再返回到被中断的程序处继续执行。

2) 主函数流程图

主程序流程图如图 4-9 所示。主程序完成输出口和中断的初始化设置任务，在显示完初始值后进入等待过程。这是因为加减 1 按键的响应并不是主函数主动查询到的，而是在满足条件的情况下触发中断，进入中断服务函数完成相关操作。

3) 中断服务函数流程图

中断服务函数程序流程图如图 4-10 所示。中断服务函数完成与按键有关的操作，即按下"加 1 键"数值加 1，按下"减 1 键"数值减 1。为了实现加到最大值时回 0，采用"m=(m+1)%16;"。若当前值是 15，加 1 之后等于 16，再对 16 求余数得 0。为了实现减 1 操作并且减到 0 时回到 15，采用"m=(m+15)%16;"。若当前值是 7，加 15 得到 22，对 16 求余数得 6；若当前值是 0，加 15 得到 15，再对 16 求余数得 15。

由于系统可以及时处理紧急事件且有更多的时间处理主程序，从而提高了工作效率。

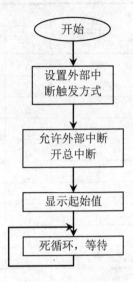

图 4-9 主程序流程图

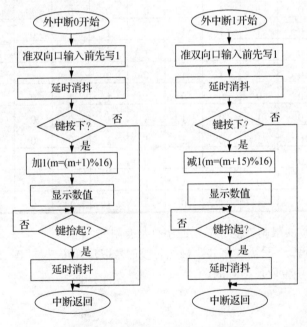

图 4-10 中断服务函数程序流程图

4) 程序代码

```
//加减1操作(十六进制)：K1加1，K2减1
//采用外部中断，电平触发
#include <reg51.h>
#define uchar unsigned char
uchar code table[16]={0x3f,0x06,0x5b,0x4f,0x66,0x6d,0x7d,0x07,0x7f,
```

```c
0x6f,0x77,0x7c,0x39,0x5e,0x79,0x71};    //0~9、A~F 的共阴极显示代码
uchar m=0;                  //数据值初始为 0
sbit K1=P3^2;               //K1 对应外部中断 0
sbit K2=P3^3;               //K2 对应外部中断 1
void delay(uchar c)         //延时
{
    uchar a,b;
    for(;c>0;c--)
        for(b=142;b>0;b--)
            for(a=2;a>0;a--)
                ;
}
void main()                 //主函数
{
    P0=table[m];            //显示初始值 0
    IE=0x85;                //允许外部中断 0、外部中断 1,开总中断
    while(1)                //死循环,等待中断发生
        ;
}
void INT_0()interrupt 0     //外部中断 0 服务函数,加 1
{
    K1=1;                   //准双向口输入前先写 1
    delay(20);              //延时消除按键按下时的抖动
    if(K1)                  //如果该管脚是高电平,即干扰,不做处理
        return ;
    m=(m+1)%16;             //加 1,若是十进制则 m=(m+1)%10
    P0=table[m];            //显示 m 值
    do
    {   K1=1;
    } while(K1==0);
    delay(20);              //延时消除按键抬起时的抖动
}
void INT_1()interrupt 2     //外部中断 1 服务函数,减 1
{
    K2=1;                   //准双向口输入前先写 1
    delay(20);              //延时消除按键按下时的抖动
    if(K2)                  //如果该管脚是高电平,即干扰,不做处理
        return ;
    m=(m+15)%16;            //减 1,若是十进制 m=(m+9)%10
    P0=table[m];            //显示 m 值
    do
    {   K2=1;
    } while(K2==0);
    delay(20);              //延时消除按键抬起时的抖动
}
```

4. 改进的方案

如果能够实现硬件消抖，则外部中断就可采用边沿触发方式触发中断，中断服务函数中就不需要软件延时消抖，从而简化软件设计。硬件除了采用双稳态电路消除抖动现象外，还可以在按键两端并联一个 $0.1\mu F$ 电容，利用电容充放电荷的原理改善抖动现象，达到消除抖动的目的，电路如图4-11所示。

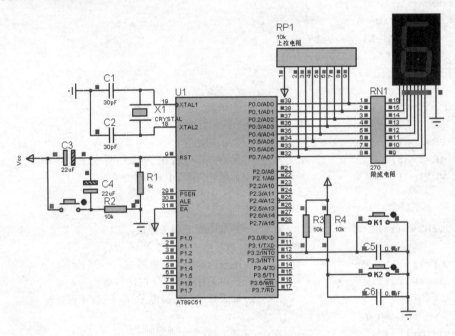

图4-11 硬件消抖的加减数操作

采用硬件消抖后的程序代码如下：

```
//加减1操作(十进制)：K1加1，K2减1
//采用外部中断，边沿触发
#include <reg51.h>
#define uchar unsigned char
uchar code table[10]={0x3f,0x06,0x5b,0x4f,0x66,0x6d,0x7d,0x07,0x7f,0x6f};
uchar m=0;
void main()
{
    TCON=5;              //外部中断0和外部中断1边沿触发
    IE=0x85;             //允许外部中断0、外部中断1,开总中断
    P0=table[m];         //显示初始值0
    while(1)
        ;
}
void INT_0() interrupt 0    //外部中断0加1
{
    m=(m+1)%10;          //加1
    P0=table[m];         //显示m
```

```
}
void INT_1()interrupt 2         //外部中断1减1
{
    m=(m+9)%10;                 //减1
    P0=table[m];                //显示
}
```

【拓展训练1：多中断扩展】

1. 设计方案

利用外围电路芯片扩展8个外部中断。

单片机提供的外部中断只有两个：外部中断0和外部中断1。当外部中断源多于两个时，就需要利用外围电路芯片进行扩展。外部中断的触发方式有低电平触发和下降沿触发，无论哪种触发方式，都需要按键按下时触发中断，所以按键的连接方法是一端接地，另一端连接到管脚并通过上拉电阻接电源。为了实现多按键中断，即不管哪个按键按下都触发中断，而且按键按下时输出低电平或下降沿，此时应采用与门进行组合(只要有一个按键按下，与门输出就是0)，与门输出接外部中断0。

2. 硬件电路

为了判断具体是哪个按键按下，将8个按键的状态通过P1口输入，中断函数中读取P1口状态并进行判断以确定是哪个按键按下。多中断扩展硬件电路如图4-12所示。

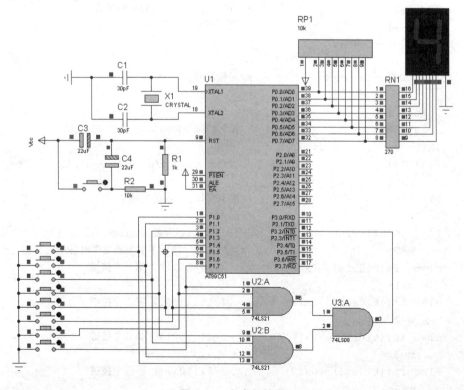

图4-12 多中断扩展

3. 参考程序

在主函数中完成外部中断 0 的初始化，即允许外部中断 0，开放总中断，然后进入死循环在 P0 口通过数码管显示按键的键值。在中断函数中首先完成延时消抖和干扰判断，然后从 P1 口读入按键状态，再进行按键的逐个判断，并根据按键状态进行相关处理(此处从 P1.0 到 P1.7 分别设置键值 1~8)，最后等待键抬起再延时消除抖动之后返回。

参考源程序代码如下：

```
//多中断扩展
#include <reg51.h>
#define uchar unsigned char
uchar code table[9]={0x3f,0x06,0x5b,0x4f,0x66,0x6d,0x7d,0x07,0x7f};
uchar m=0;                      //键值
void delay(uchar c)             //延时
{
    uchar a,b;
    for(;c>0;c--)
        for(b=142;b>0;b--)
            for(a=2;a>0;a--)
                ;
}
void main()                     //主函数
{
    IE=0X81;                    //外部中断 0 允许,总中断允许
    while(1)                    //死循环,显示键值
        P0=table[m];
}
void INT_0()interrupt 0         //多按键对应一个中断源
{
    uchar t;
    delay(20);                  //延时消除下降沿抖动
    INT0=1;
    if(INT0)                    //检查是否确实发生了中断,去除干扰
        return;
    P1=0xff;                    //准双向口,读入前先写 1
    t=P1;                       //读入 P1 口
    if((t|0xbf)==0xbf)          //10111111,屏蔽其他按键,判断是否为第七个按键按下
        m=7;                    //判断的顺序决定了多中断发生时各中断的优先顺序
    else if((t|0xfe)==0xfe)     //11111110,第一个按键
        m=1;
    else if((t|0xfd)==0xfd)     //11111101,第二个按键
        m=2;
    else if((t|0xfb)==0xfb)     //11111011,第三个按键
        m=3;
    else if((t|0xf7)==0xf7)     //11110111,第四个按键
        m=4;
```

```
        else if((t|0xef)==0xef)         //11101111,第五个按键
            m=5;
        else if((t|0xdf)==0xdf)         //11011111,第六个按键
            m=6;
        else if((t|0x7f)==0x7f)         //01111111,第八个按键
            m=8;
        do
        { INT0=1;
        } while(INT0==0);
        delay(20);                      //延时消除上升沿抖动
}
```

上述程序判断按键是否按下,需要先将 P1 口状态读入字节变量 t,再进行比较判断。判断时采用 t 与一个屏蔽码相或以屏蔽其他按键,从而允许多按键同时按下。如果再将 else-if 全部改为 if,则可以实现多按键按下时以最后判断为准。

如果只允许一个按键按下,还可以采用将 P1 口状态读入一个可位寻址的字节变量中,然后分别判断某一位状态,从而减少生成的代码,提高程序执行效率。改进后的程序代码如下:

```
#include <reg51.h>
#define uchar unsigned char
uchar code table[9]={0x3f,0x06,0x5b,0x4f,0x66,0x6d,0x7d,0x07,0x7f};
//0~8 的段码
uchar m=0;
uchar bdata t;              //定义可位寻址的字节变量
sbit k1=t^0;                //将可位寻址的字节变量中的某位再定义为位变量
sbit k2=t^1;
sbit k3=t^2;
sbit k4=t^3;
sbit k5=t^4;
sbit k6=t^5;
sbit k7=t^6;
sbit k8=t^7;
void delay(uchar c)         //延时
{
    uchar a,b;
    for(;c>0;c--)
        for(b=2;b>0;b--)
            for(a=250;a>0;a--)
                ;
}
void INT_0() interrupt 0    //多按键对应一个中断源
{
    delay(20);              //延时消除下降沿抖动
    INT0=1;
    if(INT0)                //检查是否确实发生了中断
```

```c
        return;              //干扰,直接返回
    P1=P1|0xff;              //准双向口,读入前先写 1
    t=P1;                    //读入 P1 口
    if(k7==0)                //判断的顺序决定了多中断发生时各中断的优先顺序
        m=7;                 //10111111,第七个按键
    else if(k1==0)           //11111110 哪个脚有键按下对应的位为 0
        m=1;
    else if(k2==0)           //11111101
        m=2;
    else if(k3==0)           //11111011
        m=3;
    else if(k4==0)           //11110111
        m=4;
    else if(k5==0)           //11101111
        m=5;
    else if(k6==0)           //11011111
        m=6;
    else if(k8==0)           //01111111
        m=8;
    do
    {   INT0=1;
    } while(INT0==0);
    delay(20);               //延时消除上升沿抖动
}
void main()
{
    IE=0x81;                 //允许外部中断 0,开总中断
    while(1)
        P0=table[m];
}
```

【拓展训练 2:高低级中断】

1. 设计方案

扩展两个外部中断源,并将外部中断 1 设置为高级中断。体会高低级中断的响应过程。

2. 硬件电路

单片机的中断优先级有二级,本项目扩展两个外部中断,并将外部中断 1 设置为高级中断,其中外部中断 0 连接按键 K1,外部中断 1 连接按键 K2。程序运行时显示"0",当按键 K1 按下时显示"1",按键 K2 按下时显示"2",电路如图 4-13 所示。

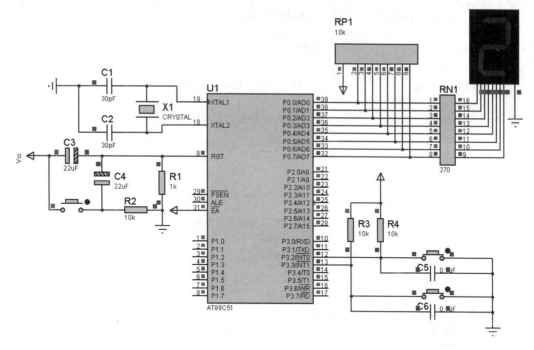

图 4-13 高低级中断

3. 参考程序

在主函数中完成外部中断 0、外部中断 1 的初始化，即允许外部中断 0、外部中断 1 并开放总中断，设置外部中断 1 为高级中断，然后进入循环在 P0 口通过数码管显示 "0"。在外部中断 0 的服务函数中首先完成延时消抖和干扰判断，然后显示 "1"，最后等待键抬起再延时消除抖动后返回。外部中断 1 的服务函数处理过程与外部中断 0 相似，只是外部中断 1 为高级中断，外部中断 1 中显示 "2"。程序代码如下：

```
//高低级中断
#include <reg51.h>
#define uchar unsigned char
uchar code table[3]={0x3f,0x06,0x5b,};
void delay(uchar c)          //延时函数
{
    uchar a,b;
    for(;c>0;c--)
        for(b=2;b>0;b--)
            for(a=250;a>0;a--)
                ;
}
void main()
{
    IE=0X85;                 //10000101，允许外部中断 0、外部中断 1，总中断允许
    IP=0X04;                 //00000100，外部中断 1 高优先级
    while(1)
```

```c
        P0=table[0];           //主函数中显示"0"
}
void INT_0() interrupt 0       //低级中断
{
    delay(20);                 //延时20ms,消除下降沿抖动
    INT0=1;
    if(INT0)                   //判断确实发生了中断?去除干扰
        return;
    P0=table[1];               //显示"1"
    do
    {   INT0=1;
    } while(INT0==0);
    delay(20);                 //消除抬起时的上升沿抖动
}
void INT_1() interrupt 2       //高级中断
{
    delay(20);
    INT0=1;
    if(INT1)
        return;
    P0=table[2];               //显示"2"
    do
    {   INT1=1;
    } while(INT0==0);
    delay(20);
}
```

为了体会高级中断与低级中断的嵌套关系，可以采用以下操作方式进行。低级中断能被高级中断打断：若当前显示"0"，按下 K1 键(单击按键右侧的"锁死/释放"钮)使按键呈常闭状态，此时处于外部中断 0 的等待键抬起位置，已完成了显示"1"的操作；再按下 K2 键，由于外部中断 1 为高级中断，则外部中断 1 打断外部中断 0，进入服务函数后显示"2"；最后单击 K1 键右侧的"锁死/释放"钮释放 K1 键，则显示"0"。体会高级中断打断低级中断的过程。

为了体会高级中断不被低级中断打断，可采用如下方式进行操作。若当前显示"0"，单击 K2 键右侧的"锁死/释放"钮使 K2 键呈常闭状态，此时显示变为"2"，程序在高级中断(外部中断 1)的服务函数中的等待键抬起位置等待；再按动 K1 键多次，由于其对应的外部中断 0 为低级中断，不能打断高级中断，无法进入中断显示"1"；最后单击 K2 键右侧的"锁死/释放"钮释放按键 K2，则返回主函数显示"0"。体会高级中断不能被低级中断打断的过程。

思考：如果先按下 K2 键并锁定，再按下 K1 键并锁定，抬起时先抬起 K2 键再抬起 K1 键，数码管如何显示？分析中断响应过程。

小　　结

　　本单元通过引入实现数码管显示数值加 1 或减 1 的任务，介绍了 51 系列单片机中断系统的结构，以及与中断系统有关的特殊功能寄存器。在此基础上讲解了中断系统的 C51 编程要点，并安排了训练任务供读者进行训练。另外安排了多中断扩展的拓展训练 1，使读者学习多个外部中断源的扩展方法；安排了高低级中断的拓展训练 2，让读者体会高级中断与低级中断的嵌套关系，以便将来进行复杂单片机系统设计时合理安排不同中断的优先级。

　　中断是计算机应用中的一种非常重要的技术手段，在实时控制、应急处理等方面都得到了广泛应用。中断处理包括中断请求、中断响应、中断服务和中断返回 4 个环节。51 子系列单片机中断系统包括 5 个中断源：外部中断 0、定时/计数器 0 溢出中断、外部中断 1、定时/计数器 1 溢出中断、串行口发送和接收中断。所有中断源都分为两个优先级，中断请求能否被响应受中断允许寄存器的控制，各中断的优先级受中断优先级寄存器的控制。

强　化　练　习

1. 完成本单元的加减数操作项目及各拓展训练项目。
2. 完成硬件消抖的双稳态电路的设计。

习　　题

1. 51 单片机有几个中断源？各中断标志是如何产生的？又是如何清零的？
2. 51 单片机的中断系统有几个优先级？其优先级顺序是如何设置的？
3. 当中断优先级寄存器 IP 的内容为 90H 时，各中断优先级顺序是什么？

单元 5

单片机定时/计数器应用

教学目标

定时/计数器是单片机中的重要功能模块之一,在检测、控制和智能仪器等设备中经常用它来实现精确定时。另外,它还可以用于对外部事件进行计数。51 子系列单片机内部有两个 16 位的可编程定时/计数器:定时/计数器 T0 和定时/计数器 T1。在 51 子系列单片机中,定时/计数器的定时功能和计数功能是由同一个硬件——加法计数器完成的。定时与计数的区别在于:用作计数器时,其计数脉冲来源于单片机的外部脉冲;用作定时器时,其计数脉冲来源于单片机内部机器周期。

本单元通过对典型案例进行分析从而导出相关知识点,并给出应用实例供读者进行训练。通过本单元的学习,使读者掌握单片机定时/计数器的工作原理及编程方法。

【项目引导：计时 60 秒】

1．项目目标

系统运行后，从 00 秒开始，每秒钟计时加 1，加到 59 秒后，再加 1 重新从 00 开始计时，周而复始。设系统时钟频率为 12MHz。

2．项目分析

利用定时/计数器的定时功能，每隔一定时间中断一次，中断相应次数后使秒计数加 1。在主函数中将计时值进行显示，显示采用静态显示。P0 口显示高位计时值，P2 口显示低位计时值。

单片机的定时/计数器的定时功能每个机器周期计数值加 1，而每个机器周期的时间是固定的，如果系统时钟频率为 12MHz，则每个机器周期为 1μs，则定时/计数器计数 1000 次即 1ms、计数 50000 次即 50ms，每次计数满值归零产生中断；如果计数 50000 次，则中断 20 次即 1 秒钟。

3．知识准备

- 定时/计数器的工作原理：怎样让单片机的定时/计数器工作于定时方式或计数方式？怎样设定定时/计数器的计数值？
- 定时/计数器的编程方法：采用 C51 语言怎样对定时/计数器进行编程？编程时应注意哪些问题？

5.1 定时/计数器的结构及其工作原理

5.1.1 定时/计数器的结构

51 子系列单片机内部集成有两个定时/计数器，既可以工作于定时模式以实现精确定时，又可以工作于计数模式以对外部事件进行计数，另外定时器 T1 还可以作为串行口的波特率发生器。定时/计数器 T0、T1 的结构如图 5-1 所示，它们由加法计数器、定时器方式寄存器 TMOD、定时器控制寄存器 TCON 等组成。

定时/计数器 T0、T1 均由两个 8 位计数器构成 16 位的加 1 计数器。T0 由两个 8 位的寄存器 TH0、TL0 构成，字节地址为 8CH、8AH；T1 也由两个 8 位的寄存器 TH1、TL1 构成，字节地址为 8DH、8BH。

由图 5-1 可知，定时/计数器的核心是加 1 计数器；TMOD 是定时/计数器的工作方式寄存器，用于设定 T0、T1 的工作方式；TCON 是定时/计数器的控制寄存器，用于控制定时/计数器的启动、停止。

5.1.2 定时/计数器的工作原理

定时/计数器有两种用途：定时和计数，但一个定时/计数器不能既定时又计数。当定时/

计数器用于定时时,加1计数器对晶振频率的12分频进行计数,也就是对机器周期进行计数。由于机器周期是固定值,所以对其计数就可以达到定时的目的,如机器周期是1μs,计数100次就是100μs。当定时/计数器用于计数时,加1计数器对单片机芯片引脚 T0(P3.4)或 T1(P3.5)上的输入脉冲进行计数,外部管脚每输入一个脉冲,加1计数器加1。无论是定时还是计数,当计数值由全1再加1变成全0时产生溢出,使溢出位 TF0(TF1)置位,如单片机允许中断,则向单片机系统提出定时/计数器中断请求,如不允许中断,则通过查询方式使用溢出位进行判断。

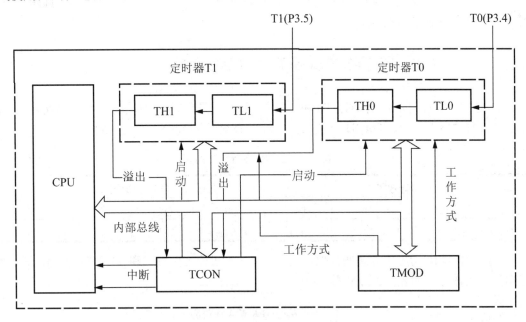

图 5-1　定时/计数器结构框图

加1计数器在使用时应注意两个方面。

(1) 由于是加1计数器,每来一个计数脉冲,加法器中的内容加1,当由全1再加1到全0时计满溢出。因而,如果要计 N 个数,则首先应向计数器置初值为 X,且有

初值 X=最大计数值 M(溢出时的值)-计数值 N

定时/计数器在不同的工作方式时,其最大计数值不同。定时/计数器工作于 R 位计数方式时,其最大计数值为 2^R。

(2) 当定时/计数器工作于计数模式时,对单片机引脚 T0(P3.4)或 T1(P3.5)上的输入脉冲计数,单片机在每个机器周期的 S_5P_2 时刻对 T0(P3.4)或 T1(P3.5)上的信号进行采样,如果上一个机器周期采样到高电平,下一个周期采样到低电平,则计数器在紧跟着的再下一个机器周期的 S_3P_1 时刻加1,因而需要两个机器周期才能识别一个计数脉冲,所以外部计数脉冲的频率应小于晶体振荡频率的1/24。对外部脉冲的高电平和低电平的宽度(占空比)没有限制,但为了确保脉冲能够被采样到,则外部脉冲的高、低电平应至少保持一个机器周期。

5.2 定时/计数器的控制

定时/计数器有两个控制寄存器：TMOD 和 TCON。TMOD 用于控制定时/计数器的工作方式，选择定时功能还是计数功能以及工作于何种方式；TCON 则用于控制定时/计数器的启动和停止，反映定时/计数器的工作状态等。

在启动定时/计数器开始工作之前，需要设置定时/计数器的工作方式，再对 TL0、TH0 及 TL1、TH1 送入计数初值。

5.2.1 定时/计数器工作方式寄存器 TMOD

TMOD 用于设定定时/计数器 T0 和 T1 的工作方式及定时/计数功能，字节地址为 89H，各位含义如表 5-1 所示。TMOD 不能按位寻址，必须对 TMOD 按字节操作。

表 5-1 TMOD 寄存器结构

定时/计数器 T1				定时/计数器 T0			
D7	D6	D5	D4	D3	D2	D1	D0
GATE	C/$\overline{\text{T}}$	M1	M0	GATE	C/$\overline{\text{T}}$	M1	M0

(1) M1、M0 为工作方式选择位，用于对 T0 的四种工作方式和 T1 的三种工作方式进行选择，工作方式如表 5-2 所示。

表 5-2 定时/计数器工作方式

M1	M0	工作方式	方式说明
0	0	方式 0	13 位定时/计数器，由 TLx 的低 5 位和 THx 的 8 位构成
0	1	方式 1	16 位定时/计数器，由 TLx 和 THx 构成
1	0	方式 2	8 位自动重装载定时/计数器(TLx 计数溢出时，THx 内容自动装入)
1	1	方式 3	两个 8 位定时/计数器(仅 T0，将 T0 分成两个 8 位的计数器)

(2) GATE 为门控位。GATE 和软件控制位 TR1(或 TR0)、外部引脚信号 $\overline{\text{INT1}}$(或 $\overline{\text{INT0}}$)的状态共同控制定时/计数器的启动或停止。

当 GATE=1 时，只有当外部中断输入引脚 $\overline{\text{INT}x}$ (x 为 0 或 1)为高电平且 TRx=1 时才能启动定时/计数器 Tx 计数；当 GATE=0 时，定时/计数器的启停与外部中断输入引脚 $\overline{\text{INT}x}$ 的电平无关，只要 TRx=1 就启动定时/计数器 Tx 计数。一般将 GATE 设置为 0。

(3) C/$\overline{\text{T}}$ 为定时或计数模式选择位。当 C/$\overline{\text{T}}$=1 时工作于计数模式，脉冲(负跳变)由 Tx 管脚输入；当 C/$\overline{\text{T}}$=0 时工作于定时模式，脉冲来自单片机内部振荡器的机器周期。

5.2.2 定时/计数器的控制寄存器 TCON

TCON 字节地址为 88H，用于控制定时/计数器的启动和停止，标志定时/计数器溢出和中断情况。

TCON 可以按位寻址，其各位含义如表 5-3 所示。

结合单元 4 中所学的中断系统，TCON 各位含义和功能如表 5-4 所示。

表 5-3 TCON 寄存器结构

D7	D6	D5	D4	D3	D2	D1	D0
TF1	TR1	TF0	TR0	IE1	IT1	IE0	IT0

表 5-4 TCON 寄存器各位的功能

名称	说明	功能
TF1	T1 溢出标志位	当 T1 计数满溢出时，由硬件将 TF1 置 1，并申请中断。进入中断服务程序后，由硬件将 TF1 自动清零。若没有采用中断方式，而采用软件查询方式，当查到该位置 1 后，须用软件清零
TR1	T1 运行控制位	由软件置 1/清 0。TR1=1，启动计数；TR1=0，停止计数
TF0	T0 溢出标志位	功能同 TF1，但 TF0 控制的是 T0
TR0	T0 运行控制位	功能同 TR1，但 TR0 控制的是 T0
IE1	外部中断 1 请求标志位	IE1=1 时，表示外部中断 1 有中断申请
IT1	外部中断 1 触发方式控制位	IT1=0，低电平触发方式，INT1 引脚上低电平触发中断；IT1=1，下降沿触发方式，INT1 引脚上的负跳变触发中断
IE0	外部中断 0 请求标志位	功能同 IE1，但 IE0 的工作对象为 INT0
IT0	外部中断 0 触发方式控制位	功能同 IT1，但 IT0 的工作对象为 INT0

5.3 定时/计数器的工作方式

5.3.1 方式 0

当 M1M0 组合为 00 时，定时/计数器工作于方式 0，方式 0 的逻辑结构如图 5-2 所示。

方式 0 为 13 位计数，由 TL0(或 TL1)的低 5 位和 TH0(或 TH1)的 8 位构成，TL0(或 TL1) 的高 3 位未用。计数时，当 TL0(或 TL1)的低 5 位计满 32 个数(2^5)时向 TH0(或 TH1)进位，当 TH0(或 TH1)也计满时则溢出，使 TF0(或 TF1)置 1，以此作为定时/计数器 0(或 1)的中断标志。如果允许中断，则向控制器提出中断请求；如果不允许中断，也可通过查询 TF0(或 TF1)来判断是否有溢出，从而采取相应操作。

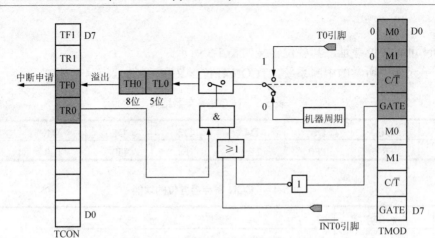

图 5-2 方式 0 定时/计数器逻辑结构

从图 5-2 可以看到,当 TMOD 中的 GATE=0 时,经反相后输出 1 送往或门输入端,则无论 $\overline{INTx}$ 引脚电平是高还是低都使得或门输出端为 1 送往与门,从而屏蔽 $\overline{INTx}$ 管脚的信号,即定时/计数器的启停控制完全由 TCON 中的 TRx 位的状态决定(TRx=1,与门输出 1,使开关闭合从而启动计数,TRx=0 则与门输出 0,使开关打开停止计数)。如果希望定时/计数器的启停由 $\overline{INTx}$ 管脚控制,才使 GATE=1,GATE 经反相后输出 0 送往或门输入端,或门输出端若想得到 1,则必须由 $\overline{INTx}$ 管脚输入高电平,在 TRx=1 时启动定时/计数器计数;若 $\overline{INTx}$ 管脚输入低电平,则停止定时/计数器计数。利用 GATE 的这一功能,可以方便地测量加在 $\overline{INTx}$ 管脚上的脉冲(高电平)宽度。

由于采用 13 位进行计数,因而最大计数值(满值)为 2^{13},即 8192。如果计数值为 N,则置入的计数初值 X 为 $X=8192-N$。

当 $C/\overline{T}=0$ 时工作于定时器模式,若单片机的机器周期为 T_{cy},定时时间为 t,那么需要计数的个数 $N=t/T_{cy}$;当 $C/\overline{T}=1$ 时工作于计数器模式,计数个数根据需要而定,计数脉冲来自于 Tx 管脚。

装入 THx 和 TLx 中的初值分别为

$$THx = (8192 - N)/32$$
$$TLx = (8192 - N)\%32$$

由于方式 0 为 13 位计数器,最大可计数为 $2^{13}=8192$ 个,当 TLx 和 THx 的初值为 0 时,最多经过 8192 个机器周期该计数器就会溢出一次,并向 CPU 申请中断。

5.3.2 方式 1

当 M1M0 组合为 01 时,定时/计数器工作于方式 1。方式 1 与方式 0 的区别仅在于计数位数不同,方式 1 的逻辑结构如图 5-3 所示。

方式 1 是 16 位计数器,由 TL0(或 TL1)作低 8 位,TH0(或 TH1)作高 8 位。计数时,当 TL0(或 TL1)计满 256 个数(2^8)时向 TH0(或 TH1)进位,当 TH0(或 TH1)也计满时则溢出,使 TF0(或 TF1)置 1,以此作为定时/计数器的中断标志。

如果允许中断，则向控制器提出中断请求；如果不允许中断，也可通过查询 TF0(或 TF1)来判断是否有溢出，从而采取相应操作。定时器的启停控制与方式 0 时相同。

由于是 16 位的定时/计数器，因而最大计数值(满值)为 2^{16}，即 65536。如计数值为 N，则置入的初值 X 为 $X=65536-N$。

当 $C/\overline{T}=0$ 时工作于定时器模式，若单片机的机器周期为 T_{cy}，定时时间为 t，那么需要计数的个数 $N=t/T_{cy}$；当 $C/\overline{T}=1$ 时工作于计数器模式，计数个数根据要求设定，计数脉冲来自于 Tx 管脚。

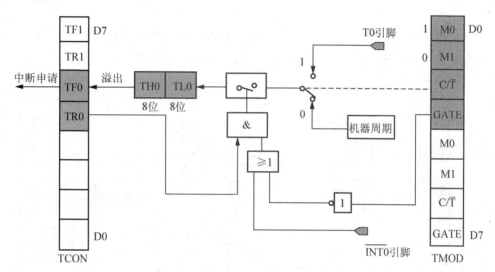

图 5-3 方式 1 定时/计数器逻辑结构

装入 THx 和 TLx 中的初值分别为
$$THx = (65536 - N)/256$$
$$TLx = (65536 - N)\%256$$

由于方式 1 为 16 位计数器，最大可计数为 2^{16}=65536 个。当 TLx 和 THx 的初值为 0 时，最多经过 65536 个机器周期该计数器就会溢出一次，并向 CPU 申请中断。

5.3.3 方式 2

在定时/计数器工作在方式 0 和方式 1 时，当加 1 计数器溢出后，计数器变为 0，因此在循环定时或循环计数时必须用软件反复设置计数初值。由于设置计数初值要执行指令耗费时间，这必然影响到定时的精度，同时也给程序设计带来很多麻烦。定时/计数器方式 2 则可解决软件反复重装初值带来的问题，在计数器溢出后，计数器自动将上次设置的初值重新装入，所以方式 2 特别适合做较精确的脉冲信号发生器。但由于它只有 8 位计数器，当定时较长时间时也会给编程带来麻烦，需要综合考虑，采用合适方法进行。当对定时精度要求不高时，使用方式 0 或方式 1 比较合适；只有做精确的频率较高的信号发生器时才选用方式 2。需要注意的是，此时的晶振频率务必选择 12 的整数倍，因为定时器的计数频率是机器周期频率(晶振频率的 1/12)。

当 M1M0 组合为 10 时，定时/计数器工作于方式 2。方式 2 为自动重装载初值的 8 位计数方式，其逻辑结构如图 5-4 所示。TLx 用作计数器，THx 用作重装载寄存器，当计数溢出时，置位 TFx，同时将 THx 中的重装载值装入 TLx 重新开始计数。

当 C/$\overline{\text{T}}$=0 时工作于定时器模式，若单片机的机器周期为 T_{cy}，定时时间为 t，那么需要计数的个数 $N=t/T_{cy}$；当 C/$\overline{\text{T}}$=1 时工作于计数器模式，计数脉冲来自 Tx 管脚。

装入 THx 和 TLx 中的初值分别为

$$TH{x}=256-N$$
$$TL{x}=256-N$$

由于定时器方式 2 为 8 位计数器方式，即最多能装载的数为 2^8=256 个。当 TLx 和 THx 的初值为 0 时，最多经过 256 个机器周期该计数器就会溢出一次。

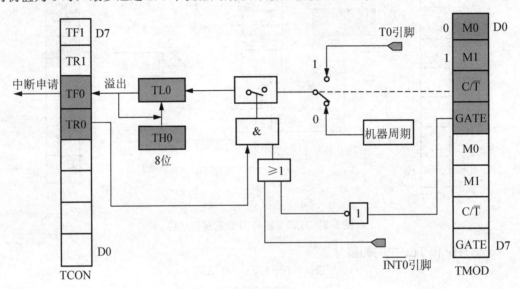

图 5-4　方式 2 定时/计数器结构图

5.3.4　方式 3

只有定时/计数器 T0 才能够工作于方式 3。当 M1M0 两位为 11 时，定时/计数器 T0 工作于方式 3，方式 3 的逻辑结构如图 5-5 所示。

在方式 3 下，定时/计数器 T0 被分为两部分：TL0 和 TH0。其中，TL0 可作为定时器或计数器使用，使用 T0 的全部控制位：GATE、C/$\overline{\text{T}}$、TR0 和 TF0；而 TH0 只能做定时器使用，对机器周期进行计数，这时它占用定时/计数器 T1 的 TR1 位、TF1 位和 T1 的中断资源。这时定时/计数器 T1 不能使用启停控制位 TR1 和溢出标志位 TF1。

在定时/计数器 T0 工作于方式 3 时，因定时/计数器 T1 的 C/$\overline{\text{T}}$、M1M0 依然有效，T1 仍可工作于方式 0、1、2，只是不能使用运行控制位 TR1 和溢出标志 TF1，也不能发出中断请求信号。工作方式设定后，T1 将自动运行；由于定时/计数器 T1 没有方式 3，如果强行把它设置为方式 3，就相当于使其停止工作。

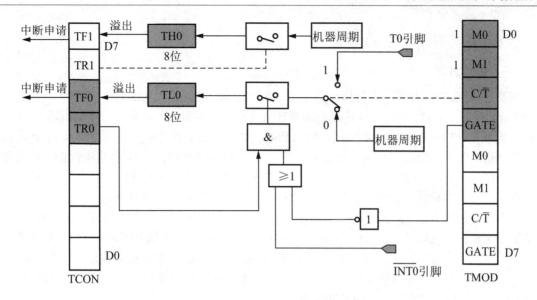

图 5-5　方式 3 定时/计数器结构图

通常在定时/计数器 T0 工作于方式 3 时,将定时/计数器 T1 作为串行口的波特率发生器,即让定时/计数器 T1 工作于方式 2,只要设定好初值及重装载值,设置好工作方式,它便自动启动,溢出信号直接送串行口用作波特率。

方式 3 情况下计数器的最大计数值和初值的计算与方式 2 完全相同。

5.4　定时/计数器 C51 语言编程要点

在利用定时/计数器进行定时或计数之前,要对单片机的定时/计数器的定时或计数模式、工作方式、是否中断等进行设置。

编程时应按如下次序进行:首先在主函数中完成初始化,然后在中断服务函数中进行相关操作。

1．初始化次序

(1) 选择定时或计数模式,并设置定时器工作方式,将控制字写入 TMOD 寄存器。

(2) 计算计数初值,并将初值装入对应的寄存器 TH0(TH1)、TL0(TL1)。

(3) 置"1"运行控制位 TR0(TR1)以启动 T0(T1)计数。

(4) 若允许定时器中断,则置"1"中断允许位 ET0(ET1),并置"1"EA 开放总中断;若不需要中断,则忽略该步骤。

2．中断函数注意事项

(1) 若不是采用方式 2,进入中断函数的第一步应重新对计数器 TH0(TH1)、TL0(TL1)赋初值(应先为低位计数寄存器赋初值),然后完成中断函数的其他任务。

(2) 中断服务程序的执行过程一般应小于定时器的定时周期。

【项目实现：计时 60 秒】

1. 设计方案

要想做到计时 60 秒，则每秒计数加 1。由于系统时钟频率为 12MHz，则每个机器周期为 1μs，定时 1 秒($1s=10^3 ms=10^6 μs$)则需要计数 10^6 个机器周期，而定时/计数器即使采用方式 1 也最多计数 65536 个机器周期，所以需要变通。方法有两个：一是采用让定时/计数器定时一定的时间间隔(如 50ms)，然后用软件进行计数(如 20 次)；二是采用两个定时/计数器级联，第一个定时/计数器工作在定时模式，用来产生周期信号(如 500μs)，第二个定时/计数器工作在计数模式，计数一定次数(如 2000 次)以获得所需的定时时间。

本任务采用方法一，定时器 T0 定时 50ms，定时时间到利用软件进行计数，计数 20 次则获得 1 秒钟。定时 50ms，由于系统时钟频率为 12MHz，每个机器周期为 1μs，则需要计数 50000 次，只有方式 1 可以满足计数要求，所以定时/计数器采用定时模式，工作方式 1。

计数初值为 $2^{16}-50000=15536$，由于 TH0、TL0 都为 8 位寄存器，则 TL0 计数初值为 15536%256，TH0 计数初值为 15536/256。

2. 硬件电路

利用 P0 口和 P2 口显示计数值，其中 P0 口显示十位，P2 口显示个位，对应的硬件电路如图 5-6 所示。在本任务中，定时值的显示采用数码管静态显示，代码少，可以将显示代码安排在主函数或中断服务函数中。

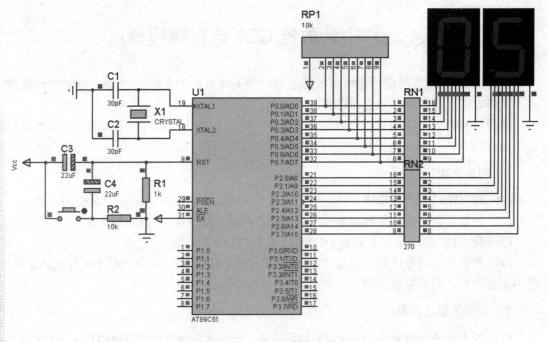

图 5-6　计时 60 秒——数码管静态显示

3. 参考程序

程序代码如下：

```c
#include <reg51.h>
unsigned char code display[10]={0x3f,0x06,0x5b,0x4f,0x66,0x6d,0x7d,0x07,
0x7f,0x6f};//共阴极显示码
unsigned char second,i=20;
void main()
{
    TMOD&=0XF0;                    //清除定时器 0 的原工作方式,11110000
    TMOD|=0X01;                    //定时器 0 工作于方式 1,定时功能(00000001)
    TH0=(65536-50000)/256;         //送 50ms 计数初值
    TL0=(65536-50000)%256;
    TR0=1;                         //启动计数
    ET0=1;                         //定时器 0 中开断
    EA=1;                          //开总中断
    second=0;                      //0 秒开始
    while(1)
    {
        P0=display[second/10];     //高位显示
        P2=display[second%10];     //低位显示
    }
}
void Timer0() interrupt 1 using 1    //定时器 0 中断服务程序
{
    TL0=(65536-50000)%256;         //重新送 50ms 计数初值,注意先送低 8 位,尽量减少误差
    TH0=(65536-50000)/256;
    i--;                           //中断次数减 1
    if(i==0)                       //20 减到 0 即 1 秒到
    {
        i=20;                      //重新送 20 次中断次数
        second++;                  //秒加 1
        if(second==60)             //到达 60 秒回 0
            second=0;
    }
}
```

【拓展训练 1：计时 60 秒——数码管动态显示】

1. 设计方案

功能同上，显示采用动态显示，同时采用共阳极数码管，并增加三极管电路以提高驱动能力。

动态显示，就是使数码管轮流显示，每个数码管显示一段时间后熄灭，再显示下一位，利用人眼的视觉暂留现象达到动态显示目的。

2. 硬件电路

在动态情况下，所有的数码管的显示代码都通过一个并行口输出(如 P0 口)，而数码管

能否显示靠公用端的信号驱动(如 P2 口)，且只能让一个数码管点亮，电路如图 5-7 所示。动态显示时，首先从 P0 口送出显示代码，然后从 P2 口送出一位数码管的驱动信号使之点亮，延时一段时间后熄灭刚刚显示的数码管，再从 P0 口送出显示下一位数码管显示代码，从 P2 口送出驱动信号并延时后熄灭，依次重复。由于动态显示时需要一定的延时，所以显示程序安排在主函数中。

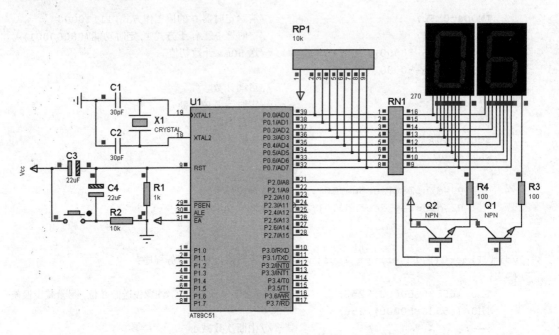

图 5-7 计时 60 秒——共阳极数码管动态显示

3．参考程序

程序代码如下：

```
#include <reg51.h>
unsigned char code display[10]={0xc0,0xf9,0xa4,0xb0,0x99,0x92,0x82,0xf8,0x80,0x90};//共阳极显示码
unsigned char second,i=20;
sbit L1=P2^0;                //高位驱动端
sbit L2=P2^1;                //低位驱动端
void delay(unsigned char t)  //延时
{
   unsigned char i;
    for(;t>0;t--)
       for(i=250;i>0;i--)
           ;
}
void main()
{
      TMOD&=0XF0;            //清除定时器 0 的工作方式,11110000
```

```
        TMOD|=0X01;                    //定时器0工作于方式1,定时功能(00000001)
        TH0=(65536-50000)/256;         //送50ms计数初值
        TL0=(65536-50000)%256;
        TR0=1;                         //启动计数
        ET0=1;                         //定时器0中开断
        EA=1;                          //开总中断
        second=0;
        P2=0x00;                       //所有数码管熄灭
        while(1)                       //动态显示各数码管
        {
            P0=display[second/10];     //送高位显示码
            L1=1;                      //高位数码管点亮
            delay(10);                 //延时
            L1=0;                      //高位灭
            P0=display[second%10];     //送低位显示码
            L2=1;                      //低位数码管点亮
            delay(10);                 //延时
            L2=0;                      //低位灭
        }
    }
    void Timer0() interrupt 1 using 1  //定时器0中断服务程序
    {
        TL0=(65536-50000)%256;         //重新送50ms计数初值
        TH0=(65536-50000)/256;
        i--;                           //中断次数加1
        if(i==0)                       //20减到0即1秒到
        {
            i=20;                      //重新送中断次数20
            second++;                  //秒加1
            if(second==60)             //到达60秒回0
                second=0;
        }
    }
```

【拓展训练2：计时60秒——定时/计数器级联】

1. 设计方案

利用定时/计数器实现精确定时。由于从中断请求到中断响应需要3～8个机器周期的时间，要想实现精确定时，就要消除中断发生时响应时间的不确定引起的计时不准确现象。

采用两个定时/计数器级联，第一个定时/计数器工作在定时模式，用来产生周期信号(如500μs)，第二个定时/计数器工作在计数模式，计数一定次数(如2000次)以获得所需的1秒定时时间。

2. 硬件电路

本训练中，定时计数器0设置为定时模式，工作方式2，定时时间设定为250μs，定时时间到将 P3.4(T0)脚的状态取反,在 P3.4 管脚上输出周期为 500μs 的脉冲信号,定时/计数器 0 的计数初值为 $2^8-250=6$,采用自动重装载方式 2,则 TH0=6、TL0=6;定时/计数器 1 工作于计数模式,计数 2000 次即为 1 秒。

在拓展训练 1 的基础上,将电路略做修改,只需将 P3.4(T0)与 P3.5(T1)连接在一起,则从 P3.4(T0)输出的脉冲信号输入到 P3.5(T1)驱动计数,电路如图 5-8 所示。

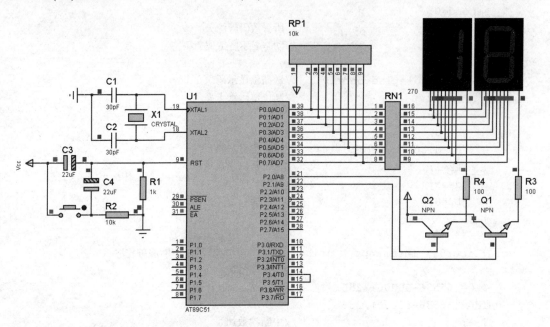

图 5-8 计时 60 秒——定时/计数器级联

3. 参考程序

程序代码如下:

```c
#include <reg51.h>
unsigned char code display[10]={0xc0,0xf9,0xa4,0xb0,0x99,0x92,0x82,0xf8,0x80,0x90};
unsigned char  second;
sbit L1=P2^0;                    //高位驱动端
sbit L2=P2^1;                    //低位驱动端
sbit PAUSE=P3^4;                 //脉冲输出端
void delay(unsigned char t)      //延时
{
    unsigned char i;
    for(;t>0;t--)
        for(i=250;i>0;i--)
            ;
}
void main()
{
    TMOD=0X52;                   //定时器 0 工作于定时功能、方式 2
```

```
                                        //定时器 1 工作于计数功能、方式 1
    TH0=6;                              //送 250μs 重装载值
    TL0=6;                              //送 250μs 计数初值
    TL1=(65536-2000)%256;               //计数 2000 次为 1 秒,低位计数值
    TH1=(65536-2000)/256;               //高位计数值
    TR0=1;                              //启动 T0
    TR1=1;                              //启动 T1
    ET0=1;                              //定时器 0 开中断
    ET1=1;                              //定时器 1 开中断
    EA=1;                               //开总中断
    second=0;                           //秒初值为 0
    P2=0x00;                            //所有数码管熄灭
    while(1)                            //循环显示
    {
        P0=display[second/10];   //送高位显示码
        L1=1;                           //高位数码管驱动
        delay(10);                      //延时
        L1=0;                           //高位灭
        P0=display[second%10];   //送低位显示码
        L2=1;                           //低位数码管驱动
        delay(10);                      //延时
        L2=0;                           //低位灭
    }
}
void Timer0() interrupt 1 using 1       //T0 中断服务程序
{
    PAUSE=~PAUSE;                       //250μs 取反,则 500μs 一个脉冲
}
void Timer1() interrupt 3               //T1 中断服务程序
{
    TL1=(65536-2000)%256;               //重新送 2000 次计数初值
    TH1=(65536-2000)/256;
    second++;                           //秒加 1
    if(second==60)                      //到达 60 回 0
        second=0;
}
```

【拓展训练 3:利用定时/计数器扩展外部中断】

1. 设计方案

单片机只有两个外部中断,当实际应用系统中需要两个以上(小于等于 4 个)外部中断且定时/计数器没有使用时,可以利用定时/计数器来扩展外部中断源。

扩展的方法是,将定时/计数器设置为计数模式、方式 2(自动重装载方式),允许中断,计数初值设置为最大(255),将需要扩展的外部中断源连接到定时/计数器对应的外部脉冲输入引脚。当该引脚输入一个下降沿信号,计数器加 1 便会产生加 1 溢出,触发中断,从而

实现扩展外部中断源的目的。同时自动重装载最大计数值 255，再输入脉冲又触发一次新的中断。

本训练将中断次数进行显示，以验证定时/计数器扩展外部中断的效果。

2. 硬件电路

本训练采用定时/计数器 0 扩展外部中断，通过 P3.4(T0)引入脉冲，需要在拓展训练 1 电路的基础上，在 P3.4(T0)引脚增加按键电路，电路如图 5-9 所示。

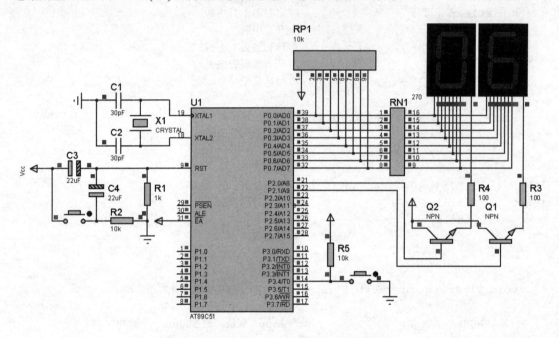

图 5-9 利用定时/计数器扩展外部中断

3. 参考程序

程序代码如下：

```c
#include <reg51.h>
unsigned char code display[10]={0xc0,0xf9,0xa4,0xb0,0x99,0x92,0x82,0xf8,0x80,0x90};
unsigned char i;                    //中断次数
sbit L1=P2^0;                       //高位驱动端
sbit L2=P2^1;                       //低位驱动端
void delay(unsigned char t)         //延时
{
    unsigned char i;
    for(;t>0;t--)
        for(i=250;i>0;i--)
            ;
}
void main()
{
```

```
        TMOD=0X06;              //定时器 0 工作于计数功能、方式 2
        TL0=255;                //送计数一次的初值
        TH0=255;                //送重装载值
        TR0=1;                  //启动 T0
    ET0=1;                      //定时器 0 开中断
        EA=1;                   //开总中断
        i=0;                    //中断次数初值为 0
        P2=0x00;                //所有数码管熄灭
        while(1)                //循环显示
        {
            P0=display[i/10];   //送高位显示码
            L1=1;               //高位数码管驱动
            delay(10);          //延时
            L1=0;               //高位灭
            P0=display[i%10];   //送低位显示码
            L2=1;               //低位数码管驱动
            delay(10);          //延时
            L2=0;               //低位灭
        }
}
void Timer0() interrupt 1 using 1   //T0 中断服务程序
{
    i++;                        //中断次数加 1
    if(i==100)                  //次数到 100 回 0
        i=0;
}
```

小 结

51 子系列单片机有两个定时/计数器，均为加 1 计数器，每个计数器包括两部分：THx 和 TLx。定时/计数器的定时或计数功能、工作方式通过 TMOD 寄存器进行设置，定时/计数器的启动/停止由 TMOD 中的 GATE 位、外部引脚 INTx 和 TCON 中的 TRx 共同决定。

定时/计数器是单片机最重要的资源之一，应用十分广泛，可以解决很多实时性的问题，尤其在测量信号频率、汽车速度等脉冲计数方面是不可或缺的。如果将单片机的定时/计数器功能与外部中断功能一起使用，则可以设计出很多常见的电子产品，如电子表、温度测量仪等。

强 化 练 习

1. 完成本单元的计时 60 秒项目和各拓展训练项目。
2. 在拓展训练 2 的 60 秒计时基础上，试修改程序实现一天的时间计时。

3. 在实现了一天计时的基础上，继续修改程序，实现万年历功能。

习 题

1. 80C51 单片机内部有几个定时/计数器？它们由哪些功能寄存器组成？怎样实现定时功能和计数功能？

2. 定时/计数器 T0 有几种工作方式？各自的特点是什么？

3. 设振荡频率为 12MHz，若用定时/计数器 T0 产生周期为 50ms 的方波，可以选择哪几种工作方式？其初值分别为多少？

4. 用中断技术设计一个秒闪电路，其功能是发光二极管每秒亮 300ms。主机频率为 12MHz。

5. 设计一个单片机系统，每秒钟点亮 P1.0 口的发光二极管一次，然后熄灭，使发光二极管形成闪烁的效果。要求：采用定时/计数器 T0，工作在方式 1，当 P1.0 口输出低电平时，发光二极管点亮。

6. 对于拓展训练 2 中采取的方法，为什么能够达到定时准确的目的？

单元 6

单片机串行口应用

教学目标

　　计算机之间交换信息常用两种有线通信方式：并行通信和串行通信。近距离时采用并行通信方式，远距离时采用串行通信方式。串行通信是采用二进制数逐位传送的通信方式，它与并行通信相比连接线少，连接方便。51 系列单片机内部集成了一个全双工的串行接口电路，使用时只需进行简单的软件设定。

　　本单元通过一个简单的通信任务，介绍串行通信的基本知识，讲述 51 系列单片机的串行口结构及其使用方法，并给出应用实例供读者进行训练。通过本单元的学习，读者应掌握串行通信的基本概念和编程方法。

【项目引导：远程液位监控系统】

1．项目目标

在实际应用中，受现场环境限制，监测对象与监控室往往距离较远。远程液位监控系统要求用串行通信方式将现场的液位数据传送到监控室，每秒钟传送一次液位数据。

2．项目分析

根据任务要求，单片机在正常情况下每隔 1 秒采集一次液位数据。采用前面所学知识，如果在现场通过 LED 进行显示，则远在监控室的人员不能实时获取液位信息；如果把 LED 指示器安放在监控室内，则需要用 9 根长线来实现，并且由于距离远，信号衰减严重，需要增加驱动电路以保证信号准确，成本较高。

如果监控室需要用微型计算机对实时液位信息进行监控及存储，又应该怎么办呢？在学习完本单元内容之后，将会得到答案。

3．知识准备

- 串行通信概念；
- 串行通信方式；
- C51 串行通信编程。

6.1　串行通信及其总线标准

6.1.1　通信概述

1．数据通信

在实际应用中，计算机需要与其他计算机或外部设备等进行数据交换，这些数据交换均可称为通信。通信方式有两种：并行通信和串行通信。

并行通信是将收发设备传送的所有数据位的每一位用一条数据线连接起来，同时传送，一般常采用 8 位并行通信和 16 位并行通信，如前面所用的信息交换都是采用并行通信方式，如图 6-1 所示。并行通信时，除了数据线外还需要配置控制线，用于检测设备状态、发送选通信号等。并行通信传送一个字节仅需要一个指令周期。其特点是传送控制简单、速度快，但距离远时传输线多、成本高。

串行通信是指数据的各位按顺序一位接一位地传送，只需要一条数据线进行传送，发送设备需要将数据信息由并行形式转换成串行形式，然后逐位放在传输线上进行传送；接收设备将接收到的串行数据转换成并行形式存储或处理。图 6-2 所示为通信双方互为收发的情况，发送需要一条数据线，接收需要一条数据线，外加一条公用地作为信号基准。串行通信需要采取措施进行数据传送的起始和停止控制。串行通信的特点是传送控制复杂、速度慢，距离远时传输线少、成本低。

2．串行通信的通信方式

根据发送和接收设备时钟的配置方式，串行通信有异步串行通信和同步串行通信两种基本的通信方式。

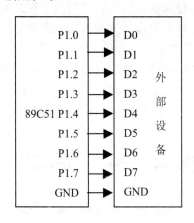

图 6-1　并行通信连接图

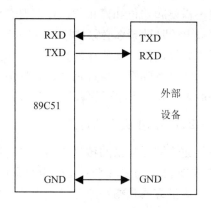

图 6-2　串行通信连接图

1）　异步串行通信

异步串行通信时，发送设备和接收设备使用各自的时钟控制数据的传输过程，为了使收发双方达到协调，要求发送和接收设备的时钟频率尽可能一致；但是通信双方的时钟频率必然存在误差，为了保证传输正确，异步串行通信采用按字符进行传送，每个被传送的字符有固定的传送格式，即每个字符数据以相同的帧格式传送，字符与字符之间有间隙(时间长短不定)，如图 6-3 所示。每一帧信息由起始位、数据位、奇偶校验位和停止位组成。当数据通信空闲时，数据线上的信息为 1。由于每个字符由起始位约定传输开始，可以将通信双方由于时钟频率不一致造成的每位数据的误差约束在一个字符内，从而可以去掉时钟误差的无限积累引起的传输错误。

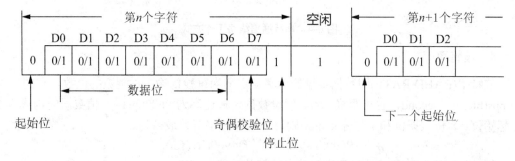

图 6-3　异步串行通信的数据格式

当发送数据时，发送方先发送一个起始位"0"，再发送数据位(并行数据经并串转换电路转换为串行数据)、奇偶校验位(可没有)，最后发送停止位"1"。当接收方检测到由 1 变 0 时，启动接收过程，开始依次接收数据位、奇偶校验位(可没有)和停止位，接收方通过串并转换电路将接收到的串行数据转换为并行数据。

异步串行通信由于不要求通信双方时钟严格一致，因而易于实现，但是每传输一个字符都要附加 1 位起始位、1～2 位停止位，各帧之间还有不确定的空闲间隔，因此传输效率低。

2) 同步串行通信

同步串行通信是一种连续传送数据的方式。在通信开始之后，发送方连续发送字符，接收方连续接收字符，直到通信告一段落。同步串行通信过程中，字符与字符之间没有间隙，也不需要起始位和停止位，仅需要在传送开始时用同步字符来指示双方协定，因此要求收发双方的时钟频率必须严格一致。

同步串行通信一次传送的数据量大，发送设备与接收设备的时钟严格保持一致，传送的字符之间没有间隙，各位信息、各帧信息都同步。在实际应用中实现起来较困难或不经济，一般用于同一电路板内各元件之间的数据传送，如 SPI 接口就是典型的同步通信接口。

3．串行通信中数据的传送方向

串行通信按照数据的传送方向，可将数据传输线路分成三种：单工(Simplex)方式、半双工(Half Duplex)方式和全双工(Full Duplex)方式。

- 单工方式是指在通信过程中数据传输方向是单向的，系统组成后，发送方和接收方即被固定，如图 6-4(a)所示。
- 半双工方式是指通信双方都具有发送和接收功能，但不能同时进行发送和接收，必须是分时的，即一个设备发送数据时，另一个设备只能接收数据，如图 6-4(b)所示。
- 全双工方式是指通信双方可同时进行发送和接收，如图 6-4(c)所示。

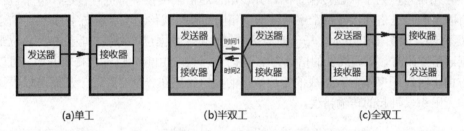

图 6-4 串行通信线路工作方式

4．波特率

波特率(BAUD RATE)即数据传输的速率，定义为每秒传输二进制数的位数，它的单位为 bps(bit per second，也可写成 b/s)。假设数据传输速率为 9600bps，一帧数据的构成为 1 位起始位、8 位数据位和 1 位停止位，则每秒传输的字节数最多为

9600(b/s)/10(b/字符)=960(字符/s)

每一位二进制数传输的时间为波特率的倒数，即

$$T_d = \frac{1b}{9600b/s} = 0.1042ms$$

异步串行通信的常用传输速率有 110bps、300bps、600bps、1200bps、2400bps、4800bps、9600bps、19200bps、38400bps 等。

6.1.2 串行通信总线标准及其接口

在进行设备间的串行通信时，受设备间距离的要求，需要对串行信号进行一定的转换，以提高信号的抗干扰能力和传输距离，此时就需要在设备间加入接口电路。常用的标准串行接口的电气特性都应满足可靠传输时的最大通信速度和通信距离指标，但是这两个指标之间具有相关性，适当地降低通信速度，可以提高通信距离；反之亦然。

目前常用的异步串行通信接口有以下两种标准：RS-232C 和 RS-422/RS-485。

1．RS-232C 串行通信标准

RS-232C 是美国电子工业协会(EIA-Electronic Industries Association)推荐的标准接口，也是目前最常用的异步串行接口标准，用来实现计算机与其他外设之间的数据通信。RS-232C 串行接口进行单向数据传输时，最大数据传输速率为 20Kbps、最大传输距离 15m。

1) RS-232 接口引脚

RS-232C 标准规定采用 DB9 和 DB25 连接器，并对连接器每个引脚的功能进行了定义。RS-232C 的 DB9 座(俗称 RS-232 公头)的定义如图 6-5 所示，各信号功能如表 6-1 所示。

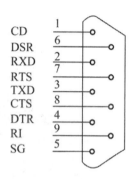

图 6-5　DB9 信号定义

表 6-1　RS-232C 的 DB9 信号功能

引 脚 号	简 写	功能说明
1	CD	载波侦测
2	RXD	接收数据
3	TXD	发送数据
4	DTR	数据终端设备
5	SG	地线
6	DSR	数据准备好
7	RTS	请求发送
8	CTS	清除发送
9	RI	振铃指示

2) RS-232C 接口的电气特性

RS-232C 规定的逻辑电平与计算机内部的 TTL 或 CMOS 电平不一致，采用 EIA 电平。RS-232C 标准规定数据"1"(传号)及控制线的断开状态用-3～-15V 表示，"0"(空号)及控制线的接通状态用+3～+15V 表示。

单片机一般输出的是 TTL 电平，因此单片机与 PC 或符合 RS-232C 接口标准的设备进行通信时都应进行电平转换。图 6-6 给出了用 MAX232 实现的电平转换电路。

2．RS-422/RS-485 串行通信标准

为了克服 RS-232C 传输距离近、通信速率低以及抗共模干扰能力较差等缺点，EIA 协会又推出了 RS-422/RS-485 两种串行通信总线接口标准，RS-422/RS-485 最大传输速率可达 10Mbps、最大传输距离为 120m，适当降低数据传输速率，传输距离可达到 1200m。

RS-422/RS-485 与 RS-232C 的一个显著区别是它采用差动收发的方式。差动收发需要一对平衡差分信号线，逻辑"1"和逻辑"0"是由两根信号线之间的电位差来表示的。因此，RS-422/RS-485 在抗干扰性方面得到了明显的改善。RS-422 与 RS-485 的接口标准对比如表 6-2 所示。

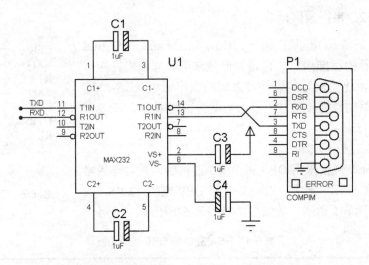

图 6-6　MAX232 实现的电平转换电路

表 6-2　RS-422 和 RS-485 的接口标准对比

规　格	RS-422	RS-485
传输模式	平衡	平衡
差动输出/V	±2	±1.5
驱动器负载，最小/Ω	100	60
最大驱动器数量	1	32
最大接收器数量	10	32
最大传输速度/bps	10M	10M
最大电缆长度@90Kbps/ft	4000	4000
最大电缆长度@10Mbps/ft	50	50

1）RS-422 的连接线路

RS-422 一般采用一主多从(1∶N)的全双工连接方式，如图 6-7 所示。

2）RS-485 的连接线路

RS-485 采用半双工的连接方式，如图 6-8 所示。

SM0、SM1：串行口工作方式选择位，共有四种工作方式，如表 6-4 所示。

表 6-4 串行口工作方式

SM0	SM1	工作方式	功　能	波　特　率
0	0	0	8 位移位寄存器方式	$\dfrac{f_{osc}}{12}$
0	1	1	8 位数据 UART 方式	可变，与定时器 1 的溢出率有关
1	0	2	9 位数据 UART 方式	$\dfrac{f_{osc}}{64}$ 或 $\dfrac{f_{osc}}{32}$
1	1	3	9 位数据 UART 方式	可变，与定时器 1 的溢出率有关

SM2：工作在方式 2、3 时，主-从式多机通信的控制位。SM2 为 1 时，接收机(从机)处于地址帧筛选状态，此时可利用接收到的第 9 位(RB8)来筛选地址帧，若 RB8=1，说明该帧为地址帧，地址信息进入接收缓冲器 SBUF，并置位接收中断标志 RI，进而在中断服务程序中再对接收到的地址与本机设定的地址号进行比对；若 RB8=0，说明该帧数据不是地址帧，应丢掉且保持 RI=0。SM2 为 0 时，接收机地址帧筛选处于禁止状态，无论收到的 RB8 是 1 还是 0，接收到的信息为数据，进入接收缓冲器 SBUF，并置位 RI 申请中断，此时的 RB8 通常作为校验位。合理设置 SM2 可实现多机通信。

REN：允许串行口接收控制位，通过软件设置。为 1 时，允许串行口接收 RXD 引脚上来的串行数据；为 0 时，禁止串行口接收 RXD 引脚上传来的串行数据。

TB8：工作在方式 2、3 下，发送数据的最高位 D8，可由软件规定其作用，如多机通信时的地址帧/数据帧标志位，以及数据的奇偶校验位。

RB8：工作在方式 2、3 下，接收数据的最高位 D8，作为多机通信时的地址帧/数据帧的标志位，或接收数据的奇偶校验位。

TI：发送中断标志位。当发送完一帧数据时，由硬件对其置位(TI=1)并向中断系统申请中断。在响应中断后，必须在中断服务程序中用软件清零(TI=0)，取消此中断申请。

RI：接收中断标志位。当接收完一帧数据时，由硬件对其置位(RI=1)并向中断系统申请中断。在响应中断后，必须在中断服务程序中用软件清零(RI=0)，取消此中断申请。

2. 电源控制寄存器 PCON(87H)

PCON 的第 7 位定义了串行口波特率控制位 SMOD。当 SMOD=0 时，串行口的波特率由 SCON 的内容决定；当 SMOD=1，串行口工作于方式 1、2、3 时，串行口的波特率加倍。在方式 0 下，SMOD 的取值对波特率无影响。上电复位后，SMOD 为 0。

6.2.3　51 单片机串行口的工作方式

1. 方式 0

方式 0 为移位寄存器方式，此时串行口作移位寄存器使用，数据的输入、输出均通过 RXD 引脚来完成，TXD 引脚以 $f_{osc}/12$ 的频率输出同步移位脉冲。发送或接收的数据均为 8

位,低位在前、高位在后。方式 0 主要用于扩展并行口。

1) 发送过程

将数据写入 SBUF 后,就启动了发送过程。8 位数据按照低位在前、高位在后的次序以 $f_{osc}/12$(一个机器周期)的速度从 RXD 引脚发出,同时 TXD 输出频率为 $f_{osc}/12$ 的同步移位脉冲。当 8 位数据发送完后,通过硬件置位 TI。如果允许中断,则在响应中断后必须在中断服务程序中通过软件清除;如果不允许中断,也可通过软件查询到 TI 置位后再用软件清除。

2) 接收过程

在接收允许控制位 REN=1 且 RI=0 时,串行口接收缓冲器以 $f_{osc}/12$ 的速度采样 RXD 引脚上的信号,同时 TXD 输出同步移位脉冲。当 8 位数据接收完后,通过硬件置位 RI。如果允许中断,则在响应中断后必须在中断服务程序中通过软件清除;如果不允许中断,也可通过软件查询到 RI 置位后再用软件清除。

2. 方式 1

方式 1 为 8 位数据 UART 方式,一帧数据由 1 位起始位、8 位数据位和 1 位停止位构成。发送数据由 TXD 送出,接收数据由 RXD 输入,串口的波特率由定时器 1 的溢出率及 PCON 中 SMOD 位的取值决定。

$$方式 1 的波特率 = 2^{SMOD}/32 \times T1 的溢出率$$

1) 发送过程

当 TI=0 时,向 SBUF 写入一个数据,就开始了数据的发送。串行口自动在 8 位数据的前面加入一位起始位"0",再在 8 位数据的后面加入一位停止位"1"。在内部移位脉冲(由波特率决定)的作用下依次由 TXD 送出。在 8 位数据发送完以后,停止位开始发送前,硬件将 TI 置 1,以便申请中断或供软件查询,再由软件清除 TI 并做后继处理。

2) 接收过程

在 REN=1、RI=0 的情况下,当接收器以所选择的波特率的 16 倍速率采样到 RXD 端的电平由高变低,说明起始位有效,开始接收该帧信息的其余位。接收完毕,硬件将 RI 置 1,以便申请中断或供软件查询,再由软件清除 RI,及时读取 SBUF 数据。

3. 方式 2、3

方式 2、3 为 9 位数据 UART 方式。一帧数据由 1 位起始位、9 位数据位和 1 位停止位构成。发送数据由 TXD 送出,接收数据由 RXD 输入。二者的发送和接收过程完全一样,只是波特率不同,方式 2 的波特率是固定的,方式 3 的波特率由定时器 1 的溢出率及 PCON 中 SMOD 位的取值决定。

$$方式 2 的波特率 = f_{osc} \times 2^{SMOD}/64$$

$$方式 3 的波特率 = 2^{SMOD}/32 \times T1 或 T2 的溢出率$$

1) 发送过程

和方式 1 基本相同,只是要发送 9 位数据,第 9 位为 TB8。按照 1 位起始位、8 位数据位、TB8 和停止位次序发送,在停止位发送之前将 TI 置 1。

2) 接收过程

和方式 1 基本相同，接收完 8 位数据位后，再接收第 9 位数据 D8，将接收到的前 8 位数据装入 SBUF，第 9 位数据存入 RB8。当 SM2=0(不筛选地址帧，RB8 为奇偶校验位)或 SM2=1(筛选地址帧)且 RB8=1(地址帧标志)时，接收到的信息自动装入 SBUF，硬件将 RI 置 1，以便申请中断或供软件查询；而当 SM2=1(筛选地址帧)且 RB8=0 时，接收到的信息将被丢弃，不置位 RI。

从以上各种工作方式的分析来看，若要单片机接收信息，都必须将 REN 置 1。

6.2.4 波特率的设定

在进行串行通信前，收发双方必须对发送或接收数据的速率(波特率)以及数据传输格式(方式)做好约定，否则无法进行串行通信。

- 方式 0 时，串行通信的波特率仅与单片机晶体振荡器的频率 f_{osc} 有关，波特率为 $f_{osc}/12$。
- 方式 1、3 时，串行口的波特率是可变的，其值与定时器 1 的溢出率以及 SMOD 的数值有关，此时定时器 1 工作在自动重装载的 8 位定时方式(方式 2)。
- 方式 2 时，串行口的波特率和单片机振荡器的工作频率 f_{osc} 和 SMOD 的值有关，波特率= $f_{osc} \times 2^{SMOD}/64$。

定时器 1 的溢出率= $f_{osc}/[12\times(256-N)]$ (N 为自动重装载初值)

BAUD(波特率)= $2^{SMOD}/32 \times$ 定时器 1 溢出率

当波特率给定后，N 可由下式得出

$$N = 256 - \frac{2^{SMOD} \times f_{osc}}{12 \times 32 \times BAUD}$$

式中，f_{osc} 为系统晶体振荡器频率。

【例 6.1】 系统晶振频率为 11.0592MHz，波特率为 9600b/s，试确定自动重装入时间常数。

解：$N = 256 - \dfrac{2^{SMOD} \times f_{osc}}{12 \times 32 \times BAUD} = 256 - \dfrac{2^0 \times 11059200}{12 \times 32 \times 9600} = 253 = 0xfd$

6.3 串行口 C51 语言编程要点

在进行 51 单片机串行口编程时，用定时器 T1 作为波特率发生器，可以按照以下要点来完成串行通信的程序编写。

(1) 设置 TMOD，使得定时器 T1 工作在方式 2；根据波特率确定定时器的初值，并将计数初值装入寄存器 TH1 和 TL1 中。

(2) 设置 PCON 中的 SMOD 位，以确定波特率是否加倍。

(3) 启动定时器 T1。

(4) 根据系统要求，对 SCON 进行初始化，若允许接收，必须将 REN 置 1。

(5) 若允许串行中断，则使 ES=1，且保证 EA=1。

(6) 串行中断的服务函数使用关键字 interrupt 进行定义，且中断类型号为 4。

(7) 在中断函数中，首先判断是接收中断还是发送中断后再清除对应的中断标志，进而进行相关处理。

(8) 若采用查询方式进行数据发送，在将被发送数据送入 SBUF 后，判断 TI 标志，直至 TI=1，再清除 TI，才可发送下一个数据。若采用查询方式进行数据接收，则应等待 RI 置位后，清除 RI，再从 SBUF 读取接收到的数据。

【例6.2】设系统晶振频率 f_{osc}=11.0592MHz，串行通信波特率为 9600bps，串行口工作在方式 1 且允许接收，允许串行中断且为高级中断，试对串行口进行初始化。

解：波特率选择。据例 6.1 的计算可知，计数初值及自动重装载初值为 0xfd。此时定时器 1 工作在方式 2，则 TCON=0x20。波特率不加倍，则 PCON=0x00。

启动定时器 1，需将 TR1 置位。

串行口工作在方式 1 且允许接收，则 SCON=0x50。

允许串行中断，则 ES=1、EA=1；串行中断为高级中断，则 PS=1。

初始化函数的 C51 代码如下：

```
void uart_init(void)        //串行口初始化函数
{
    TMOD|=0x20;             //定时器 T1 工作在方式 2
    TH1=0xfd;               //设定定时器 1 自动重装入时间常数
    TL1=0xfd;
    PCON=0x00;              //波特率不加倍
    TR1=1;                  //启动定时器 1
    SCON=0x50;              //串行口工作在方式 1，允许串行接收
    PS=1;                   //串行中断为高优先级
    ES=1;                   //允许串行通信中断
}
```

在主函数中应开启总中断允许控制位，即 EA=1。若在上述程序中加入 PCON=0x80 语句，则 SMOD=1，此时串行通信的波特率为 19200b/s。

【项目实现：远程液位监控系统】

1. 设计方案

为了能够在监控室内对现场的液位状态进行显示，需要设计现场的液位采集装置，再通过串行通信将现场数据远程传送到监控室。监控室内可通过另一套指示系统进行显示，或通过微型计算机接收数据进行显示、存储等操作。本项目监控室内的显示系统也采用单片机进行设计。

将数据进行远距离传输，为了提高抗干扰能力和传输能力，采用 RS-232C 串行通信方式实现。虽然单片机内部已经具有串行通信部件 UART，但是为了满足远程通信的要求，需要加入电平转换电路 MAX232 将 TTL 电平转换为 RS232 的 EIA 电平。

在软件上，为了实现每秒钟发送一次数据，可利用单片机内部的定时/计数器定时 1 秒，

定时时间到采集液位数据并发送。为了提高抗干扰能力，采用串行通信方式3，即加入奇偶校验位对传输数据进行校验，以保证传输的准确性。只需按规定的通信协议完成下位机的软件编程即可。

2．硬件电路

本项目包括两部分：液位采集系统和监控显示系统。液位采集系统可在单元 3 的液位显示系统的基础上，再加上 RS-232C 串行通信电平转换电路 MAX232 即可；监控显示系统则在单片机最小系统的基础上增加数码管显示和 LED 发光二极管显示，LED 发光二极管形象显示液位高低，数码管显示液位高低数值化后的值，电路如图 6-10 所示。其中上半部分为监控显示系统，下半部分为液位采集系统。

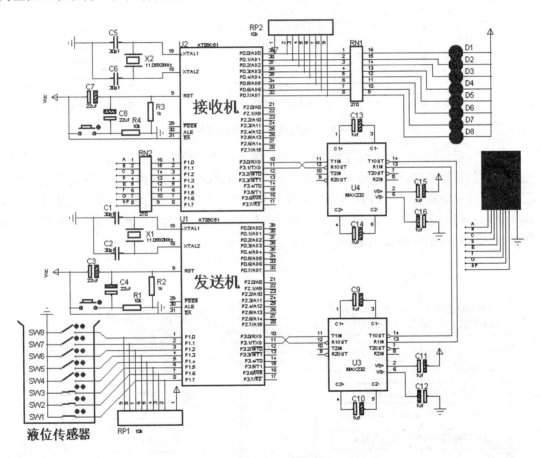

图 6-10　远程液位采集系统及监控显示系统

系统晶振建议选择 11.0592MHz 的晶振，以实现无误差的常用波特率。

3．程序实现

1) 程序流程图

液位采集系统为了实现每隔 1 秒向监控显示系统传送一次液位信息，利用内部的定时/计数器 0 定时 1 秒，每当 1 秒定时时间到，则采集液位状态，并通过串行口发送出去，然后接收监控显示系统接收数据正确之后回送的确认信息,如果接收不正确,则液位采集系统将再次发送液位数据。定时和串行通信都采用中断方式进行。液位采集系统的程序流程图如图 6-11 所示。

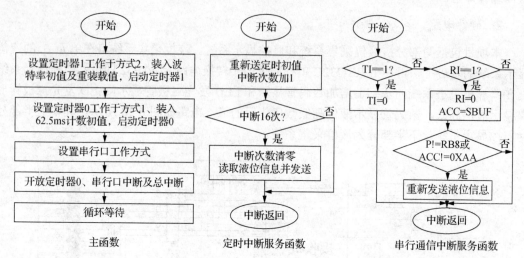

图 6-11　远程液位采集系统程序流程

监控显示系统一直处于接收数据的状态,每当接收一帧数据之后,验证数据的正确性,如果接收的数据正确,则回送一帧确认信息,然后将接收到的数据进行处理,分别在数码管上显示对应位置值,在 LED 发光二极管上显示对应位置;如果因为干扰等造成接收的数据不正确,则回送一帧非确认信息,以便让液位采集系统再次发送液位信息。监控显示系统的程序流程图如图 6-12 所示。

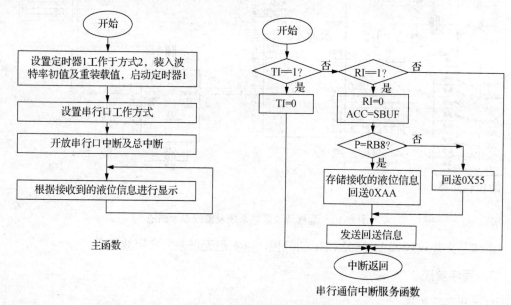

图 6-12　远程液位监控显示系统程序流程

2) 参考程序

```c
//远程液位监控采集系统(发送)
#include <reg51.h>              //51单片机头文件
#define uchar unsigned char     //定义无符号字符型类型
uchar temp,ct;                  //temp 存储液位信息,ct 存储中断次数
void main()
{
    TMOD=0X21;          //定时器1工作于定时模式、方式2,定时器0工作于定时模式、方式1
    TL1=0XFD;                   //波特率为9600bps 的计数初值
    TH1=0XFD;                   //自动装载数据
    PCON=0X00;                  //SMOD=0,波特率不加倍
    TR1=1;                      //启动定时器1
    SCON=0XD0;                  //串口工作于方式3,允许接收
    ES=1;                       //允许串行中断
    EA=1;                       //允许总中断
    TH0=(65536-57600)/256;      //定时器0定时62.5ms
    TL0=(65536-57600)%256;
    TR0=1;                      //启动定时器0
    ET0=1;                      //允许定时器0中断
    ct=16;                      //定时中断次数清零
    while(1)                    //循环等待中断发生
        ;
}
void uartServe() interrupt 4    //串行通信中断服务程序
{
    if(TI)                      //是发送中断
        TI=0;                   //清除发送中断请求标志位 TI
    if(RI)                      //是接收中断
    {
        RI=0;                   //清除接收中断请求标志 RI
        ACC=SBUF;               //接收的数据送累加器,产生奇偶校验位 P
        if(!(P==RB8 && ACC==0xAA))  //如果校验不正确,或接收端回送的不是正确信息
        {                       //重新发送
            ACC=temp;           //将液位送累加器 ACC,获取奇偶校验位 P
            TB8=P;              //奇偶校验位送 TB8
            SBUF=ACC;           //发送的数据送 SBUF,开始发送
        }
    }
}
void T0Serve() interrupt 1      //定时器0中断服务程序
{
    TL0=(65536-57600)%256;      //重新装载定时初值
    TH0=(65536-57600)/256;      //定时器0定时62.5ms
    ct--;                       //定时中断次数计数减1
    if(ct==0)                   //16*62.5ms,1 秒到
    {
```

```c
            ct=16;                  //重新送定时中断次数
            temp=P1;                //读取液位存入temp
            ACC=temp;               //将液位送累加器ACC,获取奇偶校验位P
            TB8=P;                  //奇偶校验位送TB8
            SBUF=ACC;               //发送的数据送SBUF,开始发送
        }
    }
//远程液位监控显示系统(接收)
#include <reg51.h>
unsigned char temp;
void main()
{
        TMOD=0X20;                  //定时器1工作于方式2
        TL1=0XFD;                   //波特率为9600bps的计数高值
        TH1=0XFD;                   //自动装载数据
        PCON=0X00;                  //波特率不加倍
        TR1=1;                      //启动定时器
        SCON=0XD0;                  //串口工作于方式3,允许接收,0xD0=11010000B
        ES=1;                       //允许串行中断
        EA=1;                       //允许CPU中断
        while(1)                    //将接收到的数据进行处理,通过数码管及LED显示
            if(temp==0xff)          //开关全部断开
            {
                P0=0XFF;            //LED全灭
                P1=0X3F;            //数码管显示'0'
            }
            else if(temp==0x7f)     //最低位开关闭合
            {
                P0=0X7F;            //最低位LED亮
                P1=0X06;            //数码管显示'1'
            }
            else if(temp==0x3f)     //低两位开关闭合
            {
                P0=0XBF;            //次低位LED亮
                P1=0X5B;            //数码管显示'2'
            }
            else if(temp==0x1f)     //低三位开关闭合
            {
                P0=0XDF;            //倒数第3位LED亮
                P1=0X4F;            //数码管显示'3'
            }
            else if(temp==0x0f)     //低四位开关闭合
            {
                P0=0XEF;            //倒数第4位LED亮
                P1=0X66;            //数码管显示'4'
            }
```

```c
        else if(temp==0x07)      //低五位开关闭合
        {
            P0=0XF7;             //第4位LED亮
            P1=0X6D;             //数码管显示'5'
        }
        else if(temp==0x03)      //低六位开关闭合
        {
            P0=0XFB;             //第3位LED亮
            P1=0X7D;             //数码管显示'6'
        }
        else if(temp==0x01)      //低七位开关闭合
        {
            P0=0XFD;             //次高位LED亮
            P1=0X07;             //数码管显示'7'
        }
        else if(temp==0)         //开关全部闭合
        {
            P0=0XFE;             //最高位LED亮
            P1=0X7F;             //数码管显示'8'
        }
        else                     //其他情况即故障
        {
            P0=temp;             //LED显示实际开关闭合情况
            P1=0X80;             //数码管显示'.'
        }
}
void uartServe() interrupt 4    //串行通信中断服务程序
{
    if(TI)                       //发送结束,清除TI
        TI=0;
    if(RI)                       //接收中断发生
    {
        RI=0;                    //清除接收中断请求标志RI
        ACC=SBUF;                //接收的数据送累加器ACC,获取奇偶校验位P
        if(RB8==P)               //判断接收到的第9位RB8是否等于奇偶校验位
        {
            temp=ACC;            //接收到的数据保存到temp单元
            ACC=0XAA;            //回送信息,告知接收正确
        }
        else
            ACC=0X55;            //如果校验错误,回送信息告知接收错误
        TB8=P;                   //获取奇偶校验标志位
        SBUF=ACC;                //发送内容送SBUF开始发送
    }
}
```

【拓展训练 1：串口扩展、并行口输出显示】

1. 设计方案

利用串行口实现显示。当单片机应用系统需要使用的接口较多，接口不足难以采用 8 位端口用于驱动 LED 显示时，可以采用串口扩展以驱动 LED 显示。

由于单片机内部的显示信息为串行送出，只占用 1 根数据线，而 LED 驱动需要的是并行信号、采用 8 根信号线，所以需要采用专用器件完成串行信号到并行信号的转换。用于串并转换的器件有 74LS164 和 74LS595 等，其中 74LS164 在移位脉冲的控制下将串行输入的数据移位输出，而 74LS595 具有一个 8 位串入并出的移位寄存器和一个 8 位输出锁存器，且移位寄存器和输出锁存器的控制是各自独立的，可以实现在移位的过程中，使输出端的数据保持不变。这在串行速度慢的场合很有用处，使得数码管没有闪烁感。

2. 硬件电路

单片机串行口的工作方式 0 为移位寄存器方式，P3.1 引脚送出移位脉冲，P3.0 引脚送出串行数据，此时只需将串行数据线及移位脉冲信号线连接到串并转换器件的对应管脚即可。图 6-13 为采用 74LS164 实现的显示电路，图 6-14 为采用 74LS595 实现的显示电路，对于图 6-14 需要用单片机的管脚控制 74LS595 的输出锁存器(ST_CP 脚)。

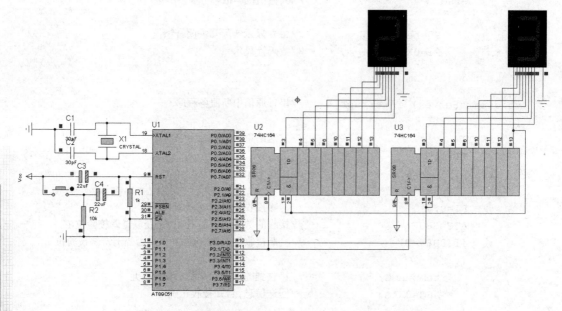

图 6-13 采用 74LS164 实现的串行口扩展的显示电路

单元 6　单片机串行口应用

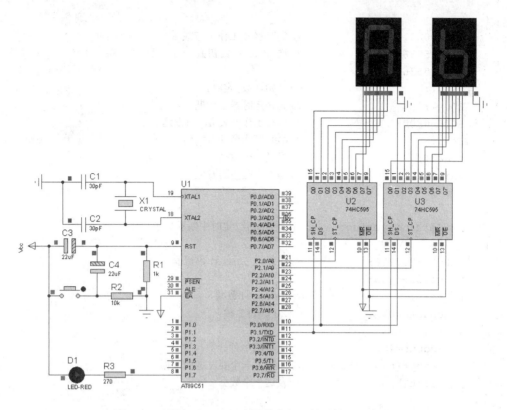

图 6-14　采用 75LS595 实现的串行口扩展的显示电路

3．参考程序

1) 采用 74LS164 实现的显示驱动

本项目仅为了演示串行口扩展的显示电路，利用单片机的定时功能(主频为 12MHz)，每秒中断一次。中断时依次送出 0～9 的共阴极数码管的显示码，经 74LS164 串并转换后驱动共阴极数码管进行显示。程序代码如下：

```
#include <reg51.h>
#include <intrins.h>
#define uchar unsigned char
uchar temp=0;                 //待发送数据的序号
uchar count=20;               //1 秒计数次数
uchar code disp[]={0x3f,0x06,0x5b,0x4f,0x66,0x6d,0x7d,0x07,0x7f,0x6f};
//共阴极数码管显示代码
void sInt()                   //发送一个字节数据
{
    SBUF=disp[temp];          //发送数据到 SBUF
    while(TI==0)              //等待发送完毕
        ;
    TI=0;                     //清除发送中断标志 TI
}
void main()
```

```c
{
    TMOD=0X01;              //定时器0工作于方式1
    TL0=15536%256;          //送50ms计数初值
    TH0=15536/256;
    TR0=1;                  //开始计数(定时)
    ET0=1;                  //允许定时器0中断
    SCON=0X00;              //串行工作方式0,只发送
    EA=1;                   //CPU开中断
    sInt();                 //发送一个数据
    while(1)                //等待定时中断发生
        ;
}
void t0Int() interrupt 1 using 2    //定时中断服务子程序
{
    TL0=15536%256;          //重新送50ms计数初值
    TH0=15536/256;
    count--;                //count计数减1
    if(count==0)            //20次为1秒
    {
        count=20;           //重新赋1秒计数次数
        temp=(temp+1)%10;   //指向下一个要发送的数据
        sInt();             //发送一个数据
    }
}
```

2) 采用74LS595实现的显示驱动

在本项目中,定时及串行通信都采用了中断方式,每秒中断一次(主频为11.0592MHz),并将要发送的数据送到发送缓冲寄存器SBUF,从而启动一次发送过程。待发送结束后触发串行中断,并根据具体情况确定显示在左侧还是右侧的数码管。程序代码如下:

```c
#include <reg51.h>
#include <intrins.h>
#define uchar unsigned char
uchar code disp[]={0x3f,0x06,0x5b,0x4f,0x66,0x6d,0x7d,0x07,0x7f,0x6f,
0x77,0x7c,0x39,0x5e,0x79,0x71};    //0~9、A~F的显示代码
uchar temp=0;
uchar count=20;             //1秒计数
sbit CTR1=P2^0;             //左侧数码管输出控制
sbit CTR2=P2^1;             //右侧数码管输出控制
sbit LED=P1^7;              //指示灯
void main()
{
    TMOD=0X01;              //定时器0工作于方式1
    TL0=(65536-46080)%256;  //50ms定时初值
    TH0=(65536-46080)/256;
    TR0=1;                  //启动定时器0工作
    ET0=1;                  //允许定时器0中断
```

```c
        SCON=0X00;              //串行口工作于方式0
        ES=1;                   //允许串行中断
        EA=1;                   //允许总中断
        SBUF=disp[temp];        //发送数据
        while(1)
            ;
}
void sInt() interrupt 4 using 3    //串行中断服务子程序
{
        TI=0;                   //软件清除发送中断标志
        if(temp%2==0)           //根据情况使不同数码管亮,偶数时左侧数码管亮
        {
            CTR1=0;
            _nop_();
            CTR1=1;
            _nop_();
            CTR1=0;
        }
        else                    //奇数时右侧数码管亮
        {
            CTR2=0;
            _nop_();
            CTR2=1;
            _nop_();
            CTR2=0;
        }
}
void t0Int() interrupt 1 using 2    //定时器0中断服务子程序
{
    TL0=(65536-46080)%256;  //重新送定时初值
    TH0=(65536-46080)/256;
    count--;                //计数次数减1
    if(count==0)            //计数次数够,1秒到
    {
        count=20;           //重新送1秒计数值
        LED=~LED;           //发光二极管状态翻转
        temp=(temp+1)%16;   //下一个要发送的数据
        SBUF=disp[temp];    //发送数据
    }
}
```

【拓展训练2：利用串行口实现键盘读取】

1. 设计方案

当单片机应用系统需要使用的接口较多，接口不足不能采用8位端口实现8个按键的读取时，可以采用串口扩展以实现键盘读取。

2. 硬件电路

读取 8 个按键时，每个按键对应一根信号线，而单片机串行口只占用 1 根数据线，所以需要采用专用器件完成并行信号到串行信号的转换。用于串并转换的器件为 74LS165，该器件在移位脉冲的作用下将并行信号转换为串行信号。

单片机串行口的工作方式 0 为移位寄存器方式，有两个信号：移位脉冲输出、串行数据输入，只需与 74LS165 的信号线对应相连即可。另外，74LS165 对并行数据的置入要由 SH/$\overline{\text{LD}}$ 信号控制，连接到单片机的 P2.7 引脚，电路如图 6-15 所示。

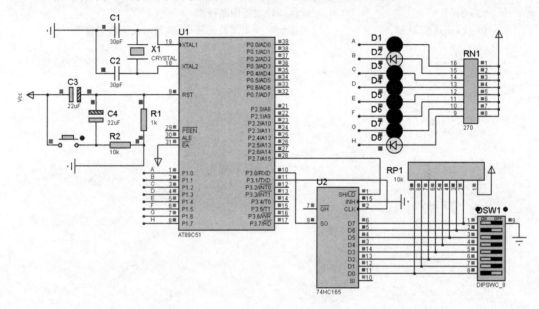

图 6-15　串行口读取按键

3. 参考程序

本项目仅为了演示利用串行口扩展读取按键功能，利用单片机的定时功能(主频为12MHz)，每秒中断一次并读取按键，为了验证是否读取正确而采用 LED 进行显示。在实际项目中可将读取按键程序安排在需要的位置。程序代码如下：

```
#include <reg51.h>
#include <intrins.h>
#define uchar unsigned char
uchar temp;                    //接收数据存储单元
uchar count=20;                //1 秒计数次数
sbit CT=P2^7;                  //并行数据置入/接收控制
void sIn()                     //接收一个字节数据
{
    CT=0;                      //置入并行数据
    _nop_();
    _nop_();
    CT=1;                      //允许接收
    _nop_();
```

```
        _nop_();
        while(RI==0)           //等待接收完毕
            ;
        RI=0;                  //清除接收中断标志 RI
        temp=SBUF;             //接收的数据送 temp 保存
}
void main()
{
        TMOD=0X01;             //定时器 0 工作于方式 1
        TL0=15536%256;         //送 50ms 计数初值
        TH0=15536/256;
        TR0=1;                 //开始计数(定时)
        ET0=1;                 //允许定时器 0 中断
        SCON=0X10;             //串行口工作方式 0,允许接收
        EA=1;                  //CPU 开中断
        while(1)               //等待定时中断发生
            ;
}
void t0Int() interrupt 1 using 2
{
        TL0=15536%256;         //重新送 50ms 计数初值
        TH0=15536/256;
        count--;               //count 计数减 1
        if(count==0)           //20 次为 1 秒
        {
            count=20;          //重新赋 1 秒计数次数
            sIn();             //接收
            P1=temp;           //送 P1 口显示
        }
}
```

小 结

本单元通过引入远程液位监控系统项目,介绍了串行通信的基本概念、串行通信总线标准及其接口、51 单片机串行口的工作原理及编程方法。在此基础上,给出了远程液位监控系统的实现,并设置了串口扩展显示和串口读取按键的拓展训练,进一步讲解了单片机串行通信的实际应用。

强 化 练 习

完成本单元的远程液位监控系统项目和各拓展训练项目。

习 题

1. 简要说明什么是异步通信，并说明其优缺点。

2. 系统晶振频率为 11.0592MHz，试写出通信波特率为 4800b/s，通信格式为 1 位起始位、8 位数据位、1 位停止位，允许串行接收中断的初始化函数。

3. 拓展训练 1 中采用 74LS164 和 74LS595 扩展显示电路时，用 74LS164 的系统发送数据时没有采用串行中断，而用 74LS595 的系统发送数据时采用了串行中断，它们是怎样实现数据发送的？如果在采用了串行中断的 74LS595 系统中，将语句 "SBUF=disp[temp];//发送数据" 移动到串行中断服务函数中，会有何不同？为什么？

4. 远程液位监控系统中若改用 RS-485 进行串行通信，硬件应如何修改？通信发送和接收程序应如何编写？

单元 7

单片机接口技术

教学目标

在单片机应用系统开发过程中,常需要进行 I/O 接口的扩展,以及一些外设的接口设计等,以便用单片机实现对信息的获取或输出,这也是单片机开发设计人员必须掌握的知识。

本单元以项目实例的形式介绍单片机应用系统开发过程中常用的输入/输出接口技术,使读者熟悉和掌握各种接口技术的硬件连接方法和软件编写方法,为以后进行单片机应用系统的开发做准备。本单元内容包括简单 I/O 接口扩展、可编程 I/O 接口扩展、IIC 接口扩展、A/D 转换器接口以及 D/A 转换器接口。

7.1 I/O 接口扩展

在单片机应用系统中，经常用到简单的输入/输出(Input/Output，I/O)接口，以实现数据的输入/输出，如读取键盘状态、驱动数码管显示或打印机打印等。有的外部设备比较简单，只需要提供数据信号即可，这样的设备可通过简单 I/O 接口与单片机相连；有的外部设备比较复杂，如输入设备在输入前必须先准备好数据单片机才能接收，在对输出设备输出数据时必须在不忙(输出设备准备好接收数据)的情况下单片机才能输出数据，即单片机需要掌握外部设备的状态，这样的设备就需要通过复杂的接口与单片机相连。

7.1.1 项目一：简单 I/O 接口扩展实现读取独立按键及数码管显示

1. 项目目标

简单 I/O 接口扩展实现读取独立按键及数码管显示：扩展 8 位数据并行输入的简单输入接口以实现独立按键的读取，以及 8 位数据并行输出的简单输出接口实现数码管显示。

对输入接口来说，只需要满足数据缓冲功能，以实现数据总线与外部设备的隔离。对输出接口而言，要满足数据的锁存功能，以实现快速计算机与慢速外部设备的速度匹配，并隔离数据总线与外部设备。

对于按键，要考虑抖动现象。

对于 LED 发光二极管或 LED 数码管，要考虑采用合适的限流电阻，以保障驱动能力。

2. 项目分析

单片机的 I/O 接口是有限的，当不能满足需要时，可外部扩展 I/O 接口。如果实际需要的 I/O 接口功能简单，可采用并行接口芯片进行扩展。但是简单的并行接口芯片只具备数据信号以及数据使能信号。

1) 系统关键点

根据项目要求，此系统有以下几个关键点。

- 输入接口须满足输入缓冲功能。
- 输出接口须满足输出锁存功能。
- 实现简单接口芯片的控制信号与单片机地址信号及读写信号的连接。
- 按键的连接及抖动消除。
- LED 发光二极管或数码管的驱动能力，以及数码管显示内容的控制。

2) 解决办法

- 实现输入接口的输入缓冲功能，需要采用具有三态门的并行接口芯片，如 74LS244。
- 实现输出接口的输出锁存功能，需要采用具有锁存功能的并行接口芯片，如 74LS373、74LS273、8282 等。
- 简单接口没有过多的控制信号，需要将单片机的地址信号与读写信号进行组合，然后连接到并行接口芯片的控制信号上，以达到控制的目的。

- 按键的消抖可采用软件延时消抖或硬件的双稳态电路消抖。对于按键的键值，可以采用循环判断的方法为每个按键赋予不同的键值。
- LED 发光二极管或数码管的驱动可串入合适的电阻来实现。对于数码管的显示内容，可以根据数码管是共阴极/共阳极以及与单片机的连接方法进行确定。

3) 知识准备
- 并行接口芯片功能及操作方法。
- 地址译码方法。
- 组合逻辑电路设计方法。
- 软件延时消抖的方法。
- 数码管的工作原理。

3．项目必备知识

1) 输入接口扩展

进行输入接口扩展，首先需要弄清楚单片机与简单输入接口芯片的信号。

单片机按照三总线方式将信号分为数据信号、地址信号和控制信号，而简单输入接口芯片没有地址信号，只有数据信号和控制信号。

连接时，将单片机的数据信号与输入接口芯片的数据信号相连，将单片机的地址信号与读控制信号组合成输入接口芯片所需要的控制信号再与之相连。

下面以 74LS244 为例，设计一个输入接口。74LS244 的引脚示意图如图 7-1 所示，引脚信号如下。

- 1A1～1A4、2A1～2A4：数据输入信号。
- 1Y1～1Y4、2Y1～2Y4：数据输出信号。
- $\overline{1G}$、$\overline{2G}$：三态允许，低电平有效。当其有效时，数据从输入端送往输出端。

硬件连接电路如图 7-2 所示，当读取外设传来的数据时，读指令使 P2.7 及读信号 $\overline{RD}$ 有效，经或门后输出有效的低电平信号送到 74LS244 的 $\overline{1G}$、$\overline{2G}$ 引脚，从而使数据读入单片机。

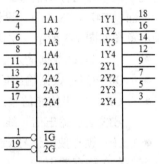

图 7-1　74LS244 引脚示意图

根据硬件连接，可调用下面的函数实现数据的输入。

```
#include <absacc.h>           //使用其中定义的宏来访问绝对地址
unsigned char I_O_IN(void)    //I/O输入函数
{
    return XBYTE[0x7FFF];
}
```

一般来说，简单输入接口常连接能够随时读取、不需等待的设备，如独立按键构成的键盘电路。

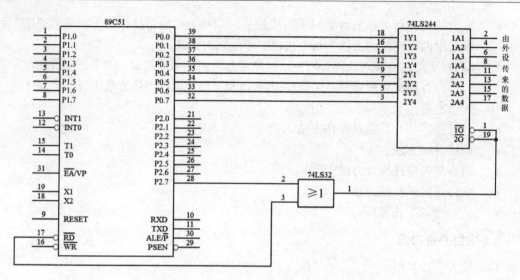

图 7-2 74LS244 扩展的并行输入接口

2) 输出接口扩展

进行输出接口扩展时，首先需要清楚单片机与简单输出接口芯片的信号。同样，简单输出接口芯片也没有地址信号，只有数据信号和使能控制信号。在连接时，也需要将单片机的地址信号与写控制信号组合成输出接口芯片所需要的使能控制信号再与之相连。

下面以 74LS373 为例，设计一个输出接口。74LS373 的引脚示意图如图 7-3 所示，引脚信号如下。

- D0~D7：数据输入信号线。
- Q0~Q7：数据输出信号线。
- $\overline{OE}$：输出使能信号。当其有效时，数据从输入信号线送往输出信号线。
- LE：锁存使能信号。当其有效时，将输入的数据锁存在寄存器中。

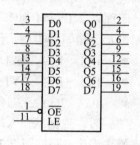

图 7-3 74LS373 引脚示意图

硬件连接电路如图 7-4 所示。当往外设送出数据时，写指令使 P2.6 及写信号 $\overline{WR}$ 有效，经或非门后输出有效的高电平信号送到 74LS373 的 LE 引脚，将单片机送出的数据锁存，由于 $\overline{OE}$ 信号接地，锁存的数据直接输出到外部设备。

根据硬件连接，可调用下面的函数实现数据的输出。

```
#include <absacc.h>                //使用其中定义的宏来访问绝对地址
void I_O_OUT(unsigned char data)   //I/O 输出函数
{
    XBYTE[0xBFFF]=data;
}
```

通常情况下，简单输出接口常连接不需等待、随时可进行输出的设备，如 LED 发光二极管或数码管等。

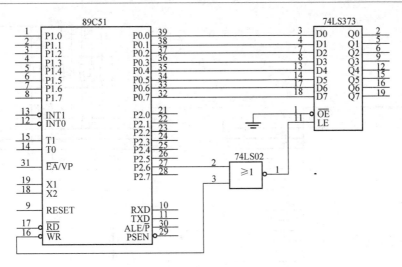

图 7-4　74LS373 扩展的并行输出接口

3) 按键电路

键盘是单片机应用系统中非常重要的输入设备，在实际应用中可以通过键盘向应用系统输入数据和控制命令。键盘根据组成形式分为独立式键盘、矩阵式键盘等几种形式，可工作于扫描方式和中断方式。

按键有机械式按键、电容式按键等，通过按键的接通、断开输入开关电压信号。按键由断开到闭合，以及由闭合到断开时，由于触点的机械作用，按键的动作不能立刻完成，在断开及闭合的瞬间有抖动现象发生，抖动时间一般为 5～10ms，表现出来就是输入的电压信号为抖动的不稳定的电平信号，如图 7-5 所示。

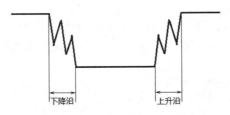

图 7-5　按键抖动的不稳定信号

为了保证按键信号的正确输入，必须避开按键抖动的影响，在读取键盘状态时要进行消抖处理，常用的方法有硬件消抖和软件消抖。硬件消抖方法采用门电路组成双稳态电路实现，常用的消抖电路有触发器消抖电路、滤波消抖电路，但是电路组成复杂，成本较高。软件消抖的基本原理是当第一次检测到按键按下时，先延时一段时间(根据按键抖动时间确定)，然后再次读取按键状态确认是否处于闭合状态，断开就是干扰，干扰则直接返回、闭合则确认按键按下，然后等待按键抬起时再次延时消除抖动现象。软件消抖虽然降低了成本，但是键盘的工作速度被降低。

独立式按键的各个按键彼此之间都是独立的，每个按键连接一根 I/O 接口线。当按键数量较多时，需要的 I/O 接口线也较多，因此独立式键盘适合于按键较少的应用场合。独立式按键与单片机的连接如图 7-6 所示。

单片机原理及应用(C51 语言)(第 2 版)

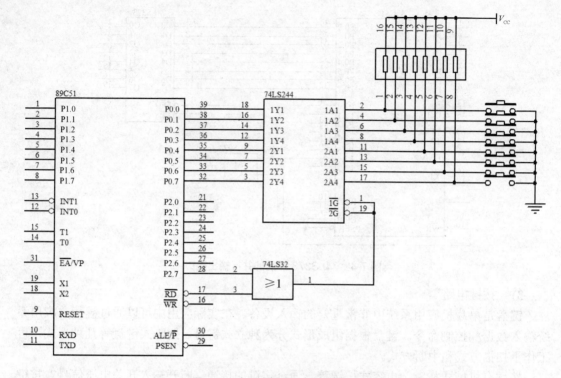

图 7-6　独立式键盘与单片机的连接

根据硬件连接，可调用下面的函数来实现按键的读取。

```
#include <reg51.h>                    //包含头文件
#include <absacc.h>
#define PORT XBYTE[0x7FFF]            //按键端口定义
unsigned char KEY_IN(void)            //按键读取函数
{
    unsigned char loop,value;
    bit BT;
    int delay;
    P0=0xFF;                          //准双向口输入前先写 1
    if(PORT==0xFF)
        return 0;                     //无键按下返回 0
    for(delay=5000;delay>0;delay--);  //有键按下,延时等待 10ms 消除下降沿抖动
    P0=0xFF;                          //准双向口输入前先写 1
    value=PORT;                       //读取按键
    if(value==0xFF)                   //判断是否有键按下
        return 0;                     //无键按下,则是干扰,返回 0
    do{
        P0=0xFF;
    }while(PORT!=0xFF);               //等待键抬起
    for(delay=5000;delay>0;delay--);  //再次延时等待 10ms 消除上升沿抖动
    for(loop=8;;loop--)               //有键按下,判断是哪个键
```

```
    {
        BT=(bit)(value&0x80);              //获取最高位
        if(BT==0)                          //是 0 则有键按下
            return loop;
        value<<=1;                         //键值左移一位
    }
}
```

4) 数码管电路

(1) LED 数码管的工作原理。

LED 数码管是单片机常用的显示器件,可显示简单的数字、字符等信息。LED 数码管的工作原理已在单元 4 中进行了介绍,不再赘述。

(2) LED 数码管的显示方式。

在实际应用系统中,n 个八段 LED 数码管构成 n 位字符显示器。LED 数码管的公共端 com 称为位选线,每段 LED 称为段选线,这样 n 位 LED 数码管显示器就有 n 根位选线,$n×8$ 根段选线(含小数点 dp 位)。位选线控制每位数码管是否显示;段选线控制每位数码管的各段是否显示,即显示什么样的字符。根据位选线与段选线的连接方法,LED 有两种显示方式:静态显示方式和动态显示方式。

① 静态显示方式。在静态显示方式下,所有数码管的位选线连接在一起。对于共阴极数码管,位选线接地;对于共阳极数码管,位选线接高电平。每位数码管的段选线连接到一个 8 位输出口上,n 位数码管需要 n 个输出口。每位数码管之间彼此独立,互不影响。n 位静态 LED 显示器的原理图如图 7-7 所示。

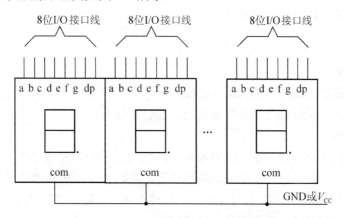

图 7-7　n 位静态 LED 显示器原理图

由于位选线连接在一起,因此只需要在输出口上送出段选码就可以显示出需要的字符。保持段选线上的信号不变,则显示的字符稳定显示。这种显示方式由于每段 LED 长时间通电,因此显示亮度高,另外控制也相对简单,但是当显示的 LED 位数较多时,需要的 I/O 口较多。

② 动态显示方式。在动态显示方式下,每位数码管对应的段选线连接在一起,共 8 段,连接到一个 8 位输出口上,每位数码管的位选线连接到一根独立的 I/O 接口线上,n 位

数码管的显示电路需要 n 位位选线，共计需要 $n+8$ 根 I/O 接口线。n 位动态 LED 显示器原理如图 7-8 所示。

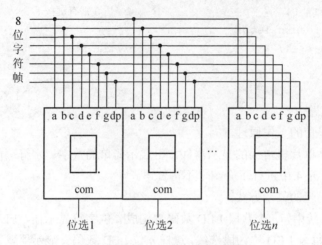

图 7-8 n 位动态 LED 显示器原理图

显示信息时，段选码由同一个 8 位 I/O 接口送出，由位选线控制具体哪位数码管显示。工作过程为：先在段选线上送出第 1 位数码管的段选码，然后让第 1 位数码管的位选线有效(共阴极数码管位选线信号为低电平，共阳极数码管位选线信号为高电平)，则第 1 位数码管显示信息，其余数码管熄灭；延时一段时间后再在段选线上送出第 2 位数码管的段选码，再让第 2 位数码管的位选线有效，……直至所有数码管扫描一遍。由于每位数码管轮流点亮，利用人眼的视觉暂留现象可造成 n 位数码管同时显示的效果。由于每位数码管显示一段时间，所以亮度较静态显示方式暗。

4．项目实施

1) 设计方案

按键键值的读取需要采用输入缓冲器读入单片机的 P0 口，经单片机进行处理后再把按键键值对应的显示码通过输出锁存器送到数码管进行显示。

2) 硬件电路

按键电路包括 8 个按键，对应键值为 1～8，将独立按键电路通过并行接口 74LS244 连接到单片机。1～8 数字用一个数码管即可显示，数码管显示电路通过并行输出接口芯片 74LS373 连接到单片机，电路如图 7-9 所示。在该电路中，输入接口与输出接口的地址信号线都连接到单片机的 P2.7，故而端口地址相同。

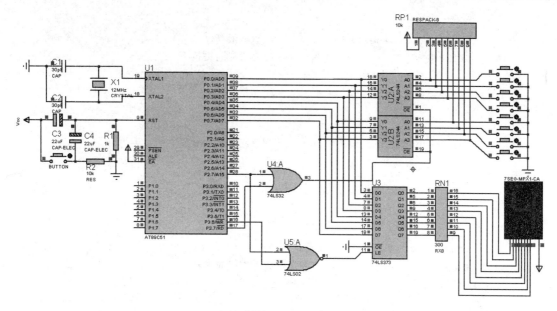

图 7-9 简单 I/O 接口扩展实现读取独立按键及数码管显示电路

3) 参考程序

读取按键函数判断按键情况，得到按键键值。主函数调用读取按键函数，并将按键键值通过数码管显示。在该项目中，仅为了对按键进行读取，所以只在按键按下时显示对应键值。程序代码如下：

```
#include <reg51.h>
#include <absacc.h>
#define PORT XBYTE[0x7FFF]              //端口地址
unsigned char code display[10]={0x3f,0x06,0x5b,0x4f,0x66,0x6d,0x7d,0x07,0x7f,0x6f};
unsigned char KEY_IN(void)              //按键读取函数
{
    unsigned char loop,value;
    bit BT;
    int delay;
    P0=0xFF;                            //准双向口输入之前先写1
    value=PORT;                         //读取键盘端口
    if(value==0xFF)                     //无键按下,直接返回
        return 0;
    for(delay=5000;delay>0;delay--);    //有键按下,延时等待10ms消除下降沿抖动
    P0=0XFF;                            //准双向口输入之前先写1
    if(PORT==0xff)                      //无键按下,返回0
        return 0;
    do{                                 //等待按键抬起
        P0=0XFF;
    }while(PORT!=0XFF);
    for(delay=5000;delay>0;delay--);    //再次延时等待10ms消除上升沿抖动
    for(loop=8;;loop--)                 //有键按下,判断是哪个键
```

```c
    {
        BT=(bit)(value&0x80);       //获取最高位
        if(BT==0)                   //是0则有键按下
            return loop;
        value<<=1;                  //左移一位
    }
}
void OUT(unsigned char t)           //数码管显示函数
{
    PORT=t;
}
void main()
{
    unsigned char v;
    OUT(display[0]);                //初始时显示0
    while(1)
    {
        if((v=KEY_IN())!=0)         //读取按键
            OUT(display[v]);        //显示对应键值
    }
}
```

7.1.2 项目二：可编程I/O接口扩展实现数码管动态显示

1. 项目目标

扩展可编程输入/输出接口，以连接数码管实现动态显示。

简单I/O接口扩展的接口只能满足简单需要，连接的外设功能单一，且接口功能固定，一旦扩展接口，其功能就不能再改变，只能输入或只能输出，不能随着实际需要而更改。

2. 项目分析

1) 系统关键点

根据要求，此项目有以下关键点。

- 接口可根据要求设置为输入接口或输出接口。
- 在不同需要时，能够根据要求为接口提供所需要的联络信号。

2) 解决办法

合理选择可编程的I/O扩展芯片。

3) 知识准备

- 理解可编程接口芯片的工作原理。
- 理解可编程接口芯片控制联络信号的功能。

为了实现可编程接口的扩展，需要学习可编程接口芯片的知识。本项目以8255A芯片为例进行可编程接口的学习。

3. 项目必备知识

8255A 是 Intel 公司生产的通用可编程并行 I/O 接口芯片，单一+5V 电源供电，采用 40 脚双列直插式(DIP)封装。8255A 通过系统总线可方便地与单片机连接，实现 I/O 扩展。使用 8255A 连接外部设备时，通常不需要再附加其他电路，给用户使用带来了很大的方便。

1) 8255A 内部结构及外部引脚

8255A 内部结构及外部引脚如图 7-10 所示(引脚 26 是电源，引脚 7 是地，图中未标出)。8255A 内部由数据总线缓冲器、读/写控制逻辑、控制寄存器(A 组控制、B 组控制)及 I/O 端口等组成。

数据总线缓冲器将内部数据总线和外部数据总线 D0～D7 相连，是单片机与 8255A 进行数据通信和控制命令字写入的接口。读/写控制逻辑用于实现对 8255A 的数据、控制字和状态字的传送控制，分为 A 组控制和 B 组控制。A 组控制用来控制端口 A 和端口 C 高 4 位(PC7～PC4)的工作方式和读/写操作，B 组控制用来控制端口 B 和端口 C 低 4 位(PC3～PC0)的工作方式和读/写操作。内部总线是 8255A 内部单元的数据通道，用于单片机与内部单元间传递数据、控制命令字和状态字。控制寄存器的内容(控制命令字)可改变 8255A 的工作状态，使 8255A 工作于三种工作方式之一。I/O 端口是 8255A 与连接在其上的外设之间的缓冲寄存器，具备输入缓冲、输出锁存的功能。

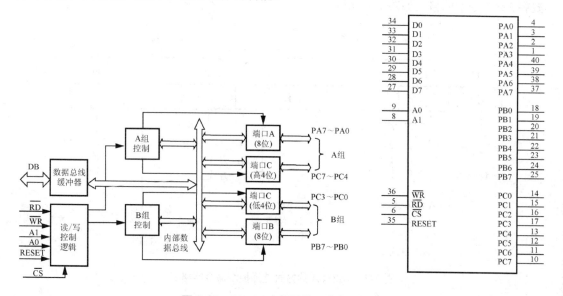

图 7-10 8255A 内部结构及外部引脚图

2) 8255A 引脚功能描述

- $\overline{CS}$(6)：片选信号，输入，低电平有效。当其有效时，8255A 被选中，可通过单片机对 8255A 进行各种操作。
- $\overline{RD}$(5)：读控制信号，输入，低电平有效。当其有效时，单片机读取 8255A 的端口数据或状态字。
- $\overline{WR}$(36)：写控制信号，输入，低电平有效。当其有效时，单片机将数据写入 8255A 的端口，将控制命令字写入 8255A 的控制寄存器。

- RESET(35)：复位信号，输入，高电平有效。当其有效时，8255A 被复位，所有端口置为输入方式(工作方式 0)，控制寄存器清零。
- A0、A1(8、9)：地址信号，输入。通过 A0、A1 的不同取值组合选中 8255A 的控制寄存器或 3 个端口之一。
- D7～D0(27～34)：数据总线，三态双向，与单片机的数据总线相连，完成信号的传送。
- PA7～PA0(37～40,1～4)：端口 A 的 I/O 信号线。
- PB7～PB0(18～25)：端口 B 的 I/O 信号线。
- PC7～PC0(10～17)：端口 C 的 I/O 信号线。
- VCC(26)：+5V 电源。
- GND(7)：信号地。

3) 8255A 的工作方式

8255A 有三种工作方式：基本输入/输出方式、选通输入/输出方式和双向传送方式。通过向控制寄存器写入控制命令字，可编程设置 8255A 的工作方式。8255A 有两种控制字：方式选择控制字和按位置位/复位控制字。方式选择控制字(D7=1)用来规定端口 A、端口 B 和端口 C 的工作方式，置位/复位控制字(D7=0)用来单独设置端口 C 的各位。8255A 的方式选择控制命令字的格式如图 7-11 所示。

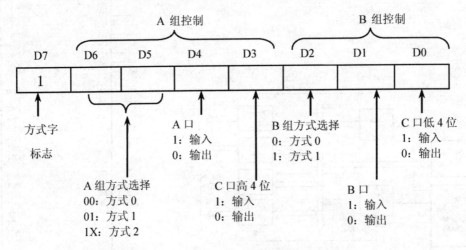

图 7-11 8255A 的方式选择控制命令字格式

(1) 基本输入/输出方式(工作方式 0)。

3 个端口可通过方式选择控制字设置成输入或输出，并可分成两个 8 位的 I/O 接口和两个 4 位的 I/O 接口，4 位的 I/O 接口由端口 C 分隔而成。当端口工作于输出方式时，具有锁存功能；当端口工作于输入方式时，不具备锁存功能。

(2) 选通输入/输出方式(工作方式 1)。

在此方式下，端口被分为 A 组和 B 组，A 组由端口 A 和端口 C 的上半部(高 4 位)组成，端口 A 进行输入/输出时，端口 C 的上半部作为端口 A 的控制信号或状态信号；B 组由端口 B 和端口 C 的下半部组成，端口 B 进行输入/输出时，端口 C 的下半部作为端口 B 的控制信号或状态信号。在方式 1 时，输入、输出的数据均可锁存。

① 工作方式 1 输入时，端口 C 的控制联络信号如图 7-12 所示。

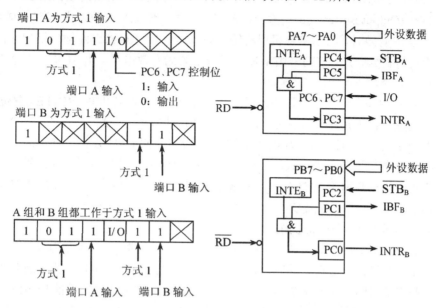

图 7-12　8255A 工作方式 1 输入时端口 C 的控制联络信号

- $\overline{STB}$ (Strobe)：选通输入信号，低电平有效，由外设送给 8255A。当 $\overline{STB}$ 有效时，外设将输入数据送到 8255A 输入锁存器锁存。
- IBF(Input Buffer Full)：输入缓冲器满信号，高电平有效，是 8255A 输出给外设的状态信号。当 IBF 有效时，表示数据已送到 8255A 的输入锁存器中。它由 $\overline{STB}$ 的下降沿置位，由 CPU 的读信号 $\overline{RD}$ 的上升沿复位。
- INTR(Interrupt Request)：中断请求信号，高电平有效，是 8255A 向单片机发出的中断请求信号。INTR 在 $\overline{STB}$、IBF、INTE 都是高电平时被置为高电平。在单片机响应中断并读取输入缓冲器中的数据时，由读信号 $\overline{RD}$ 的下降沿将 INTR 复位。注意，单片机的中断信号为低电平有效。
- INTE(Interrupt Enable)：中断允许控制位。当 INTE=1 时允许 8255A 中断，当 INTE=0 时禁止 8255A 中断。8255A 内部有两个中断控制位 $INTE_A$ 和 $INTE_B$。INTE 通过对端口 C 的 PC4($INTE_A$)和 PC2($INTE_B$)置位/复位来设置。

② 工作方式 1 输出时，端口 C 的控制联络信号如图 7-13 所示。

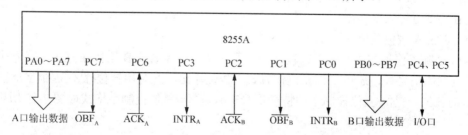

图 7-13　8255A 工作方式 1 输出时端口 C 的控制联络信号

- $\overline{ACK}$ (Acknowlege)：外设响应信号，低电平有效，由外设送给 8255A。当 $\overline{ACK}$ 有效时，表示外设已从 8255A 中取走数据，单片机可输出新的数据给 8255A。
- $\overline{OBF}$ (Output Buffer Full)：输出缓冲器满信号，低电平有效，由 8255A 送给外设。当 $\overline{OBF}$ 有效时，表示单片机已将输出数据送到指定的 8255A 输出端口缓冲器，外设可将数据取走。该信号由 $\overline{WR}$ 的上升沿置为有效电平，由 $\overline{ACK}$ 的下降沿使其恢复为无效。
- INTE：中断允许控制位，通过对端口 C 的 PC6(INTE$_A$)和 PC2(INTE$_B$)置位/复位进行设置，置 1 允许端口申请中断，清零禁止端口申请中断。
- INTR：中断请求信号，高电平有效，由 8255A 向 CPU 发出。在中断方式下，当 8255A 的输出数据被外设取走时，8255A 便向单片机发中断请求信号，要求单片机再次输出数据给 8255A。当 $\overline{ACK}$、$\overline{OBF}$ 和 INTE 都是高电平时，INTR 有效。INTR 由 $\overline{WR}$ 的下降沿复位。

(3) 双向传送方式(工作方式 2)。

双向传送方式只适用于端口 A。当端口 A 工作在方式 2 时，端口 A 为双向传送方式，既可发送数据，又可接收数据，此时端口 C 的高 5 位配合端口 A 工作，为其提供控制联络信号，控制联络信号的功能如图 7-14 所示。可知，各控制联络信号的功能与端口 A 工作在选通输入/输出方式时的输入与输出下的信号一样，也就是将选通输入/输出方式的端口 A 的输入与输出两种情况的信号进行组合，即双向传送方式。

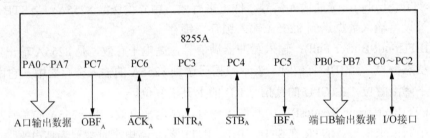

图 7-14 8255A 工作方式 2 端口 C 的控制联络信号

只是在双向传送方式时，输入、输出都会产生中断，中断信号通过 INTR$_A$ 送往 CPU，但是输入、输出分别有中断允许控制位，INTE1(PC6)置位允许输出中断，INTE2(PC4)置位允许输入中断，清零则禁止中断。

当端口 A 工作在方式 2 时，端口 B 可工作在方式 1 或方式 0。端口 B 工作在方式 1 时，使用端口 C 的 PC0～PC2 作为控制联络信号；端口 B 工作在方式 0 时，端口 C 的 PC0～PC2 可工作在方式 0 输入或输出。

4) 8255A 按位置位/复位控制字

端口 C 除工作于方式 0 输入或输出，以及当端口 A、端口 B 工作在方式 1 或方式 2 时用作控制联络信号外，还可工作在位控方式下按位输出，此时用置位/复位控制字单独设置端口 C 的各位。置位/复位控制字的特征是 D7=0。置位/复位控制字格式如图 7-15 所示。

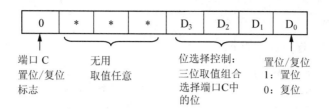

图 7-15 8255A 置位/复位控制字格式

4. 项目实施

1) 设计方案

利用 8255A 驱动数码管进行动态显示，以显示"--HELP--"信息。此时需要利用 8255A 扩展出两个端口，其中一个控制段选码，一个驱动位选线。

2) 硬件电路

单片机的数据线与 8255A 的数据线对应相连。单片机地址/数据复用口 P0 经地址锁存器输出的地址信号线 A0、A1 连接到 8255A 的地址线 A0、A1，8255A 的片选信号 $\overline{CS}$ 连接到单片机地址线的高位(或单片机的地址信号译码输出)；单片机的读写信号线 $\overline{RD}$、$\overline{WR}$ 与 8255A 的读写信号线 $\overline{RD}$、$\overline{WR}$ 对应相连；单片机的地址锁存信号连接到 74LS373 的 ALE，8255A 的复位信号与单片机的复位系统相连。8255A 的端口 A 输出段选码，端口 B 输出控制数码管的位选线，使 8255A 的端口 A、端口 B 均工作于基本的输入/输出方式且输出。由于 8255A 的 $\overline{CS}$ 连接到单片机 P2.7，则 8255A 的地址为 7FFCH，电路如图 7-16 所示。

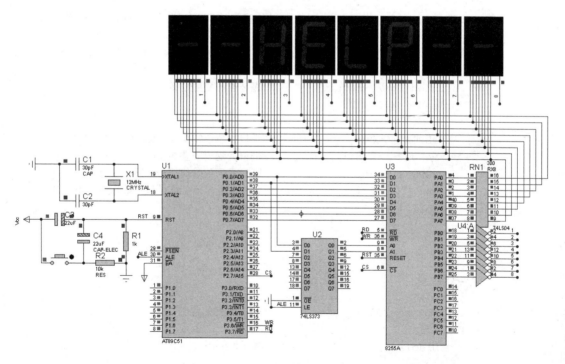

图 7-16 LED 数码管动态显示电路

3) 参考程序

根据硬件连接，程序代码如下：

```c
//LED 数码管显示器动态显示
#include <reg51.h>                //单片机资源头文件
#include <intrins.h>              //本征函数头文件
#include <absacc.h>               //地址宏头文件
#define  PAPORT  XBYTE[0x7FFC]    //8255A 端口 A 地址
#define  PBPORT  XBYTE[0x7FFD]    //8255A 端口 B 地址
#define  CTPORT  XBYTE[0x7FFF]    //8255A 控制端口地址
unsigned char cnum=0x01;          //位选信号
unsigned char code table[]= {0x40,0x40,0x76,0x79,0x38,0x73,0x40,0x40};
                                  //显示字符的段选码"--HELP--"
void delay(unsigned char t)       //延时 tms
{
        unsigned char i;
        t=2*t;
        for(;t>0;t--)
            for(i=250;i>0;i--)
                ;
}
void Initialize8255(void)         //8255A 初始化
{
        CTPORT=0x80;              //8255A 控制字，端口 A、端口 B 均输出
}
void Display(void)                //8255 驱动的动态显示函数，显示 table 中的内容
{
        unsigned char  i=0;       //循环控制变量定义
        for(i=0;i<8;i++)
        {
            PBPORT=0x00;          //端口 B 位选线全 0，反相后全 1，熄灭数码管
            PAPORT=table[i];      //端口 A 送出需要显示的字符段选码
            PBPORT=cnum;          //端口 B 送位选线信号，显示字符
            cnum=_crol_(cnum,1);  //位控信号循环左移 1 位，显示下一个字符
            delay(5);             //延时 5ms
        }
}
// 系统主函数
void main(void)
{
        Initialize8255();         //8255A 初始化
        for(;;)
            Display();            //显示"--HELP--"
}
```

7.2 存储器扩展及 IIC 总线接口技术

项目三：串行 EEPROM 扩展

1．项目目标

扩展串行 EEPROM 用于存储单片机应用系统中的参数。

2．项目分析

单片机应用系统中常常需要存储一些系统运行所需要的重要参数、表格数据等，当单片机应用系统开机重新启动时直接装入参数运行，此时就需要扩展 EEPROM 芯片。

EEPROM 有并行接口 EEPROM 及采用 IIC(Inter-Integrated Circuit)总线的串行 EEPROM。在开发单片机应用系统时，为了节省单片机接口线，常采用接口线少、体积小巧的 IIC 总线的串行 EEPROM。

IIC 总线接入微处理器时不需要额外的地址解码芯片，因连线少而使印制电路板简单，成本低，从而得以大量采用。

1) 系统关键点

根据项目要求，需要考虑以下问题。
- 串行 EEPROM 怎样连接到单片机。
- 单片机怎样操作串行 EEPROM。

2) 解决办法
- 合理安排单片机接口线，用两根接口线与串行 EEPROM 相连。
- 编程模拟串行 EEPROM 时序，实现对串行 EEPROM 的操作。

3) 知识准备
- IIC 总线的硬件结构。
- IIC 总线的数据通信协议。
- IIC 设备的通信过程、读/写过程。

3．项目必备知识——IIC 总线

1) 概述

IIC 总线是由荷兰的 Philips 实验室于 1982 开发出来的双向两线式总线，由一条串行数据线 SDA(Serial Data)和一条串行时钟线 SCL(Serial Clock)构成串行总线，可发送和接收数据，实现不同集成电路间的双向数据传送。IIC 总线上的每个器件都有唯一的地址进行识别。IIC 数据传输速率有标准模式(100kbps)、快速模式(400kbps)和高速模式(3.4Mbps)。速度越高，可靠性越低。

2) 硬件结构

每一个 IIC 总线器件内部的 SDA、SCL 引脚电路结构都是一样的，引脚的输出驱动与输入缓冲连在一起，硬件结构见图 7-17。其中输出为漏极开路的场效应管，输入缓冲为一只高输入阻抗的同相器。这种电路具有两个特点。

- 由于 SDA、SCL 为漏极开路结构，借助于外部上拉电阻实现了信号的"线与"逻辑。
- 在输出信号的同时还能对引脚上的电平进行检测，检测是否与刚才输出一致。为"时钟同步"和"总线仲裁"提供硬件基础。

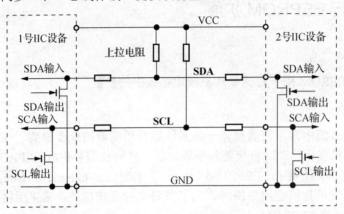

图 7-17　IIC 总线连接图

3) 数据通信协议

IIC 数据传输的过程中，SCL 与 SDA 信号不同形式的组合决定了信号的类型，有开始/重新开始信号、停止信号、应答信号、数据信号。

(1) 总线空闲状态。

IIC 总线的 SDA 和 SCL 信号线同时处于高电平时，规定为总线的空闲状态。此时各个器件的输出级场效应管均处在截止状态，由各自的上拉电阻把电平拉高，即释放总线。

(2) 开始信号。

SCL 为高电平时，SDA 由高电平向低电平跳变，开始传送数据过程，如图 7-18 所示。

(3) 停止信号。

SCL 为高电平时，SDA 由低电平向高电平跳变，结束传送数据过程，如图 7-18 所示。

(4) 重新开始信号。

在 IIC 总线上，由主机发送一个开始信号启动一次通信后，在首次发送停止信号之前，主机通过发送重新开始信号，可以转换与当前从机的通信模式，或是切换到与另一个从机通信。当 SCL 为高电平时，SDA 由高电平向低电平跳变，产生重新开始信号，它的本质就是一个开始信号，如图 7-18 所示。

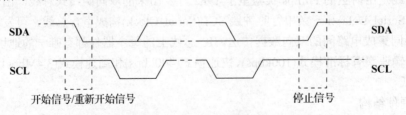

图 7-18　开始/重新开始信号及停止信号波形

(5) 应答信号。

IIC 总线上的所有数据都是以 8 位字节传送的，每当发送器发送完一个字节，就在第 9

个时钟脉冲期间释放数据线，由接收器反馈一个应答信号，如图 7-19 所示。应答信号为低电平(应答)时，表示接收器已经成功地接收了该字节；应答信号为高电平(非应答)时，一般表示接收器接收该字节没有成功。因此每传输一个完整的字节数据需要 9 个时钟脉冲。

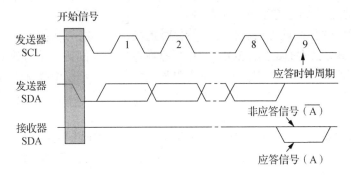

图 7-19　应答信号波形

如果从机作为接收方向主机发送非应答信号，主机方就认为此次数据传输失败；如果是主机作为接收方，在从机发送器发送完一个字节数据后，向从机发送非应答信号，从机就认为数据传输结束，并释放 SDA 线。不论是以上哪种情况都会终止数据传输，这时主机或是产生停止信号释放总线，或是产生重新开始信号，开始一次新的数据传送过程。

(6) 数据信号及数据帧。

在 IIC 总线上传送的每一位数据都有一个时钟脉冲相对应(或同步控制)，即在 SCL 串行时钟的配合下，在 SDA 上逐位地串行传送每一位数据，如图 7-20 所示。可以看到，进行数据传送时，在 SCL 为高电平期间，SDA 上的电平必须保持稳定；只有在 SCL 为低电平期间，才允许 SDA 上的电平改变状态。

IIC 总线上传送的数据信号是广义的，既包括地址信号，又包括真正的数据信号。数据信号以字节(8 位，高位在前，低位在后，最后再跟应答位)为单位，即每次传输一个字节的数据。

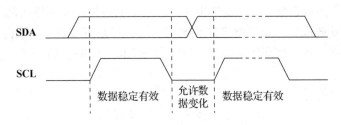

图 7-20　有效数据位的传送信号波形

4)　寻址约定

为了消除 IIC 总线系统中主控器与被控器的地址选择线，最大限度地简化总线连接，IIC 总线采用了独特的寻址约定，规定开始信号后的第一个字节为寻址字节，用来寻址被控器件，并规定数据传送方向(即读/写)。寻址字节由七位地址位(D7~D1 位)和一位方向位(D0 位)组成。方向位为 0 时表示主控器将数据写入被控器，为 1 时表示主控器从被控器读取数据。

主控器发送开始信号后，立即发送寻址字节，总线上的所有器件都将寻址字节中的 7 位地址与自己的地址比较。如果两者相同，则该器件认为被主控器寻址，并发送应答信号，被控器根据读/写位确定自身是作为发送器还是接收器。

7 位地址信号决定了 IIC 总线可以挂接 $127(2^7-1)$ 个不同地址的 IIC 设备，因为 0 号"地址"作为群呼地址。IIC 总线系统中，没有两个从机的地址是相同的。

IIC 设备的地址的确定方法有以下两种。

(1) 对于智能器件，地址由软件在初始化时定义，但不能与其他器件的地址冲突。

(2) 对于非智能器件(如 EEPROM)，由厂家在器件内部固化，不可改变。高 4 位是由厂家固化的统一地址，不可改变；低三位为引脚设定地址，可以由外部引脚来设定(并非所有器件都可以设定)。通常的做法是由外部的 3 个引脚所组合的电平决定(如 EEPROM)。

5) 通信过程

每个 IIC 总线设备都有唯一的地址，不论是单接收设备(如 LCD 驱动器)还是既可接收又能发送的收发设备(如存储器)。发送设备可工作在主模式或从模式，接收设备仅能工作在从模式下。

一般情况下，一个标准的 IIC 通信过程由四部分组成：开始信号、从机地址传输、数据传输、停止信号。

由主机发送一个开始信号，启动一次 IIC 通信；主机对从机寻址后，再在总线上传输数据。IIC 总线上传送的每一个字节均为 8 位(首先发送的数据位为最高位)，每传送一个字节后都必须跟随一个应答位。每次通信的数据字节数是没有限制的。在全部数据传送结束后，由主机发送停止信号，结束通信。

6) 数据写入的过程

(1) 主机要向从机写数据时，在总线为"空闲状态"(即 SDA、SCL 线均为高电平)的情况下，首先产生 START 信号，标志一次通信开始。

(2) 主机紧跟着发送命令字节(从机地址及读/写位=0)，主机等待从机的应答信号(A)。在该过程中所有从机接收该命令字节，只有与命令字节中的地址相符的从机才发送应答信号，地址不相符的从机不发送应答信号，提前退出与主机的通信。

(3) 当主机收到应答信号时，开始发送一个字节的数据，并等待从机的应答信号。

(4) 当主机收到应答信号时，继续发送一个字节的数据，并等待从机的应答信号。

(5) 当主机发送最后一个数据字节并收到从机的应答信号后，向从机发送停止信号，主机结束传送过程，从机收到停止信号后也退出与主机之间的通信。

数据写入的过程如图 7-21 所示。

7) 数据读取的过程

(1) 主机要从从机读数据时，在总线为"空闲状态"(即 SDA、SCL 线均为高电平)的情况下，首先产生 START 信号，标志一次通信开始。

(2) 主机紧跟着发送命令字节(从机地址及读/写位=1)，等待寻址从机的应答信号(A)。

(3) 从机开始发送一个字节的数据，主机接收数据后向从机发送应答信号。

(4) 从机继续发送一个字节的数据，主机接收数据后向从机发送应答信号。

(5) 当主机完成数据接收后，向从机发送非应答信号，从机停止发送数据，主机再向从机发送停止信号，释放总线，停止通信。

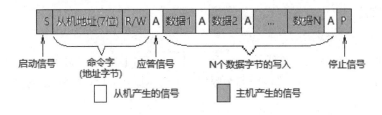

图 7-21 数据写入的过程

数据读取的过程如图 7-22 所示。

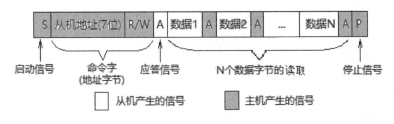

图 7-22 数据读取的过程

8) 地址扩展

IIC 设备使用 7 位地址，只能寻址 $2^7=128$ 个设备，其中 0 地址用于广播，所以系统中只能存在 127 个设备。对于串行存储器类器件，除了器件寻址之外，还需要寻址存储器内部的单元，7 位地址已经不能满足要求，所以要进行地址扩展。

在 24CXX 系列的 24C01/02/04/08/16 芯片中，采用了 11 位地址(引脚与芯片内部单元地址)，地址帧为两个字节，第一个字节的高 4 位用作 11 位地址标识，约定为 1010，则第一个地址帧为

| 1 | 0 | 1 | 0 | A2 | A1 | A0 | R/W |

其中 A2、A1、A0 为器件引脚接入信号或芯片内部单元地址高位，R/W 为读写控制位。第二个地址帧则是芯片内部单元的地址。

由于 24C01 存储器的容量为 1Kb(128B)，芯片内部寻址需 7 位地址($A6 \sim A0$)；24C02 存储器容量为 2Kb(256B)，芯片内部寻址需 8 位地址($A7 \sim A0$)；而一个 IIC 总线上最多可寻址 8 个该类器件，因此 A2、A1、A0 作为器件地址必须连接。对于 24C04，存储器容量为 4Kb(512B)，内部寻址需 9 位地址，仅使用 A2、A1 作为器件地址输入引脚，A0 则为芯片内部地址的 A8，一个 IIC 总线上最多可寻址 4 个该类器件。同理，对于 24C08，存储器容量为 8Kb(1KB)，内部寻址需 10 位地址，仅使用 A2 作为器件地址输入引脚，A1、A0 则为芯片内部地址的 A9、A8，一个 IIC 总线上最多可寻址两个该类器件。对于 24C16，存储器容量为 16Kb(2KB)，内部寻址需 11 位地址，$A2 \sim A0$ 则为芯片内部地址的 $A10 \sim A8$，一个 IIC 总线上只能寻址 1 个该类器件。

对于 1Mb(128KB)容量的 AT24C1024，由于片内需要 17 位地址进行寻址，地址将扩展为三个字节，AT24C1024 芯片具有 A1 引脚，IIC 总线可寻址两个该器件。

4．项目实施

1) 设计方案

由于 51 单片机没有 IIC 总线接口，因此用单片机 P1 口的 P3.4 和 P3.5 模拟 IIC 总线接口的 SCL 和 SDA，其中 P3.5 作为 SDA 收发串行数据，P3.4 作为 SCL 输出串行时钟信号。

2) 硬件电路

在本项目中，由于只扩展了一片 IIC 总线的 EEPROM 24C02C(256×8 位)，器件地址可以随意设置，这里将其地址设置为 000，所以将 24C02C 的 A2、A1、A0 脚接地。EEPROM 24C02C 的 WP 脚为写保护，当其接地或悬空时允许写入，当其接 VCC 时只能读出。

为了观察 EEPROM 存储器中的内容，将其内容送 P0 口所连接的 LED 数码管进行显示。

另外，为了能够体会存储器的存储操作，通过单片机的两个外部中断连接两个按键，一个按键实现读取下一地址单元的操作，一个按键实现内容写入该单元的操作。当读取按键按下时，地址加 1 并从存储器中读取该地址单元的内容送 P0 口所连接的 LED 显示；当写入按键按下时，从 P1 口读取设定值，写入存储器的指定地址单元中，再从该地址中读取存储器内容送 P0 口显示。P1 口通过连接开关实现数据的置入操作，本项目仅显示 0~F 十六个数据，所以只通过 P1 口的低 4 位设定数据即可，电路如图 7-23 所示。

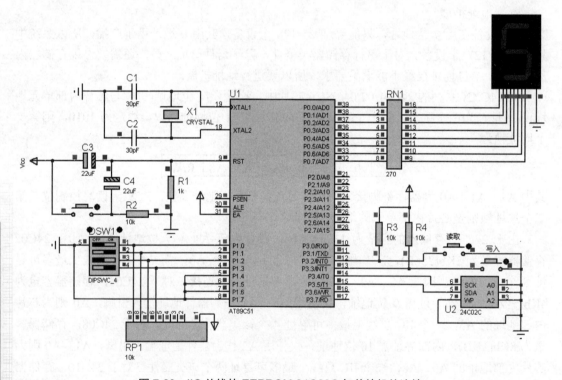

图 7-23　IIC 总线的 EEPROM 24C02C 与单片机的连接

操作方法：加电后显示 0 地址单元内容，此时可通过 P1 口置入数据，按"写入"键完成写入操作。如果不向该地址单元写入新的内容，可按"读取"键实现地址加 1，读取下一地址单元的内容。

3) 参考程序

根据硬件连接，程序实现如下：

```c
#include <reg51.h>
#include <intrins.h>
#define OP_READ 0xa1              //读命令字节
#define OP_WRITE 0xa0             //写命令字节
#define Delay {_nop_();_nop_();_nop_();_nop_();}
sbit SDA=P3^5;                    //串行数据信号
sbit SCL=P3^4;                    //串行时钟信号
unsigned char add;                //EEPROM存储器地址
//延时若干毫秒
void delaynms(unsigned char n)
{
    unsigned char i,j;
    for(i=n;i>0;i--)
        for(j=250;j>0;j--)
            ;
}
void start()                      //开始信号
{
    SDA=1;                        //SCL为高电平期间,SDA由高变低
    SCL=1;
    Delay;
    SDA=0;
    Delay;
    SCL=0;                        //SCL变低,开始发送数据
}
void stop()                       //停止信号
{
    SDA=0;                        //SCL为高电平期间,SDA由低变高
    SCL=1;
    Delay;
    SDA=1;
    Delay;
    SDA=0;
    SCL=0;
}
bit WriteCurrent(unsigned char y)  //向24C02C写入一个字节数据
{
    unsigned char i;
    bit ack_bit;
    for(i=8;i>0;i--)              //8位数据
    {
        y<<=1;                    //最高位左移到CY
        SDA=CY;                   //送到SDA数据线
```

```c
            _nop_();                        //延时
            SCL=1;                          //时钟信号置为高电平
            _nop_();                        //延时
            _nop_();
            SCL=0;                          //时钟信号置为低电平
        }
        SDA=1;                              //置为空闲状态
        _nop_();
        _nop_();
        SCL=1;
        Delay;                              //等待应答信号
        ack_bit=SDA;
        SCL=0;
        return ack_bit;                     //返回应答信号
    }
    //向24C02C指定地址写入一个字节数据
    void WriteSet(unsigned char addr,unsigned char dat)
    {
        start();                            //开始信号
        WriteCurrent(OP_WRITE);             //发送写命令字节
        WriteCurrent(addr);                 //发送存储器地址字节
        WriteCurrent(dat);                  //发送数据字节
        stop();                             //停止信号
        delaynms(4);                        //延时
    }
    //从24C02C读取一个字节数据
    unsigned char ReadData()
    {
        unsigned char i;
        unsigned char x;
        for(i=8;i>0;i--)                    //读取8位数据
        {
            SCL=1;                          //时钟信号置为高电平
            x<<=1;
            x|=(unsigned char)SDA;          //读取数据
            SCL=0;                          //时钟信号置为低电平
        }
        return x;
    }
    //从24C02C中当前地址读取数据
    unsigned char ReadCurrent()
    {
        unsigned char x;
        start();                            //开始信号
        WriteCurrent(OP_READ);              //发送读命令
        x=ReadData();                       //读取一个字节数据
```

```c
        stop();                         //停止信号
        return x;
}
//从24C02C指定地址读取数据
unsigned char ReadSet(unsigned char addr)
{
        start();                        //开始信号
        WriteCurrent(OP_WRITE);         //发送写命令
        WriteCurrent(addr);             //发送存储器地址
        return ReadCurrent();           //读取数据
}
unsigned char code disp[]={0x3f,0x06,0x5b,0x4f,0x66,0x6d,0x7d,0x07,0x7f,
                   0x6f,0x77,0x7c,0x39,0x5e,0x79,0x71};    //十六进制显示码
void main()
{
        SDA=1;                          //IIC总线置为空闲状态
        SCL=1;
        IT0=1;                          //外部中断0设置为边沿触发
        IT1=1;                          //外部中断1设置为边沿触发
        EX0=1;                          //允许外部中断0
        EX1=1;                          //允许外部中断1
        PX1=1;                          //外部中断1置为高优先级
        EA=1;                           //开总中断
        add=0;                          //从0地址开始
        P0=disp[ReadSet(add)];          //读取存储器地址add单元内容并送P0口显示
        while(1)                        //循环等待中断发生
            ;
}
void Int0() interrupt 0                 //显示下一地址内容
{
        unsigned char x;
        add=(add+1)%10;                 //地址加1(本题目只限0~9单元)
        x=ReadSet(add);                 //读取存储器地址addr单元内容
        P0=disp[x];                     //显示内容
}
void Int1() interrupt 2                 //写入指定内容
{
        unsigned char x;
        P1=0xff;                        //P1口读入前先写1
        WriteSet(add,P1);               //P1口设定内容写入存储器地址add单元
        x=ReadSet(add);                 //读取存储器地址add单元内容
        P0=disp[x];                     //显示内容
}
```

7.3 A/D 转换器及接口技术

7.3.1 项目四：采用并行 A/D 实现的数据采集系统

1．项目目标

模拟信号采集系统的实现：利用 A/D(Analog to Digital)转换器，实现对模拟电压 0～5V 的采集并通过数码管显示。

2．项目分析

1) 问题描述

根据项目要求，需要考虑以下问题。
- 怎样将模拟信号转换为数字信号？理解 A/D 转换器的基本工作原理。
- 怎样选用合适的 A/D 转换器？
- 怎样将 A/D 转换器连接到单片机？

2) 解决办法

为了保证采样的精度，必须保证 A/D 转换器有足够的分辨率；为了实现对 0～5V 模拟信号的采样，还应选择模拟量输入范围在 0～5V 的 A/D 转换器。若 A/D 转换器的输入电压范围较小，需要对输入电压信号进行衰减，使得 5V 输入信号衰减为 A/D 转换器的最大输入电压；若 A/D 转换器的输入电压范围较大，需对输入电压信号进行放大，使得 5V 输入信号放大为 A/D 转换器的最大输入电压。

A/D 转换器的种类很多，接口形式主要有并行接口和串行接口两种。对于并行接口的 A/D，可选用工作时序和 Intel 总线兼容的 A/D 转换器，否则编程人员须用软件定制工作时序，会降低工作速度；对于串行接口的 A/D 转换器，只需用单片机的普通 I/O 接口来模拟串行 A/D 转换器的工作时序即可。

3) 知识准备
- 单片机总线操作的原理及编程。
- A/D 转换器的基本工作原理。

3．项目必备知识

1) A/D 转换器简介

在将单片机作为核心单元的实时测控或智能仪器仪表等应用系统中，经常需要检测一些连续变化的物理量，如温度、压力、流量等。但这些物理量都是模拟量，只有通过 A/D 转换器把它们变成数字量，单片机才能进行分析处理。

(1) A/D 转换器的分类。

① 按工作原理不同，A/D 转换器主要有积分型、逐次逼近型和 Σ-Δ 调制型等。其中逐次逼近型 A/D 转换器转换速度较高，转换精度适中，价格较低廉，且种类最多，是现今应用最为广泛的 A/D 转换器。

② 按接口形式不同，A/D 转换器可分为两大类：并行接口 A/D 转换器和串行接口 A/D 转换器。并行接口 A/D 转换器的引脚多，体积大，占用单片机的口线多，但工作速度快；串行接口 A/D 转换器的引脚少，体积小，占用单片机的口线少，但工作速度慢。表 7-1 列出了一些常用的 A/D 转换器。

表 7-1 常用 A/D 转换器特性

A/D 型号	分辨率	转换类型	接口类型	引脚数
ADC0809	8	逐次逼近	并行	28
TLC549	8	逐次逼近	串行	8
TLC2543	12	逐次逼近	串行	20
MAX1240/1	12	逐次逼近	串行	8
ICL7135	$4\frac{1}{2}$	双积分	并行	28
AD7714	24	$\Sigma\text{-}\Delta$	串行	24

(2) A/D 转换器的主要技术参数。

在针对项目选择 A/D 芯片或者设计 A/D 转换器接口电路时，都会涉及 A/D 转换器的技术参数。因此，了解 A/D 转换器的主要技术参数对使用者来说是非常必要的。

① 分辨率(Resolution)。分辨率表示输出数字量变化一个码值所对应的模拟量的改变量。分辨率与输入电压的满刻度值和模数转换器的位数有关，可表示为满刻度电压与 2^n 的比值，其中 n 为 A/D 转换器的位数。例如，对于 8 位 A/D 转换器，当电压的满刻度为 5V 时，其最小可分辨的电压为 $5V/2^8=19.53mV$，即分辨率为 19.53mV。可见，A/D 转换器的转换位数越大，其分辨率越高。

② 量化误差(Quantizing Error)。量化误差是指有限分辨率输出特性曲线与理想输出曲线的最大偏差，一般量化误差为±1/4～±1LSB。

③ 偏移误差(Offset Error)。偏移误差指当输入信号为零时，输出信号对零的偏移值，又称作零值误差。

④ 满刻度误差(Full Scale Error)。满刻度误差又称为增益误差，指满刻度数值对应的实际输入电压与理想输入电压之差。

⑤ 线性度(Linearity)。线性度是指 A/D 转换器实际转换特性与理想直线的最大误差。

⑥ 转换速率(Conversion Rate)。转换速率是指在单位时间内完成的 A/D 转换次数，其倒数为转换时间。

2) 8 位并行 A/D 转换器 ADC0809

ADC0809 是 8 位逐次逼近式 A/D 转换器，采用 CMOS 工艺制造，其芯片内部不仅集成了 8 位 A/D 转换器，还集成了 8 路多路转换器，可分时进行 8 路模拟信号的采集。ADC0809 采用单一+5V 供电，当参考电压为+5V 时，模拟量输入电压范围为 0～5V。其外部引脚和内部结构如图 7-24 所示。

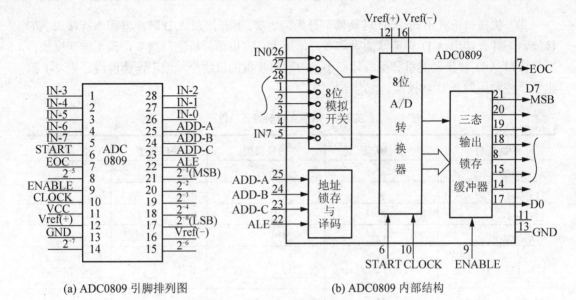

图 7-24　ADC0809 外部引脚及内部结构

(1) ADC0809 的引脚功能。

- IN0～IN7：8 路模拟信号输入端。
- $D0(2^{-8})$～$D7(2^{-1})$：8 位 A/D 转换结果输出端。
- START：启动 A/D 转换的启动信号，上升沿复位 A/D，下降沿启动 A/D。
- EOC：A/D 转换结束信号。启动 A/D 转换时变为低电平，转换结束后变为高电平。
- ENABLE：数据输出允许控制端。当其由低变高时，转换结果送到输出端 D0～D7，供单片机读取转换结果。
- CLOCK：转换时钟信号。最高允许值为 1280kHz，建议用 500kHz 左右。
- Vref(+)、Vref(−)：A/D 转换的参考电压输入端。为了保证采样精度，建议采用电压基准单独供电。
- ADD-A、ADD-B 和 ADD-C：8 路模拟开关的三位地址选择线，通过给予不同取值可分别选择 IN-0～IN-7 作为模拟信号的输入。
- ALE：地址锁存信号。当信号由低变高时，把三位地址信号送入地址锁存器，并经地址译码器译码选通对应的模拟通道。

(2) ADC0809 的工作原理。

当 ALE 信号为高电平时，模拟开关的地址信号(ADD-A、ADD-B 和 ADD-C)存入地址锁存器，并选通对应的模拟通道(IN0～IN7)。ALE 信号电平变低，通道地址被锁存。在 A/D 启动信号 START 上加一个正脉冲，就启动了 A/D 转换，经过 64 个时钟脉冲转换完成。转换过程中，EOC 一直为低，当转换结束时 EOC 变为高。因此，可通过查询 EOC 的电平状态或用 EOC 触发单片机的外部中断，得知转换结束与否。A/D 转换结束后，给 ENABLE 施加高电平，转换结果就出现在 A/D 输出端。因此，对于 51 单片机，当采用 Intel 总线方式时很容易完成对 ADC0809 的控制。ADC0809 的时序图如图 7-25 所示。

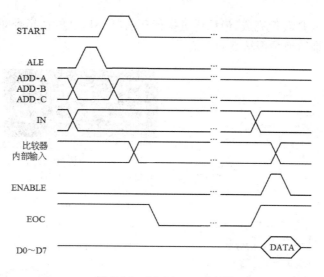

图 7-25 ADC0809 时序图

4．项目实施

1) 设计方案

利用 ADC0809 作为 A/D 转换器，将模拟量转换为数字量，再将转换结果送 LED 数码管显示。

2) 硬件电路

ADC0809 与 51 单片机的连接可采用查询方式，也可采用中断方式。对于一些不需严格考虑 A/D 转换完成时间的场合，还可以采用软件延时的方式。

在设计 ADC0809 和 51 单片机接口电路的时候，首先应考虑 A/D 转换器的工作时序与单片机工作时序的配合问题，这决定着电路的连接方式和软件的操作方式。当单片机的地址总线作为外部设备的片选线且较富裕时，常采用 P2 口的一根线作为片选线，如用 P2.7 作为片选线。由于本系统只有一个外部设备即 A/D 转换器，为了节省地址锁存器，A/D 转换器的通道选择用 P2.0～P2.2 作为地址信号。为了直观地显示数据采集结果，采用 4 个数码管进行显示，并且用 P2.3～P2.6 作为数码管动态显示的位选线。另外，还需给 ADC0809 提供一个 500kHz 的外部时钟信号，由于单片机采用的是 AT89C51，该类单片机的程序存储器集成在单片机内部，不会定期产生 ALE 信号，ALE 不能用作信号源，所以需要单独提供一个恒定频率的信号源。本系统采用 Proteus 的信号发生器(Generator Mode)中的 DCLOCK，频率设定为 1MHz，并用 D 触发器对其进行二分频，以便让大家体会分频器的制作方法，电路如图 7-26 所示。

当执行向端口 05FFH 的一条写指令时就选通模拟信号通道 5，因为此时单片机的 P2.7 口和 $\overline{WR}$ 为低电平，经或非门后使得 ADC0809 的 ALE 和 START 信号均为高电平，由 P2.2～P2.0 的内容(101)选通对应的模拟输入通道 5；当 $\overline{WR}$ 由高变低时，锁存模拟输入通道的地址并启动 A/D 转换，且 EOC 变低。待 A/D 转换结束后，EOC 由低变高，标志着 A/D 转换结束。图 7-26 将 EOC 通过一个反向器与单片机的 P3.2 脚相连。启动 A/D 转换后，单片机可通过外部中断 0 或查询 P3.2 电平状态的方式来确定 A/D 转换是否结束，当然也可采用软件延时的方式等待 A/D 转换完成。最后通过执行从端口 05FFH 的读指令即可获取转换结果。本项目采用的是查询转换是否结束的方式。

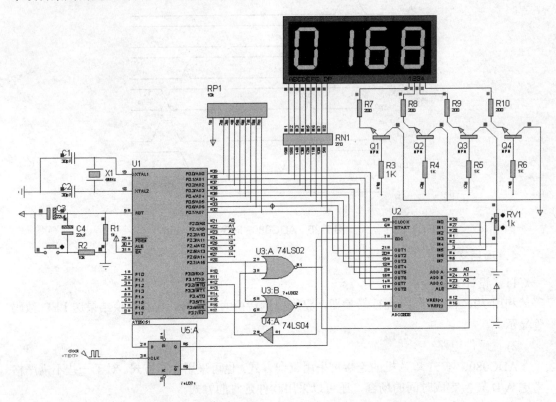

图 7-26　ADC0808(ADC0809)与 51 单片机的连接电路

3) 参考程序

```c
#include <reg51.h>
#include <absacc.h>
unsigned char code display[10]={0xc0,0xf9,0xa4,0xb0,0x99,0x92,0x82,0xf8,0x80,0x90};
unsigned char i=0;
sbit x1=P2^3;              //第一个数码管位选线
sbit x2=P2^4;              //第二个数码管位选线
sbit x3=P2^5;              //第三个数码管位选线
sbit x4=P2^6;              //第四个数码管位选线
sbit EOC=P3^2;             //转换结束信号
void delay(unsigned char b) //延时 bms,主频为 6MHz
{
    unsigned char a;
    for(;b>0;b--)
        for(a=250;a>0;a--)
            ;
}
void adchange()
```

```
{
        i=XBYTE[0x05ff];            //读取结果,RD
        XBYTE[0x05ff]=0;            //启动 0809 转换,选择通道 5,START 和 ALE 有效
}
void main()
{
        P2=P2&0x87;                 //0X87=10000111B,关显示
        XBYTE[0x05ff]=0;            //启动 0809 转换,选择通道 5,START 和 ALE 有效
        while(1)
        {
            if(!EOC)                //查询转换是否结束
                adchange();         //转换结束读取结果并启动下次转换
            x1=1;                   //最高位数码管公共端通电
            P0=display[i/1000];     //结果千位显示
            delay(10);              //延时,视觉暂留以便看清楚
            x1=0;                   //关闭显示
            x2=1;                   //百位数显示
            P0=display[i/100%10];
            delay(10);
            x2=0;
            x3=1;                   //十位数显示
            P0=display[i/10%10];
            delay(10);
            x3=0;
            x4=1;                   //个位数显示
            P0=display[i%10];
            delay(10);
            x4=0;
        }
}
```

7.3.2 项目五：采用串行 A/D 实现数据采集系统

1. 项目目标

利用串行 A/D 转换器，实现对模拟电压 0~5V 的采集并通过数码管显示。

2. 项目分析

1) 问题描述

根据项目要求，需要考虑以下问题。
- 理解串行 A/D 转换器的基本工作原理。
- 怎样将串行 A/D 转换器连接到单片机？

2) 解决办法

为了节省单片机的 I/O 资源，现在市面上出现了大量具有串行接口的 A/D 转换器，一

般采用三线或四线制 SPI 串行总线或 IIC(I^2C)串行总线接口方式。

对于串行 A/D 转换器，只需将串行 A/D 转换器的串行接口连接到单片机的普通 I/O 接口线上，然后用软件来模拟串行 A/D 转换器的工作时序，即可实现单片机对串行 A/D 转换器的操作。

3) 知识准备

常用串行总线的种类及其编程。

3．项目必备知识

TLC2543 是 12 位 A/D 转换器，使用开关电容逐次逼近技术，完成 A/D 转换过程。TLC2543 具有 14 路模拟通道，外部留给用户使用的模拟输入通道为 11 路，转换时间最快为 10μs，单一+5V 电源供电，供电电流仅需 1mA(典型值)。其控制通过三线串行总线来完成，简化了与微处理器的接口。TLC2543 的引脚图和逻辑框图如图 7-27 和图 7-28 所示。

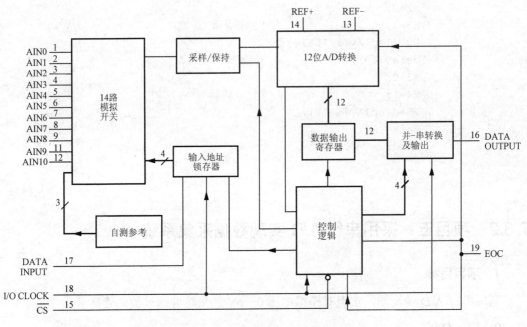

图 7-27　TLC2543 的引脚图

图 7-28　TLC2543 的逻辑框图

1) TLC2543 的引脚功能
- AIN0～AIN10：11 路模拟信号输入端。
- $\overline{CS}$：片选输入信号，低电平有效。低电平时，内部计数器复位，开始工作。
- DATA INPUT：串行数据输入端。
- DATA OUTPUT：串行数据输出端。
- I/O CLOCK：输入/输出时钟端。I/O CLOCK 接收串行输入信号并完成 4 个功能。

一是在 I/O CLOCK 的前 8 个上升沿，将 8 位输入数据存入输入数据寄存器。二是在 I/O CLOCK 的第 4 个下降沿，被选通的模拟输入电压开始向电容器充电，直到 I/O CLOCK 的最后一个下降沿为止。三是将前一次转换数据的其余 11 位输出到 DATA OUT 端，在 I/O CLOCK 的下降沿时数据开始变化。四是在 I/O CLOCK 的最后一个下降沿，将转换的控制信号传送到内部状态控制位。

- REF+、REF-：基准电压输入端。
- EOC：A/D 转换结束信号。启动 A/D 转换时变为低电压，转换结束后变为高电平。

2) TLC2543 的工作原理

(1) 内部控制寄存器。

TLC2543 的内部控制寄存器有 8 位，其功能定义如表 7-2 所示。

表 7-2　内部控制寄存器格式

位	地址位				L1	L0	LSBF	BIP
	D7	D6	D5	D4	D3	D2	D1	D0
功能	输入通道选择				输出数据宽度		输出数据格式	单/双极性

- D7~D4：11 个模拟量输入地址和掉电模式选择地址。当 D7~D4 为 0000 时，选择 AIN0 通道……1010 选择外部 AIN10 通道；当 D7~D4 为 1011~1101 时，选择三路内部测试电压；当 D7~D4 为 1110 时，芯片进入掉电模式。
- D3~D2：输出数据宽度选择位。D3D2=01 时，TLC2543 作为 8 位 A/D 转换器使用；D3D2=X0 时，作为 12 位 A/D 转换器使用；D3D2=11 时，作为 16 位 A/D 转换器使用。
- D1：输出数据格式选择位。当 D1 为 0 时，转换结果的高位在前；当 D1 为 1 时，转换结果的低位在前。
- D0：输出数据编码方式选择位。当被测电压为双极性信号(D0=1，在信号调理电路前的信号)时，采用双极性补码输出格式，将省去对 A/D 结果的符号转换，简化程序设计。D0 为 0 时为单极性。

设采集第 6 通道，输出数据为 12 位，高位先送出，输出数据的格式为二进制，则 TLC2543 的控制字为 0110 0000，用十六进制表示即为 60H。

(2) 采样过程。

$\overline{CS}$ 的电平由高变低时开始转换。转换过程包括两个周期：I/O 周期(存取周期和采样周期)和转换周期。I/O 周期完成对内部控制寄存器的设置，同时在 DATA OUTPUT 端串行输出上次 A/D 转换的结果，转换周期内完成 A/D 转换。在转换开始时，EOC 输出变低，当转换完成时，EOC 变为高。当在新的 I/O 周期对 A/D 转换器进行新的设置时，即可同时回读上一时刻的 A/D 采样结果。因此，当前对 A/D 的读写操作得到的采样结果是上次启动 A/D 所采样的结果。TLC2543 的一种工作时序如图 7-29 所示。

4．项目实施

1) 设计方案

将 TLC2543 作为 A/D 转换器，由单片机对其实施转换控制，读取转换结果，再将转换结果通过 LED 数码管进行显示。

2) 硬件电路

TLC2543 能与多种单片机相连，图 7-30 给出了和 AT89C51 相连的一种电路，其中 AT89C51 的 P1.0 与 TLC2543 的 I/O CLOCK 端相连，AT89C51 的 P1.1 与 TLC2543 的 DATA INPUT 端相连，AT89C51 的 P1.2 与 TLC2543 的 DATA OUTPUT 端相连，AT89C51 的 P1.3 与 TLC2543 的 $\overline{CS}$ 端相连，TLC2543 的 EOC 连接到 AT89C51 的 P1.4 引脚上。

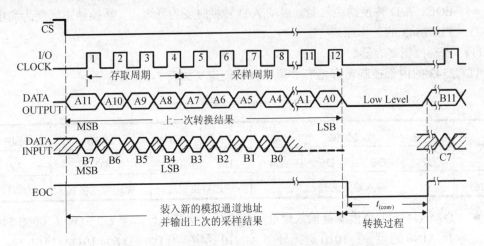

图 7-29　TLC2543 采用 12 时钟周期传送时序图(使用 $\overline{CS}$，MSB 在前)

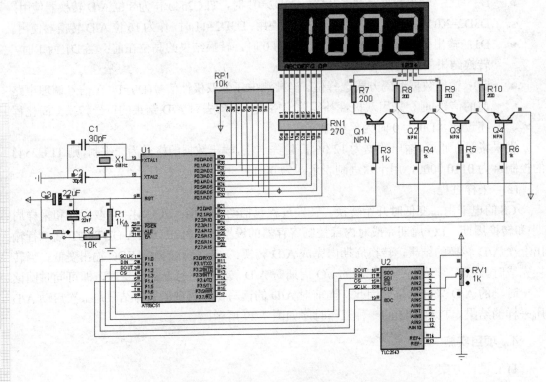

图 7-30　串行 A/D 转换器 TLC2543 实现的数据采集系统

3) 参考程序

```c
#include <reg51.h>
#include <intrins.h>
unsigned char code display[10]={0xc0,0xf9,0xa4,0xb0,0x99,0x92,0x82,0xf8,0x80,0x90};
sbit x1=P2^0;                        //数码管位选线
sbit x2=P2^1;
sbit x3=P2^2;
sbit x4=P2^3;
sbit DOUT=P1^2;                      //TLC2543 的数据输出
sbit DIN=P1^1;                       //TLC2543 的数据输入
sbit CS=P1^3;                        //TLC2543 的片选
sbit SCLK=P1^0;                      //TLC2543 的时钟输入
sbit EOC=P1^4;                       //TLC2543 的转换结束信号
unsigned char bdata CtrWord;         //TLC2543 的控制字
unsigned char bdata temp;            //数据暂存
sbit CtrWordBit=CtrWord^7;           //控制字最高位
sbit LowBit=temp^0;                  //暂存单元最低位
void delay(unsigned char b)          //延时 bms,主频为 6MHz
{
    unsigned char a;
    for(;b>0;b--)
        for(a=250;a>0;a--)
            ;
}
void wait()                          //等待
{
    unsigned char n;
    for(n=3;n>0;n--)
        _nop_();
}
unsigned int advalue(unsigned char inch)   //转换函数
{
    unsigned int t;
    unsigned char i;
    while(!EOC)                      //等待转换结束
        ;
    inch=inch<<4;                    //通道号左移到高 4 位
    CtrWord=0x00;                    //12 位数据输出,高位在前,单极性
    CtrWord|=inch;                   //通道号为控制字的高 4 位
    SCLK=0;
    CS=0;
    for(i=8;i>0;i--)                 //送控制命令,同时读转换结果
    {
        SCLK=0;
        wait();
        DIN=CtrWordBit;              //送控制命令
```

```c
            CtrWord=CtrWord<<1;
            SCLK=1;
            wait();
            LowBit=DOUT;                //读高8位数据
            temp=temp<<1;
        }
        t=(unsigned int)temp;           //暂存高8位数据
        temp=0;
        for(i=4;i>0;i--)                //读低4位数据
        {
            SCLK=0;
            wait();
            SCLK=1;
            wait();
            LowBit=DOUT;
            temp=temp<<1;
        }
        SCLK=0;
        CS=1;
        t=t*16+temp;                    //结果
        return t;
    }
    void main()
    {
        unsigned int i;
        i=advalue(3);                   //启动一次转换并读取但不显示
        while(1)                        //循环采集
        {
            i=advalue(3);               //启动转换并读取结果
            x1=1;
            P0=display[i/1000];         //显示转换结果
            delay(10);
            x1=0;
            x2=1;
            P0=display[i/100%10];
            delay(10);
            x2=0;
            x3=1;
            P0=display[i/10%10];
            delay(10);
            x3=0;
            x4=1;
            P0=display[i%10];
            delay(10);
            x4=0;
        }
    }
```

7.4 D/A 转换器及接口技术

7.4.1 项目六：采用并行 D/A 实现的模拟信号输出系统

1．项目目标

模拟信号输出系统的实现：根据 P1 口的 8 路开关的状态，利用 D/A(Digital to Analog) 转换器，实现模拟电压-2.5～+2.5V 的输出。

2．项目分析

1) 问题描述

根据项目要求，需要考虑以下问题。
- 理解 D/A 转换器的基本工作原理。
- 怎样选用合适的 D/A 转换器？
- 怎样将 D/A 转换器连接到单片机？

2) 解决办法

为了保证输出的精度，必须保证 D/A 转换器有足够的分辨率。另外还应考虑 0～-5V 模拟量的输出，若 D/A 输出的信号不满足要求，还需进行信号变换处理。

D/A 转换器的种类很多，接口形式主要有并行接口和串行接口两种。对于并行接口的 D/A 转换器，可选用工作时序和 Intel 总线兼容的 D/A 转换器；对于串行接口的 D/A 转换器，只需用单片机的普通 I/O 口来模拟串行 D/A 转换器的工作时序即可。

3) 知识准备
- D/A 转换器的基本工作原理。
- 单片机总线操作的原理及编程。

3．项目必备知识

1) D/A 转换器简介

在单片机应用系统中，经常需要把单片机处理的数字信号转换成模拟信号以便输出给模拟控制对象，此时可用 D/A 转换器将数字信号转换成模拟信号，从而实现单片机对模拟系统的控制。

(1) D/A 转换器的分类。

目前常用的 D/A 转换器从接口上可分为两大类：并行接口 D/A 转换器和串行接口 D/A 转换器。并行接口 D/A 转换器的引脚多，体积大，占用单片机的口线多，但工作速度快；串行接口 D/A 转换器的引脚少，体积小，占用单片机的口线少，但工作速度慢。表 7-3 列出了一些常用的 D/A 转换器。

(2) D/A 转换器的主要技术参数。

① 分辨率(Resolution)。分辨率是指 D/A 转换器能输出的最小模拟增量。D/A 转换器的分辨率主要取决于输入数字量的位数，定义为输出满刻度电压与 2^n 的比值，其中 n 为

DAC 的位数。对于 5V 的满量程，采用 8 位的 DAC 时，分辨率为 5V/256=19.5mV；当采用 10 位的 DAC 时，分辨率则为 5V/1024=4.88mV。显然，位数越多，分辨率就越高。输出的模拟增量越小，说明分辨率越高。

表 7-3 常用 D/A 转换器特性

D/A 型号	分 辨 率	输出形式	接口类型	引 脚 数
DAC0832	8	电流输出	并行	28
DAC1210	12	电流输出	并行	24
DAC7541	12	电流输出	并行	18
TLC5615	10	电压输出	SPI	8
DAC7574	12	电压输出	IIC	10

② 转换精度(Conversion Accuracy)。D/A 转换器的实际输出模拟量与理想输出模拟量的差值和理想输出模拟量之比为 D/A 转换器的转换精度。

③ 偏移误差(Offset Error)。偏移误差指输入数字量为零时，输出模拟量对零的偏移值。这种误差通常可以通过 D/A 的外接 Vref 和电位计加以调整。

④ 线性度(Linearity)。线性度指 D/A 转换器的实际转换特性曲线和理想直线之间的最大偏移差。通常线性度不应超出 ±1LSB。

⑤ 建立时间(Setting Time)。建立时间指 D/A 转换器输入数字代码满度值变化时，输出模拟量达到满度值所需的时间。该数值的大小反映 D/A 转换器的工作速度，其数值越小越好。

2) 8 位并行 D/A 转换器 DAC0832

DAC0832 是采用 CMOS 工艺制造的 8 位单片 D/A 转换器，使用方便，兼容 51 单片机总线，匹配性能好，其外部引脚和内部结构如图 7-31 所示。

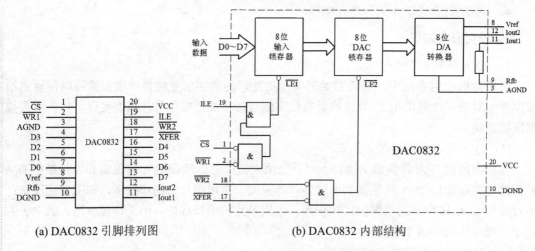

(a) DAC0832 引脚排列图　　(b) DAC0832 内部结构

图 7-31　DAC0832 的外部引脚及内部结构

(1) DAC0832 的引脚功能。
- $\overline{CS}$：片选输入信号端，低电平有效。
- $\overline{WR1}$：写控制信号 1 端，低电平有效。
- $\overline{WR2}$：写控制信号 2 端，低电平有效。
- $\overline{XFER}$：传送控制信号端，低电平有效。
- ILE：输入锁存允许控制信号端，高电平有效。
- Rfb：反馈电阻引线端。
- Vref：参考电源电压(-10～+10V)输入端。
- D0～D7：数字输入端。
- VCC：工作电源电压端。
- Iout1：输出电流 1 端。
- Iout2：输出电流 2 端。

(2) DAC0832 的工作原理。

DAC0832 主要由两个 8 位锁存器和一个 8 位 D/A 转换器组成，两个锁存器使得数据输入可采用双缓冲形式、单缓冲形式或直接输入形式。当 $\overline{LE1}=1$ 时，输入锁存器的输出随输入变化；当 $\overline{LE1}=0$ 时，数据锁存在锁存器中，不再随数据总线上数据的变化而变化。当 ILE 为高，且 $\overline{CS}$ 和 $\overline{WR1}$ 同时为低时，锁存器的输出随输入的变化而变化；当 $\overline{WR1}$ 变高时，8 位输入锁存器将输入数据锁存。当 $\overline{XFER}$ 和 $\overline{WR2}$ 同时为低时，$\overline{LE2}=1$，8 位 DAC 锁存器的输出随输入的变化而变化。当 $\overline{WR2}$ 上升沿到来时，将输入锁存器的信息锁存在 DAC 锁存器中。

若要将 8 位数字量转换为模拟量，只要使 DAC 锁存器处于常通状态($\overline{LE2}=0$、$\overline{WR2}=0$)，在 $\overline{CS}$ 和 $\overline{WR1}$ 端产生一次负脉冲，即可完成一次 D/A 转换；或者将 $\overline{CS}$ 和 $\overline{WR1}$ 接地，在 $\overline{XFER}$ 和 $\overline{WR2}$ 端产生一次负脉冲，也可完成一次 D/A 转换。若多路 D/A 同步工作，且要求同时输出模拟量以达到控制，则采用双缓冲方式。

(3) DAC0832 的输出电路。

DAC0832 的输出量是电流，而实际应用中常常需要的是模拟电压。因此，对于 DAC0832 这种电流型输出的 D/A 芯片，还需要有将电流转换为电压的 I/V 电路。DAC0832 的输出电路可接成单极性和双极性两种，如图 7-32 和图 7-33 所示。DAC0832 单极性与双极性输出与输入数据和参考电压 V_{ref} 的对应关系如表 7-4 所示。

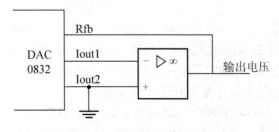

图 7-32　DAC0832 的单极性输出电路

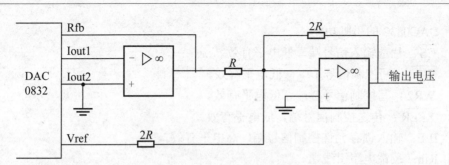

图 7-33　DAC0832 的双极性输出电路

表 7-4　DAC0832 输入数据与参考电压的对应关系

输入数码 MSB，LSB	单极性输出	双极性输出
1111,1111	$-\dfrac{255}{256}V_{\text{ref}}$	$\dfrac{127}{128}V_{\text{ref}}$
1000,0000	$-\dfrac{128}{256}V_{\text{ref}}$	0
0000,0001	$-\dfrac{1}{256}V_{\text{ref}}$	$-\dfrac{127}{128}V_{\text{ref}}$
0000,0000	0	$-\dfrac{128}{128}V_{\text{ref}}$

4．项目实施

1) 设计方案

将并行 D/A 转换器 DAC0832 按照三总线方式与单片机相连，以便于实现单片机控制 DAC0832。

由于 DAC0832 的输出为电流信号，利用运算放大器将实现电流信号到电压信号的转换。根据 P1 口设置的数字量进行转换，并将转换后的电压信号驱动发光二极管。

2) 硬件电路

在 DAC0832 内部，输入锁存器由 ILE、$\overline{\text{CS}}$ 和 $\overline{\text{WR1}}$ 控制，而 DAC 锁存器由 $\overline{\text{XFER}}$ 和 $\overline{\text{WR2}}$ 控制。因此对这 5 个引脚进行不同的控制，就可以实现直通方式、单缓冲方式和双缓冲方式三种工作方式。

在实际应用中，若只有一路模拟量输出或多路模拟量不需要同一时刻输出，一般采用单缓冲方式，可将 $\overline{\text{XFER}}$ 和 $\overline{\text{WR2}}$ 接低电平，使得 DAC 锁存器常通，输入信号在控制信号 $\overline{\text{CS}}$ 和 $\overline{\text{WR1}}$ 的控制下送入输入锁存器，经 DAC 锁存器直接进入 D/A 转换器进行转换。片选 $\overline{\text{CS}}$ 与 P2.7 口相连，对应的输入锁存器的地址为 0x7FFF。

由于本项目只有一个 DAC0832，所以采用 DAC 锁存器常通的单缓冲方式。

本项目要求输出为 -2.5～+2.5V，DAC0832 的 I/V 变换电路采用双极性输出电路，电路如图 7-34 所示。通过调整连接在单片机 P1 口上的开关改变数字量，控制 DAC0832 的电流输出，从而控制连接在 I/V 变换电路上的输出电压。通过发光二极管的亮灭进行观察，也可以利用模拟仪器里的电压表进行测量。

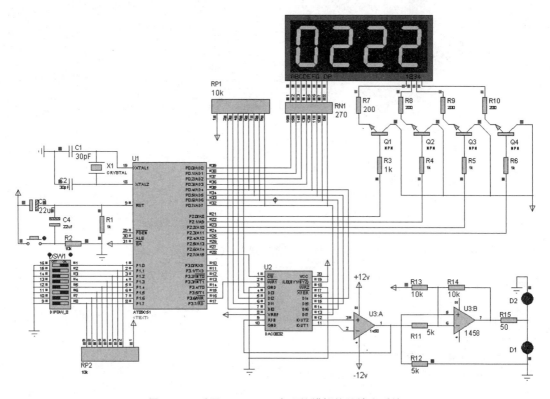

图 7-34　采用 DAC0832 实现的模拟信号输出系统

3) 参考程序

```c
#include <reg51.h>
#include <absacc.h>
unsigned char code table[10]={0xc0,0xf9,0xa4,0xb0,0x99,0x92,0x82,0xf8,0x80,0x90};
    sbit x1=P2^0;                    //数码管位选线
    sbit x2=P2^1;
    sbit x3=P2^2;
    sbit x4=P2^3;
    void delay(unsigned char b)      //延时 bms,主频为 6MHz
    {
        unsigned char a;
        for(;b>0;b--)
            for(a=250;a>0;a--)
                ;
    }
    void display(unsigned int n)     //数码管动态显示
    {
        x1=1;
        P0=table[n/1000];
```

```
        delay(10);
        x1=0;
        x2=1;
        P0=table[n/100%10];
        delay(10);
        x2=0;
        x3=1;
        P0=table[n/10%10];
        delay(10);
        x3=0;
        x4=1;
        P0=table[n%10];
        delay(10);
        x4=0;
}
void DacTran(unsigned char d)      //输出到DAC0832实现D/A转换
{
        XBYTE[0x7fff]=d;
}
void main()
{
        unsigned char i=0;
        while(1)
        {
            P1=0XFF;                //准双向口读入前先写1
            i=P1;                   //读取开关对应的设置值
            display(i);             //数码管显示设置值
            DacTran(i);             //将设置值送DAC0832实现D/A转换
        }
}
```

7.4.2 项目七：采用串行D/A实现的模拟信号输出系统

1. 项目目标

根据P1口的8路开关的状态，利用串行D/A转换器，实现模拟电压0～5V的输出。

2. 项目分析

1) 问题描述

根据项目要求，需要考虑以下问题。
- 理解串行D/A转换器的基本工作原理。
- 怎样将串行D/A转换器连接到单片机？

2) 解决办法

为了节省单片机的I/O资源，现在市面上出现了大量具有串行接口的D/A转换器，一般也采用三线或四线制 SPI 串行总线或 IIC 串行总线接口方式。

对于串行 A/D 转换器，只需将串行 D/A 转换器的串行接口连接到单片机的普通 I/O 口线上，然后用软件来模拟串行 D/A 转换器的工作时序，即可实现单片机对串行 D/A 转换器的操作。

3) 知识准备

常用串行总线的种类及编程。

3．项目必备知识

随着半导体技术的不断发展和进步，为了节省 CPU 的硬件资源，目前一些新型的 D/A 转换器都采用了串行总线协议，如 TI 公司的 TLC5615、MAXIM 公司的 MAX515。TLC5615 是电压输出的 10 位 D/A 转换器，其最大输出电压为基准电压值的两倍，采用单一+5V 电压供电。该芯片的数字控制通过四线串行总线来完成。另外带有上电复位功能，上电时把 DAC 寄存器复位为 00 0000 0000。其引脚图如图 7-35 所示。

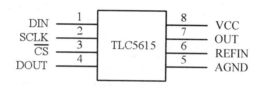

图 7-35　TLC5615 的引脚排列图

1) TLC5615 的引脚功能
- DIN：串行数据输入。
- SCLK：串行时钟输入。
- $\overline{CS}$：片选信号，低电平有效。
- DOUT：串行数据输出。
- AGND：模拟地。
- REFIN：基准电压输入。
- OUT：D/A 模拟电压输出。
- VCC：电源电压。

2) TLC5615 的工作原理

TLC5615 的时序图如图 7-36 所示。当片选 $\overline{CS}$ 有效时，输入时钟 SCLK 上升沿把由 DIN 输入的数据移入内部的 16 位移位寄存器，高位在前，低位在后。片选 $\overline{CS}$ 的上升沿把数据传送到 DAC 寄存器。

TLC5615 的使用有两种方式：级联方式和非级联方式。如果不使用级联方式，则 DIN 需输入 12 位数据，高位在前，低位在后，最后两个扩展位写入 0。当使用级联方式时，则来自 DOUT 的数据需要 16 个输入时钟下降沿，因此输入的数据也应为 16 位，即前 4 位为高虚拟位，中间 10 位为 D/A 转换数据，最后两个扩展位为 0。

表 7-5 给出了 TLC5615 数据量与输出模拟量的对应关系。

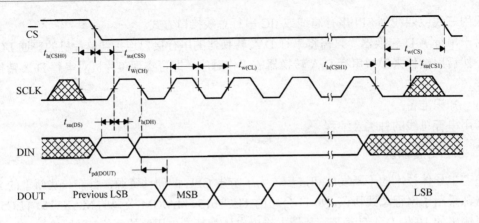

图 7-36　TLC5615 的工作时序图

表 7-5　TLC5615 的 D/A 转换关系

输入数码 MSB，LSB	单极性输出
11 1111 1111	$2 \times \dfrac{1023}{1024} V_{\text{ref}}$
10 0000 0000	$2 \times \dfrac{512}{1024} V_{\text{ref}}$
0000 0001	$2 \times \dfrac{1}{1024} V_{\text{ref}}$
0000 0000	0

4．项目实施

1）设计方案

将 TLC5615 连接到单片机的任意三根口线，读取 P1 口的设置值送 TLC5615 进行数模转换，由其转换电压直接驱动发光二极管。

2）硬件电路

TLC5615 在不使用级联方式时，连接到单片机仅需要用到三根 I/O 口线，电路如图 7-37 所示。在电路中，分别用 AT89C51 单片机的 P2.4、P2.5 和 P2.6 控制 TLC5615 的片选 $\overline{\text{CS}}$、串行时钟输入 SCLK 和串行数据输入 DIN。通过连接到 P1 口上的开关，置入需要转换的数字量，由于 TLC5615 需要 10 位数据，故而将开关量左移两位，相当于乘以 4。转换输出的电压驱动发光二极管进行指示。

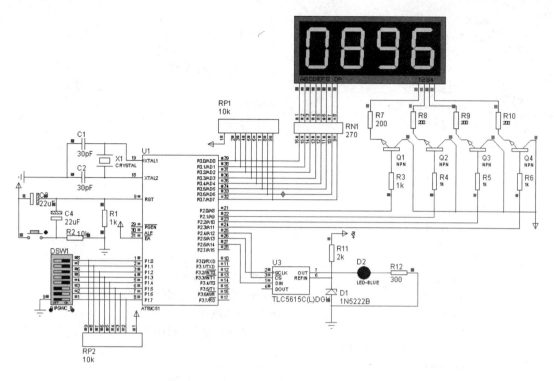

图 7-37　TLC5615 与 AT89C51 的连接电路

3) 参考程序

```
#include <reg51.h>
unsigned char code display[10]={0xc0,0xf9,0xa4,0xb0,0x99,0x92,0x82,0xf8,0x80,0x90};
    sbit x1=P2^0;                      //数码管位选线
    sbit x2=P2^1;
    sbit x3=P2^2;
    sbit x4=P2^3;
    sbit CS=P2^4;                      //TLC5615 片选
    sbit SCLK=P2^5;                    //TLC5615 时钟脉冲
    sbit DIN=P2^6;                     //TLC5615 串行数据输入
    void delay(unsigned char b)        //延时 bms,主频为 6MHz
    {
        unsigned char a;
        for(;b>0;b--)
            for(a=250;a>0;a--)
                ;
    }
    void dac_5615(unsigned int dat)    //将数据 dat 转换为模拟量
    {
        unsigned char loop;
        dat=dat<<6;                    //整型数的高 6 位舍弃
        CS=0;
```

```c
        SCLK=0;
        for(loop=12;loop>0;loop--)              //输出12位数据
        {
            DIN=(bit)(dat&0x8000);              //高位送串行数据输入端
            SCLK=1;
            dat<<=1;                            //左移一位
            SCLK=0;
        }
        CS=1;
}
void main()
{
    unsigned int i;
    while(1)
    {
        P1=0xff;                        //准双向口读取前先写1
        i=P1<<2;                        //开关数字量左移两位,相当于乘以4
        dac_5615(i);                    //送DAC进行D/A转换
        x1=1;                           //开关设置值送数码管动态显示
        P0=display[i/1000];
        delay(10);
        x1=0;
        x2=1;
        P0=display[i/100%10];
        delay(10);
        x2=0;
        x3=1;
        P0=display[i/10%10];
        delay(10);
        x3=0;
        x4=1;
        P0=display[i%10];
        delay(10);
        x4=0;
    }
}
```

小　　结

本单元通过引入多个有关单片机接口内容的项目,介绍了简单I/O口扩展、可编程接口扩展、串行存储器扩展以及并行和串行 A/D、D/A 转换器扩展的软硬件实现等内容,让读者理解和掌握有关知识的应用。

强 化 练 习

1. 完成简单 I/O 扩展项目和可编程 I/O 扩展项目。
2. 完成串行 EEPROM 扩展项目。
3. 完成并行 A/D 和串行 A/D 实现的数据采集系统项目。
4. 完成并行 D/A 和串行 D/A 实现的模拟信号输出项目。

习 题

1. 用 51 单片机实现 16 路开关输入、32 路开关量输出功能，试给出硬件电路并说明使用方法。
2. 试分析静态和动态显示电路的优缺点。
3. 试完成用 ADC0809 进行 A/D 采集并用三个八段 LED 显示转换结果的软硬件。
4. 用 DAC0832 实现 0~5V 电压输出，硬件电路应如何实现？

单元 8

单片机综合应用实例

教学目标

本单元以四路智力抢答器和智能交通信号灯的开发为实例,详细分析单片机应用系统的开发方法和过程,使读者进一步熟悉和掌握单片机应用系统的开发流程和方法。

8.1　项目一：简易四路智力抢答器

8.1.1　项目导入

抢答器是比赛中常用的设备，能准确、公正、直观地判断出抢答者的编号，有效地增强各个团体的竞争意识，让选手们体验如临大敌战场般的压力感。

本项目的抢答器能同时供四路参赛选手使用，分别用四个按键"选手一""选手二""选手三""选手四"表示四路参赛选手的抢答按键。主持人控制一个"开始抢答/清除"按键。计时和抢答选手号均由一块显示屏显示。

抢答器要具有锁存与显示功能，即当参赛选手按动抢答按键时，锁存相应的选手编号，并在 LED 数码管上显示。要求能够判断选手抢答是否违规，若违规，则在闪烁显示选手编号的同时使扬声器发出报警提示声。参赛选手抢答实行优先锁存，先抢到的选手编号一直保持到主持人将系统清除为止。

抢答器具有定时抢答功能。当系统进入准备好状态，显示器显示"rd"代表准备好，第一次启动"开始抢答/清除"按键后，定时器进行倒计时并显示时间。参赛选手在规定的时间内进行抢答，抢答有效，否则超时抢答无效。

如果规定时间已到，无人抢答，本次抢答无效，系统报警并禁止抢答，抢答器上闪烁显示 00，并发生报警提示声。

当主持人未启动"开始抢答/清除"按键时，若参赛选手抢先按下抢答按键，系统可通过显示器和扬声器报警，并闪烁显示出违规按键编号。

8.1.2　项目分析

1．关键点

根据项目要求，此系统的实施有以下几个技术关键点。
(1) 准确判断出优先按下的抢答按键位置(选手编号)，并能锁存。
(2) 具有抢答时限显示和提示的功能。
(3) 具有违规抢答提示功能。

2．解决思路

(1) 为了实时判断优先按下的抢答按键位置，可利用单片机的外部中断来实现，但外部中断仅有两个，分别为 $\overline{INT0}$ 和 $\overline{INT1}$，无法实现四路按键读入，因此可将四路抢答按键(低电平有效)通过与门组合之后连接到单片机的 $\overline{INT0}$ 上，然后将四路抢答按键连接到单片机的其他 I/O 引脚上以便于单片机读入。

当系统程序进入外部中断服务程序后，可通过查询方式确定优先按下的抢答按键位置。为了保证系统具有优先抢答锁存功能，在保证降低硬件成本的前提下可采用软件锁存方式来实现。

(2) 为了实现抢答时限的实时显示和抢答时限到的提示功能，可利用单片机的内部定时器产生 1s 定时。系统每隔 1s，对秒单元进行加 1 操作，并判断是否到达抢答时限，根据实时判断结果决定系统的运行情况。

(3) 为了实现违规抢答提示功能，在不增加系统硬件的前提下，可利用单片机的软件来实现。具体方法为：程序上电后进入状态"0"，表示系统处于准备好状态，在按下"开始抢答/清除"按键时转入状态为"1"，表示系统处于抢答状态。若系统进入外部中断服务程序，则根据当时所处状态就可判断出此时选手是正常抢答还是违规抢答。

通过上述分析，可规划出系统的总体原理框图，如图 8-1 所示。

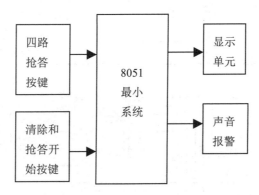

图 8-1 四路抢答器的原理框图

3．知识准备

- 单片机 I/O 接口及 LED 数码管显示接口。
- 单片机的外部中断。
- 单片机的定时器。

8.1.3 项目实施

1．系统硬件实现

在完成软、硬件功能的划分之后，就可以进行硬件电路的设计了。硬件电路的设计建立在确定了单片机型号的基础之上，只有合理选择了单片机的型号，才可以确定系统所需要的外设器件和其他器件。由于本系统只用到了单片机的 I/O 接口、外部中断和定时器资源，因此完全可以选择常用的单片机，如 AT89C51/52、STC89C52 等。下面以 AT89C51 作为四路抢答器的核心器件进行系统硬件设计。

本系统需要用到四个抢答按键、一个总控按键、两个八段 LED 和一个蜂鸣器，由此可得到如表 8-1 所示的 I/O 资源分配。

1）按键电路

为了用抢答按键去触发单片机的外部中断，将按键设计为低电平有效，电路如图 8-2 所示。当四个抢答按键中有一个按键按下时，四输入与门 74LS21 的输出就立刻变为低，从而触发单片机的外部中断 $\overline{INT0}$。当外部中断 $\overline{INT0}$ 被响应后，单片机通过查询 P1.0～P1.3

口的状态就可确定是几号按键按下。另外，"开始抢答/清除"按键也设计为低电平有效，直接和单片机的 P1.4 口相连，由单片机直接进行判断。

表 8-1　四路抢答器 I/O 资源分配表

序　号	I/O 接口	功　能
1	P1.3～P1.0	四路抢答按键
2	P1.4	"开始抢答/清除"按键
3	P2	八段 LED 的段选码线
4	P1.5、P1.6	两位八段 LED 的位选线
5	P1.7	蜂鸣器驱动口
6	P3.2(/INT0)	四路抢答按键中断请求

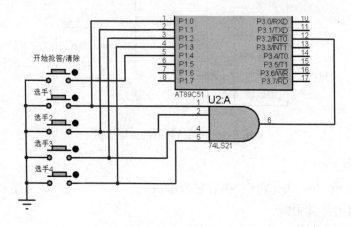

图 8-2　按键电路

2) 显示电路

为了实现参赛组号和秒计时的显示等功能，系统使用两位八段共阳极 LED 数码管，采用动态扫描的显示方式。P2 口为八段 LED 数码管的段驱动口，P1.5 和 P1.6 为八段 LED 数码管的位驱动口。为了减小单片机芯片的输出电流，增强单片机的带载能力，利用单片机的 P1.5 和 P1.6 脚驱动三极管的基级，由三极管提供驱动电流，电路如图 8-3 所示。

3) 声音报警电路

为了实现声音报警，可用单片机的 I/O 接口驱动蜂鸣器来实现，如图 8-4 所示。当单片机的 P1.7 口输出低电平时，蜂鸣器得电发出报警或提示声；当 P1.7 口输出高电平时，蜂鸣器失电，停止工作。

2．系统软件实现

软件的设计要做到程序结构清晰、算法正确、易于验证、便于移植以及便于升级和修改。比较流行的是自顶向下、逐级细化的结构化程序设计方法。

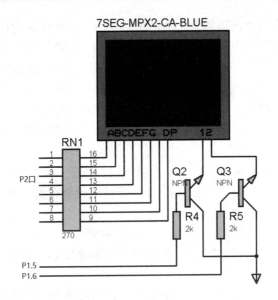

图 8-3 动态显示电路

1) 软件总体规划

结合四路抢答器的硬件电路和项目要求,软件可分为以下几大模块。

(1) 显示模块。

根据显示缓冲区的数值进行显示。由于硬件显示电路采用了动态显示方式,所以程序必须以大于 25Hz 的频率循环扫描。为了不干扰其他部分程序的运行,此部分程序应安排在主程序中运行。

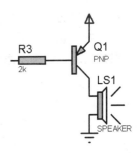

图 8-4 声音报警电路

(2) 定时器 0 中断服务程序。

在系统准备好的状态下(状态"0"),"开始抢答/清除"按键按下后,启动定时器 0,并设定定时时间为 50ms,同时转为状态"1",表示进入允许抢答状态。在状态"1"下,每隔 50ms,系统就对计次单元进行加 1 操作,当计次单元为 20 时,表示 1s 时间到。此时对秒计数单元进行加 1 操作并对计次单元清零。若 60s 仍没有选手按下抢答按键,说明系统仍在状态"1"下运行,则系统停止定时器 0 计时,并将计时单元清零,系统运行状态变为"3",表示在此回合无选手抢答。通过上述分析可知,只有在状态为"1"时,系统才执行定时器 0 中断服务程序。

(3) 键盘处理模块。

利用外部中断 0 服务程序,完成对抢答按键的判断,并根据运行状态决定下一步的操作。若状态为"1",当有抢答按键按下时,停止定时器 0 计时,并将计时单元清零,系统状态变为"2",表示已有选手正常抢答,并将选手号保存。若在状态"0"下有抢答按键按下,系统运行状态变为"4",表示已有选手违规抢答,并将选手号保存到违规抢答单元。在其他状态下,抢答按键无效。因此,按键中断服务程序只在状态"0"和"1"下有效。

由于"开始抢答/清除"按键功能的实时性要求不高,因此可以在主程序中利用查询方式实现。它的按键处理功能描述如下：当系统上电后，系统默认为状态"0"，在状态"0"下按下"开始抢答/清除"按键，系统进入状态"1"；在状态"1"下，"开始抢答/清除"键无效。在状态"2""3""4"下，按下"开始抢答/清除"按键，系统均进入状态"0"，即准备好状态。

下面先用自然语言描述一下系统在五种状态之间的转换关系。

- 在"系统准备好"状态"0"下，若按下"开始抢答/清除"按键，则变为"开始抢答和计时"状态"1"。
- 在"系统准备好"状态"0"下，若按下抢答按键，则变为"违规抢答"状态"4"。
- 在"开始抢答并计时"状态"1"下，若按下抢答按键，则变为"正常抢答"状态"2"。
- 在"开始抢答并计时"状态"1"下，若计时到60s，则变为"此轮无效"状态"3"。
- 在"正常抢答"状态"2"下，若按下"开始抢答/清除"按键，则变为"系统准备好"状态"0"。
- 在"此轮无效"状态"3"下，若按下"开始抢答/清除"按键，则变为"系统准备好"状态"0"。
- 在"违规抢答"状态"4"下，若按下"开始抢答/清除"按键，则变为"系统准备好"状态"0"。

根据上述描述画出系统状态转换图，如图8-5所示。

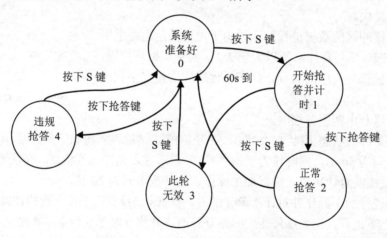

图8-5 四路抢答器的系统状态转换图

(4) 主程序模块。

主要完成系统初始化，以及一些实时性较低的程序。如"开始抢答/清除"按键处理，根据当前状态决定显示功能等。

2) 系统资源分配

系统的资源包括程序存储器、RAM、I/O接口、定时/计数器、中断源和串口等。其中I/O接口、定时/计数器、中断源和串口在进行硬件设计时已经确定，因此系统的资源分配在此主要就是分配内部RAM资源。由于Keil C语言能够给已定义的变量自动分配RAM地址，因此只需列出变量名和类型即可。

本项目全局变量的内部 RAM 分配表如表 8-2 所示。

表 8-2 四路抢答器全局变量说明

序 号	变量名	存储类型	数据类型	说 明
1	disp_buf[2]	data	unsigned char	显示缓冲区
2	status_flag	data	unsigned char	系统运行状态变量
3	time_unit	data	unsigned char	计时单元
4	right_number	data	unsigned char	正确抢答选手号
5	error_number	data	unsigned char	违规抢答选手号
6	count_1s	data	unsigned char	50ms 计次单元
7	key_num	data	unsigned char	键值
8	led_flag	—	bit	LED 亮灭标志
9	key_flag	—	bit	抢答键有效标志

资源分配定义程序如下:

```
#include <reg51.h>
#include <intrins.h>
sbit start=P1^4;              //开始和清除按键
sbit L1=P1^5;                 //高位数码管控制
sbit L2=P1^6;                 //低位数码管控制
sbit alert=P1^7;              //蜂鸣器控制
unsigned char code disp_code[]={0xc0,0xf9,0xa4,0xb0,0x99,0x92,0x82,0xf8,
0x80,0x90,0xbf};
//0~9 的共阳极数码管显示代码
unsigned char code logo[]={0x89,0x86,0xc7,0xc7,0xc0,0xff,0x86,0xe3,0x86,0xaf,0x91,0xc0,
0xab,0x86,0xbf,0xbf};         //hello everyone 的显示代码
unsigned char disp_buf[2],time_unit,sound;
unsigned char count_1s,key_num,right_number,error_number,status_flag;
bit key_flag,led_flag;        //key_flag 抢答键按下标志,led_flag 数码管闪烁标志
```

3) 系统软件设计

下面采用自顶向下、逐级细化的结构化程序设计方法进行本系统的软件设计。

(1) 软件工作的基本流程。

在四路抢答器设计中,初始化放在主程序中完成,显示部分及"开始抢答/清除"按键处理部分等实时性要求不强的任务放在主程序中完成,抢答按键判断利用外部中断 $\overline{INT0}$ 服务程序实现,定时器 0 实现秒计时采用中断方式实现,具体程序模块在进行程序设计时再进行细化分解。图 8-6(a)所示为主程序的流程图,图 8-6(b)、图 8-6(c)所示为外部中断 0 和定时器 0 的中断服务程序的流程图。

(2) 软件实现。

程序采用模块化程序设计思想进行编写。模块化程序设计的基本思想是将一个系统程序按功能分割成一些模块，使得每个模块都成为功能单一、结构清晰、程序接口简单、便于理解和修改的小程序。在采用 C 语言编程时，通常采用函数的形式实现。下面按照各个软件功能进行单元模块程序的编写，设单片机的工作频率为12MHz。

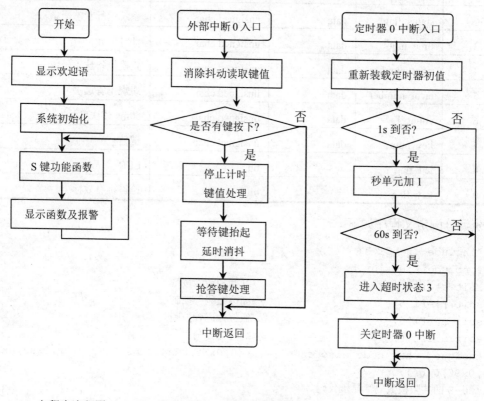

(a) 主程序流程图　　(b) 外部中断 0 服务程序流程图　　(c) 定时器 0 中断服务程序流程图

图 8-6　四路抢答器程序流程图

① 初始化函数。其代码如下：

```
void sys_init()              //系统初始化
{
    status_flag=0;           //准备好状态 0
    time_unit=0;             //计时单元清 0
    right_number=0;          //正常抢答组号
    error_number=0;          //错误抢答组号
    count_1s=20;             //1s 计数
    sound=0;                 //蜂鸣器频率初值
    led_flag=0;              //数码管亮灭标志
    key_flag=0;              //抢答键有效标志
    IT0=1;                   //外部中断 0 边沿触发
    EX0=1;                   //外部中断 0 允许
```

```
        TMOD=0x11;              //定时器0和1工作于方式1
        TH1=0XFD;                //设置报警声音频率
        TL1=sound;
        EA=1;                    //开放总中断
        alert=0;                 //声音驱动失效
    }
```

请考虑：为什么外部中断0采用边沿触发方式？

② 外部中断0服务程序。

为了保证四路抢答器实时获取抢答选手的抢答信息，四路抢答器的键值获取采用了中断方式。当其中一个按键按下时，立即触发外部中断。为了避免一次按键所产生的抖动引起多次中断，应在中断服务程序中加入软件消抖程序。

```
    void Int0_server()interrupt 0       //外部中断0服务程序
    {
        unsigned char key_temp;
        key_flag=0;              //清除按键有效标志
        P1|=0x0F;                //输入前先写1
        key_temp=P1&0x0F;        //读取按键
        delay_10ms();            //延时消除抖动
        P1|=0x0F;                //再次写1读取按键
        key_num=P1&0x0F;
        if(key_num==key_temp)    //两次读取按键值相同,说明有键按下
        {
            key_flag=1;          //置位按键有效标志
            TR0=0;               //停止计时
            ET0=0;               //禁止定时器0中断
            switch(key_temp)     //根据按键设置相应组号
            {
                case 0x0e:key_num=1;break;
                case 0x0d:key_num=2;break;
                case 0x0b:key_num=3;break;
                case 0x07:key_num=4;
            }
            do                   //等待键抬起
            {
                P1|=0x0f;
            }while(P1&0x0f!=0x0f);
            delay_10ms();        //延时消除上升沿抖动
            key_fun();           //抢答键处理
        }
    }
```

③ "开始抢答/清除"按键功能函数。

表8-3列出了系统运行状态及对应的状态号，"开始抢答/清除"按键函数的主要功能就是根据当前的状态决定下一步应转换到哪个新状态。

表 8-3 系统运行状态定义

状态号 status_flag	代表功能
0	系统准备好
1	开始抢答并计时
2	已有选手正常抢答
3	在此回合无选手抢答
4	已有选手违规抢答

按键函数的代码如下：

```c
void key_s()                                //"开始抢答/清除"按键功能
{
    start=1;                                //准双向口输入前先写1
    if(start==0)                            //按下"开始抢答/清除"按键
    {
        delay_10ms();                       //延时消抖
        start=1;
        if(start==0)                        //再次判断是否按下"开始抢答/清除"按键
        {
            do
            {
                start=1;
            }while(start==0);               //等待"开始抢答/清除"按键抬起
            switch(status_flag)             //根据上次状态决定本次转入状态
            {
                case 0:                     //状态 0 时转入状态 1
                    status_flag=1;          //进入抢答状态1,开始计时
                    count_1s=20;            //1 秒计数单元清零
                    time_unit=0;            //抢答时间单元清零
                    TH0=0x3c;               //100ms 计数初值
                    TL0=0xb0;
                    TR0=1;                  //启动定时器 0 定时
                    ET0=1;                  //允许定时器 0 中断
                    break;
                case 1:                     //在抢答状态下,"开始抢答/清除"按键无效
                    break;
                case 2:                     //状态 2、3、4 时转入状态 0
                case 3:
                case 4:
                    ET1=0;                  //停止定时器 1
                    TR1=0;
                    alert=0;                //声音驱动失效
                    status_flag=0;          //进入"系统准备好"状态
                }
```

```c
            delay_10ms();                       //延时消料
        }
    }
}
```

④ 抢答按键功能函数。其代码如下：

```c
void key_fun()                                  //抢答按键功能函数
{
    if((status_flag==0||status_flag==1)&&key_flag)  //状态0和状态1时才判断抢答键
    {
        if(status_flag==0)                      //状态0时按下抢答键,违规抢答
        {
            error_number=key_num;               //记录违规抢答组号
            status_flag=4;                      //转入状态4
            TH1=0XFD;                           //设置频率时间
            TL1=sound;
            TR1=1;                              //开启声音报警
            ET1=1;
        }
        else                                    //状态1时按下抢答键,正常抢答
        {
            right_number=key_num;               //记录正常抢答组号
            status_flag=2;                      //转入状态2
        }
    }
}
```

⑤ 显示模块函数。其代码如下：

```c
/*软件延时函数*/
void delay_10ms()                               //延时10ms
{
    unsigned char i,j;
    for(i=20;i>0;i--)
        for(j=80;j>0;j--)
            _nop_();
}
/*两位数码管显示函数：显示disp_buf数组中对应的段码*/
void disp_fun()                                 //数码管显示
{
    L1=0;                                       //熄灭两个数码管
    L2=0;
    P2=disp_buf[1];                             //高位显示
    L1=1;
    delay_10ms();                               //延时10ms
    L1=0;
    P2=disp_buf[0];                             //低位显示
```

```c
        L2=1;
        delay_10ms();
        L2=0;
    }
/*显示分解函数:将小于 100 的两位数 dat 分解为 disp_buf 数组中对应的段码*/
void disp_resolve(unsigned char dat)     //将要显示的数分解并显示
{
    disp_buf[0]=disp_code[dat%10];       //高位显示
    disp_buf[1]=disp_code[dat/10];       //低位显示
    disp_fun();                          //显示
}
```

⑥ 定时器 0 中断服务程序。

定时器 0 中断服务程序一方面完成 1s 定时,另一方面完成 60s 超时判断功能。其代码如下:

```c
void Timer0Int() interrupt 1          //定时器 0 中断服务程序
{
    TL0=0xb0;                         //50ms 定时初值
    TH0=0x3c;
    --count_1s;                       //计数减 1
    if(count_1s==0)                   //减到 0,则 1s 到
    {
        count_1s=20;                  //重新赋值 20
        time_unit++;                  //秒计数加 1
        if(time_unit==60)             //60s 到,关闭定时器 0,超时
        {
            TR0=0;                    //停止计时
            ET0=0;                    //禁止定时器 0 中断
            status_flag=3;            //进入超时状态 3
        }
    }
}
```

⑦ 定时器 1 中断服务程序。

定时器 1 中断服务程序完成声音报警功能,当选手抢答时开启定时器 1 中断,定时器 1 按照一定频率改变 P1.7 管脚状态,驱动三极管带动蜂鸣器报警。其代码如下:

```c
void T1_INT()interrupt 3              //定时器 1 中断服务程序
{
    TH1=0XFD;                         //设置频率
    TL1=sound;                        //声音频率可变化
    alert=~alert;                     //输出声音波形驱动蜂鸣器发声
}
```

⑨ 四路抢答器的主程序。

系统的主程序完成欢迎语显示以及系统初始化后,就进入系统工作区。在工作区首先

调用"开始抢答/清除"按键功能函数,若有按键按下,进行状态转换;接下来根据当前系统状态调用系统的显示及声音提示程序。程序代码如下:

```c
void main()
{
    unsigned char loop;
    disp_test();                        //显示欢迎语
    sys_init();                         //初始化系统
    while(1)
    {
        key_s();                        //是否按下"开始抢答/清除"按键
        switch(status_flag)             //根据当前工作状态进行对应操作
        {
            case 0:                     //系统准备好,显示"rd"
                disp_buf[0]=0xa1;
                disp_buf[1]=0xaf;
                disp_fun();
                break;
            case 1:                     //开始抢答,显示计时
                disp_resolve(time_unit);
                break;
            case 2:                     //显示选手组号
                disp_buf[1]=0xff;
                disp_buf[0]=disp_code[right_number];
                disp_fun();
                break;
            case 3:                     //超时,闪烁显示"00"
                if(led_flag)            //显示器灭标志无效
                {
                    disp_buf[0]=0xc0;
                    disp_buf[1]=0xc0;
                }
                else                    //显示器灭标志有效
                {
                    disp_buf[0]=0xff;
                    disp_buf[1]=0xff;
                }
                for(loop=20;loop>0;loop--)
                    disp_fun();
                led_flag=~led_flag;
                break;
            case 4:                     //闪烁显示违规选手组号
                if(led_flag)
                {
                    disp_buf[0]=disp_code[error_number];
                    disp_buf[1]=0xff;
```

```
            }
            else
            {
                disp_buf[0]=0xff;
                disp_buf[1]=0xff;
            }
            for(loop=20;loop>0;loop--)
                disp_fun();
            led_flag=~led_flag;            //数码管闪烁显示违规选手组号
            sound+=80;                     //声音报警音调变化
        }
    }
}
```

8.2 项目二：交通信号灯

8.2.1 项目导入

交通信号灯对于路面交通状况的控制起着至关重要的作用，设计合理的交通信号灯控制系统能够减少路口堵塞，缓解交通压力，从而使道路畅通。采用单片机实现的智能交通信号灯，在一定程度上能够解决路口堵塞、车辆等待时间不合理、紧急情况强制通行及强制转换路口通行等问题。

本项目介绍如何设计一个基于 51 单片机的智能交通信号灯系统，该系统能够实现交通控制的主要功能。交通信号灯的主要功能如下。

- 正常运行时显示交通信号，并倒计时显示各路口的剩余通行时间(绿灯)或等待时间(红灯)。
- 绿灯时路口在剩余 3s 倒计时时黄灯闪烁，提醒车辆采取合理措施。
- 夜晚时能够切换为无人值守状态，数码管不显示，各路口黄灯闪烁以提醒过往司机加以注意，减速通过。
- 能够在特殊情况下强制切换路口通行情况，即在通行与禁行之间切换。
- 能够在紧急情况下禁止所有路口通行，各路口信号灯熄灭，数码管显示"--"。
- 能够根据各方向统计的车流量情况调整路口通行时间。

8.2.2 项目分析

1. 关键点

根据项目要求，交通信号灯系统的实施有以下几个技术关键点。

- 倒计时的实现。
- 倒计时 3s 及无人值守时黄灯闪烁的实现。

- 根据各方向车流量统计调整通行时间的实现。
- 紧急状况发生时禁止通行与紧急情况撤销后恢复通行的实现。
- 按键消抖的实现。

2. 解决思路

(1) 为了实现正常运行与夜晚无人值守的切换、路口交通强制转换、紧急及紧急撤销等功能，设置三个按键。由于紧急情况的发生比较少，而单片机的外部中断只有两个，将正常运行与夜晚无人值守的切换、路口交通强制转换两个按键采用外部中断实现，紧急状况对应按键采用单片机的 P3.6 端口引入。

(2) 为了实现按键消抖，硬件上采用在按键两端并联 0.1μF 电容的方法实现。对于外部中断，将其设置为边沿触发，以保证对按键的有效判断。对于普通接口，配合软件延时消抖及等待键抬起，以保证每次按键按下只判断一次。

(3) 为了实现路口信号灯显示、倒计时显示，减少单片机输出电流，采用共阳极数码管以灌电流的方式连接到单片机的接口。

(4) 为了实现倒计时与黄灯闪烁，利用单片机内部的两个定时/计数器，一个用作倒计时，一个用作闪烁计时。

(5) 为了实现车流量统计，本系统采用两个按键进行模拟车流量输入。在实际系统中可在道路适当位置(路口远端)装设传感器，实现车流量统计。

通过上述分析，为了减少外围器件，降低硬件成本，单片机可选用 AT89C51，其引脚和指令代码完全兼容传统 51 单片机。由于片内集成 4KB 的 EEPROM，从而不用扩展外部程序存储器，简化系统设计。

3. 知识准备

- 单片机 I/O 接口及 LED 数码管显示接口。
- 单片机的外部中断。
- 单片机的定时计数器。
- 按键的硬件消抖及软件消抖。

8.2.3　项目实施

1. 系统硬件实现

对交通信号灯进行模块化任务分解，可将其分为信号灯及倒计时显示电路、按键电路和单片机最小系统等模块。

本系统需要用到五个独立按键、两个八段 LED 数码管、两个方向的六个信号灯，由此可得到如表 8-4 所示的 I/O 资源分配。

1) 按键电路

按键为独立按键，为了消除按键的抖动现象，设计时采用了按键两端并接 0.1μF 电容的方法实现硬件消抖，每个按键的电路实现如图 8-7 所示。

表 8-4　交通信号灯 I/O 资源分配表

序号	I/O 接口	功能
1	P1	倒计时十位数显示
2	P2	倒计时个位数显示
3	P0.0～P0.2	东西路口信号灯(绿、黄、红)
4	P0.3～P0.5	南北路口信号灯(绿、黄、红)
5	P3.2	正常/无人值守切换按键
6	P3.3	路口信号灯强制转换按键
7	P3.4	南北路口车流量信号输入
8	P3.5	东西路口车流量信号输入
9	P3.6	紧急/紧急撤销切换按键

2) 倒计时显示及信号灯指示电路

为了能够显示路口倒计时，采用两个共阳极 LED 八段数码管，串接 270Ω电阻用于限流。由于仅两位数码管显示倒计时，可采用静态显示方式，用单片机的 P1 和 P2 口进行控制。每位数码管的电路实现如图 8-8 所示。

两个方向的路口需要两组信号灯，每组有红、黄、绿信号灯三个，共计 6 个。利用单片机的 P0 口控制发光二极管实现信号指示，将发光二极管的阳极接电源，阴极接到 P0 口的管脚上，采用灌电流的方式进行驱动。

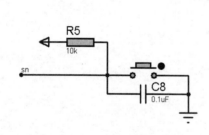

图 8-7　按键电路

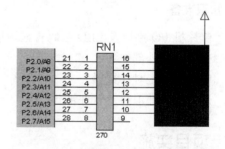

图 8-8　共阳极数码管驱动电路

交通信号灯系统的电路如图 1-1 所示。

2. 系统软件实现

1) 软件总体规划

结合交通信号灯的硬件电路和项目要求，合理划分软件模块是首先要考虑的问题。交通信号灯有正常运行和夜晚无人值守、路口信号灯强制转换、紧急和紧急撤销三种情况，其中正常运行和夜晚无人值守、路口信号灯强制转换通过外部中断引入按键信号即可完成对应操作。由于外部中断只有两个，且系统资源够用，所以紧急和紧急撤销操作通过 P3.6 管脚接入单片机。另外还要统计南北向和东西向的车流量情况，分别通过 P3.4 和 P3.5 管脚接入单片机。对于这三个信号的判断及相关操作，可以放在主函数中完成。在交通信号灯系统正常运行时，要进行倒计时显示，路口绿灯且倒计时 3s 时要实现黄色信号灯半秒闪烁；夜晚无人值守时，信号灯全面熄灭，只留各路口的黄色信号灯闪烁警示。为了实现通行(等待)倒计时和黄灯闪烁的半秒计时，需要使用单片机的两个定时/计数器分别完成。

(1) 正常/无人值守(外部中断 0)模块。

当按键按下发生中断时，完成交通信号灯正常运行与无人值守情况下的切换。在正常运行时，定时器 0 工作，进行倒计时计数，双向路口黄灯不闪烁，各路口显示信号灯及倒计时时间。在无人值守情况时，各方向仅黄灯闪烁，定时器 1 工作，完成半秒定时。

(2) 强制转换(外部中断 1)模块。

当按键按下发生中断时，完成双向路口的信号灯强制切换，并将倒计时设置为默认时间，根据转换情况显示信号灯及倒计时时间。

(3) 倒计时(定时器 0)模块。

完成倒计时及显示，倒计时 3s 时绿灯切换为黄灯并启动定时器 1 进行 0.5s 计时，倒计时 0s 且两个路口轮换一次后根据双向车流量计算下一轮各方向倒计时时间。

(4) 半秒计时(定时器 1)模块。

完成倒计时 3s 的黄灯闪烁及无人值守时的黄灯闪烁。如果是倒计时 3s 时的黄灯闪烁，在闪烁 6 次后停止定时器 1 工作；如果是无人值守时的黄灯闪烁，则不停止定时器 1 工作。

(5) 主函数模块。

完成各路口信号灯及倒计时初始化、外部中断初始化、定时器初始化、车流量统计、紧急/非紧急状况切换。

2) 系统资源分配

根据交通信号灯的设计要求，可初步规划出全局变量如表 8-5 所示。

表 8-5 交通信号灯控制系统全局变量说明

序 号	变 量 名	存储类型	数据类型	说　明
1	led[10]	code	unsigned char	共阳极数码管显示代码
2	allr	code	unsigned char	所有路口红灯亮信号
3	ewg_snr	code	unsigned char	东西路口亮绿灯、南北路口亮红灯信号
4	ewy	code	unsigned char	东西路口亮黄灯、南北路口亮红灯信号
5	sng_ewr	code	unsigned char	南北路口亮绿灯、东西路口亮红灯信号
6	sny	code	unsigned char	南北路口亮绿灯、东西路口亮红灯信号
7	time	data	unsigned char	倒计时时间
8	dup	data	unsigned char	1s 计次
9	timey	data	unsigned char	0.5s 计次
10	county	data	unsigned char	3s 计次
11	tsn、tew	data	unsigned char	tsn 南北路口、tew 东西路口通行时间
12	nsn、new	data	unsigned char	nsn 南北路口、new 东西路口车流量

续表

序号	变量名	存储类型	数据类型	说明
13	temp、temp1	data	unsigned char	暂存紧急状况时的信号灯及 TCON 状态
14	ewg	data	bit	东西路口绿灯亮标志
15	flash	data	bit	无人值守黄灯闪烁标志
16	normal_night	data	bit	正常/无人值守标志
17	emergency	data	bit	紧急状态标志
18	twice	data	bit	路口信号灯轮换标志

3) 系统软件设计

(1) 软件工作的基本流程。

在交通信号灯系统设计中，系统初始化、车流量统计、紧急与非紧急状况的切换等任务在主程序中完成；路口计时的倒计时显示，倒计时到 3s 时切换成黄灯亮并启动定时器 1 以便令其闪烁，倒计时到 0s 时且两个路口轮换一遍后根据车流量计算下一轮各路口通行时间，倒计时 0s 时切换路口信号灯等均利用定时器 0 中断服务程序实现；无人值守时的黄灯闪烁，倒计时 3s 时的黄灯闪烁利用定时器 1 中断服务程序实现；正常运行与无人值守的切换利用外部中断 0 实现；路口的强制转换利用外部中断 1 实现。图 8-9(a)给出了主程序的设计流程，图 8-9(b)给出了定时器 0 的中断服务程序的设计流程。

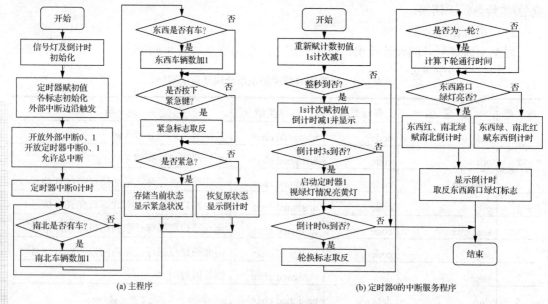

图 8-9 交通信号灯程序流程图

(2) 各功能模块程序。

下面按照各功能进行模块程序的编写，设单片机的工作频率为 12MHz。

① 变量、标志及口线定义。其代码如下：

```c
#include <reg51.h>
unsigned char code led[]={0xc0,0xf9,0xa4,0xb0,0x99,0x92,0x82,0xf8,
0x80,0x90}; //0~9 显示代码
    unsigned char code allr=0x2d;           //所有路口的黄灯亮
    unsigned char code ewg_snr=0x1e;        //东西路口绿灯、南北路口红灯
    unsigned char code ewy=0x1d;            //东西路口黄灯、南北路口红灯
    unsigned char code sng_ewr=0x33;        //南北路口绿灯、东西路口红灯
    unsigned char code sny=0x2b;            //南北路口黄灯、东西路口红灯
    unsigned char time=30,dup=20;           //time 倒计时时间、dup 一秒计数次数
    unsigned char timey=10,county=6;        //timey 半秒计数次数、county 三秒计数次数
    unsigned char tsn=30,tew=30;            //tsn 南北通行时间、tew 东西通行时间
    unsigned char nsn=0,new=0;              //nsn 南北向车流量、new 东西向车流量
    unsigned char temp,temp1;               //暂存紧急状况时的信号灯状态及定时器内容
    bit ewg=1;                              //东西路口绿灯亮标志
    bit flash=0;                            //无人值守黄灯闪烁标志
    bit normal_night;                       //正常/无人值守切换标志
    bit emergency;                          //紧急状态标志
    bit twice;                              //两个路口轮换一圈标志
    sbit S1=P3^2;                           //正常工作/无人值守状态切换按键
    sbit S2=P3^3;                           //紧急/非紧急工作状态切换按键
    sbit sn=P3^4;                           //南北路口的车流量信号输入
    sbit ew=P3^5;                           //东西路口的车流量信号输入
    sbit em=P3^6;                           //紧急/撤销紧急状态切换按键
    sbit P01=P0^1;                          //东西路口的黄灯
    sbit P04=P0^4;                          //南北路口的黄灯
```

② 初始化部分。

此函数模块程序主要完成系统对定时器 0、1 的工作方式的设定及初始值设置，信号灯的设定，各种标志的初始化，外部中断的触发方式设置，外部中断及定时器中断的允许，总中断的允许和定时器 0 启动。其代码如下：

```c
void init()
{
    P0=ewg_snr;                     //东西路口亮绿灯、南北路口亮红灯
    P1=led[time/10];                //LED 显示倒计数值
    P2=led[time%10];
    TMOD=0x11;                      //定时器 0 和 1 都工作在定时方式 1
    TL0=15536%256;                  //定时器 0 的 50ms 计数初值
    TH0=15536/256;
    TL1=15536%256;                  //定时器 1 的 50ms 计数初值
    TH1=15536/256;
    normal_night=0;                 //正常运行标志
    twice=0;                        //路口信号灯轮换标志
    emergency=0;                    //紧急标志
    IT0=1;                          //外部中断 0 边沿触发
```

```c
    IT1=1;                          //外部中断1边沿触发
    ET0=1;                          //允许定时器0中断
    ET1=1;                          //允许定时器1中断
    EX0=1;                          //允许外部中断0中断
    EX1=1;                          //允许外部中断1中断
    EA=1;                           //允许总中断
    TR0=1;                          //定时器0开始计数
}
```

③ 主函数模块。

在主函数中完成初始化、统计车流量和紧急与紧急撤销切换的工作。其代码如下：

```c
void main()
{
    init();                         //初始化
    while(1)
    {
        sn=1;                       //准双向口输入前先写1
        if(sn==0)                   //南北方向车流量统计
        {
            delay(10);              //延时消除下降沿抖动
            sn=1;                   //准双向口输入前先写1
            if(sn==0)               //确实有键按下，消除干扰
            {
                nsn++;              //南北向车辆数加1
                do
                {
                    sn=1;           //准双向口输入前先写1
                }while(sn==0);      //等待按键抬起
                delay(10);          //延时消除上升沿抖动
            }
        }
        ew=1;                       //准双向口输入前先写1
        if(ew==0)                   //南北方向车流量统计
        {
            delay(10);              //延时消除下降沿抖动
            ew=1;                   //准双向口输入前先写1
            if(ew==0)               //确实有键按下，消除干扰
            {
                new++;              //东西向车辆数加1
                do
                {
                    ew=1;           //准双向口输入前先写1
                }while(ew==0);      //等待按键抬起
                delay(10);          //延时消除上升沿抖动
            }
        }
```

```c
            em=1;                       //准双向口输入前先写1
            if(em==0)                   //东西方向车流量统计
            {
                delay(10);              //延时消除下降沿抖动
                em=1;                   //准双向口输入前先写1
                if(em==0)               //确实有键按下
                {
                    emergency=~emergency;  //紧急标志取反
                    if(emergency)       //紧急状况
                    {
                        temp=P0;        //保存信号灯状态
                        temp1=TCON;     //保存定时计数器状态
                        TR1=0;          //停止计时
                        TR0=0;
                        P1=0Xbf;        //数码管显示"--"
                        P2=0Xbf;
                        P0=0Xff;        //信号灯全部熄灭
                    }
                    else                //紧急状况撤销
                    {
                        TCON=temp1;     //恢复各定时/计数器原状态
                        P0=temp;        //恢复路口信号灯原状态
                        P1=led[time/10];  //显示倒计时
                        P2=led[time%10];
                    }
                    do
                    {
                        em=1;           //准双向口输入前先写1
                    }while(em==0);      //等待键抬起
                    delay(10);          //延时消除上升沿抖动
                }
            }
        }
    }
}
```

④ 定时器0中断服务函数模块。

信号灯倒计时要求时间大致准确，不应受到其他因素的干扰，所以利用单片机内部的定时器来完成计时功能，在主频为12MHz时计数50000个可达到计时50ms的目的。每当定时中断发生时，重新赋50ms计数值，并将计次减1，20次就是1s，此时将倒计时时间减1并显示。当倒计时到3s时，将绿灯路口的黄灯点亮，启动定时器1开始半秒计时，以便使黄灯闪烁。当倒计时到0s时，一则将轮换标志取反，如果路口已经轮换完一遍，则根据两个方向的车流量计算下一轮的通行时间；二则切换信号灯，并根据路口是否通行将对应的通行时间赋值给定时器0的倒计时计数器。该函数的代码如下：

```c
void Time0()interrupt 1
//定时器0中断函数(倒计时、3s切换黄灯及根据车流量计算下一轮倒计时时间)
```

```c
{
    TL0=15536%256;                  //重新送 50ms 计数初值
    TH0=15536/256;
    dup--;                          //20 次为 1s
    if(dup==0)                      //整秒到
    {
        dup=20;                     //重新送一秒次数
        time--;                     //倒计时减 1
        P1=led[time/10];            //显示倒计时
        P2=led[time%10];
        if(time==3)                 //倒计时 3s 时亮黄灯
        {
            TR1=1;                  //定时器 1 启动
            if(ewg)                 //根据绿灯情况亮黄灯
                P0=ewy;
            else
                P0=sny;
        }
        if(time==0)                 //倒计时 0s 到
        {
            twice=~twice;           //轮换标志取反
            if(twice==0)            //双向轮换完毕,根据车流量计算下轮各方向通行时间
            {
                tsn=30+(nsn-new)*2;
                tew=30+(new-nsn)*2;
                nsn=0;
                new=0;
            }
            if(ewg)                 //切换路口信号灯并为倒计时赋值
            {
                P0=sng_ewr;         //东西红灯,南北绿灯
                time=tsn;           //南北路口倒计时时间
            }
            else
            {
                P0=ewg_snr;         //东西绿灯,南北红灯
                time=tew;           //东西路口倒计时时间
            }
            P1=led[time/10];        //显示倒计时
            P2=led[time%10];
            ewg=~ewg;               //取反东西路口绿灯标志
        }
    }
}
```

⑤ 定时器 1 中断服务函数模块。

定时器 1 中断服务函数实现无人值守及倒计时 3s 时的黄灯闪烁。每当 50ms 计时时间

到发生中断,重新送 50ms 计时初值,半秒钟计次减 1。当计次为 0 时半秒到,如果是无人值守,则将两个路口的黄灯状态取反;否则就是倒计时 3s 的黄灯闪烁,根据路口绿灯情况将该路口的黄灯状态取反以实现闪烁,再将倒计时 3s 的计次减 1,如果 3s 的计次到 0,则将黄灯熄灭,并停止定时器 1。该函数的代码如下:

```c
void Time1() interrupt 3        //定时器1中断函数(黄灯闪烁)
{
    TL1=15537%256;              //重新送50ms计数初值
    TH1=15537/256;
    timey--;                    //次数减1
    if(timey==0)                //半秒到
    {
        timey=10;               //重新送半秒次数
        if(flash)               //如果是无人值守,则双向黄灯闪烁
        {
            P01=~P01;
            P04=~P04;
        }
        else                    //正常运行时的黄灯闪烁
        {
            if(ewg)             //如果是东西路口绿灯,则该路口黄灯闪烁
                P01=~P01;
            else                //否则南北路口的黄灯闪烁
                P04=~P04;
            county--;           //倒计时3s的次数减1
            if(county==0)       //3s到停止定时器1计时,黄灯灭
            {
                TR1=0;          //定时器1停止
                county=6;       //重新送3s次数
                P01=1;          //黄灯熄灭
                P04=1;
            }
        }
    }
}
```

⑥ 外部中断 0 中断服务函数(正常运行与无人值守切换)。

外部中断 0 实现正常运行与无人值守之间的切换。当正常/无人值守按键按下时,进入外部中断 0 中断服务程序,将 normal_night 标志取反。如果是无人值守,则停止定时器 0,启动定时器 1,将倒计时显示熄灭,并点亮各路口黄灯,置位闪烁标志 flash;否则为正常运行,启动定时器 0,停止定时器 1,清零闪烁标志 flash,让东西路口亮绿灯,南北路口亮红灯,显示倒计时时间。该函数的代码如下:

```c
void Int0() interrupt 0                 //外部中断0服务函数(正常运行与无人值守切换)
{
    normal_night=~normal_night;         //正常/无人值守标志取反
```

```c
    if(normal_night)                    //无人值守情况
    {
        TR0=0;                          //定时器0停止计时
        TR1=1;                          //定时器1开始计时
        P1=0xff;                        //倒计时数码管熄灭
        P2=0xff;
        P0=allr;                        //所有路口亮黄灯
        flash=1;                        //闪烁标志置位
    }
    else                                //正常情况
    {
        TR0=1;                          //定时器0开始计时
        TR1=0;                          //定时器1停止计时
        flash=0;                        //不闪烁
        time=30;                        //30s
        P0=ewg_snr;                     //东西路口绿灯，南北路口红灯
        P1=led[time/10];                //显示倒计时
        P2=led[time%10];
        ewg=1;                          //东西路口绿灯标志
    }
}
```

⑦ 外部中断1中断服务函数(实现路口信号灯强制转换)。

外部中断1实现信号灯强制转换。当强制转换按键按下时，根据原路口状态强制转换为另一个路口通行，显示倒计时，并取反路口绿灯标志ewg。该函数的代码如下：

```c
void Int1() interrupt 2                 //外部中断1服务函数(强制转换)
{
    time=30;                            //时间30s
    if(ewg)                             //如果东西路口绿灯
        P0=sng_ewr;                     //强制切换成南北绿、东西红灯
    else                                //否则即南北路口绿灯
        P0=ewg_snr;                     //强制切换成南北红、东西绿灯
    P1=led[time/10];                    //显示倒计时
    P2=led[time%10];
    ewg=~ewg;                           //改变东西路口绿灯标志
}
```

小　　结

本单元介绍了单片机应用系统的开发方法及步骤。关键部分是系统的总体设计，核心部分是系统的程序设计。

通过硬件各功能电路的设计分析，详细介绍了硬件电路设计的方法；通过软件各功能模块的设计分析，介绍了软件设计中的模块化设计思想，如读取按键时软件消抖方法的实现、各模块间状态的切换及中断函数与其他函数间的关系。

强 化 练 习

1. 完成简易四路智力抢答器项目。
2. 修改简易四路智力抢答器电路和程序，实现八路抢答器。
3. 完成交通信号灯项目。

习　　题

1. 简述单片机应用系统设计的基本原则和设计流程。
2. 为什么简易四路智力抢答器的选手抢答按键的中断触发采用下降沿触发方式？
3. 试画出普通接口(或非边沿触发的中断)读取按键的流程图。

单元 9

51 系列单片机汇编语言简介

教学目标

本单元主要介绍 51 系列单片机的寻址方式、指令系统、基本程序结构及汇编语言程序的编写方法,并给出了两个简单的应用实例。通过本单元的学习,读者应初步掌握 51 系列单片机汇编语言的指令,能够完成一些简单汇编程序的编写和调试。

【项目引导：显示0～9】

1．项目目标

基于汇编语言的静态 LED 显示系统的实现。利用 MCS-51 单片机的 I/O 端口驱动一个共阳极数码管，在数码管上循环显示 0～9 数字，时间间隔为 0.5s。

2．项目分析

采用 C51 开发单片机项目，最终需要将 C51 程序翻译成单片机目标代码才能运行。一般情况下，即使结合单片机指令的特殊要求，在用 C51 语言编写程序时考虑了优化，C51 程序生成的目标代码仍然不如汇编程序汇编后的目标代码效率高。对于某些要求执行效率高的情况，仍然需要采用汇编语言编写程序。

要实现用一个数码管循环显示数字 0～9 的功能，可把数码管的段选线连接到单片机的 I/O 接口上，再通过程序让单片机的 I/O 接口分时输出 0～9 对应的段码就可以了。

如何编写单片机的汇编程序呢？通过本章的学习，就可以用单片机的汇编语言让数码管按照要求进行显示。

3．项目必备知识

- 51 系列单片机的寻址方式。
- 51 系列单片机指令系统。
- 51 系列单片机汇编语言程序设计。

9.1　51 系列单片机指令系统

9.1.1　51 系列单片机指令分类

51 系列单片机指令系统共有 255 种操作码(代码 A5H 无对应指令)，对应 42 种助记符，实现 33 种功能，共有 111 条指令。这些指令可按不同方法进行分类。

- 按字节数分，可分为单字节指令(49 条)、双字节指令(46 条)和三字节指令(16 条)。
- 按指令的执行时间分，可分为单机器周期指令(64 条)、双机器周期指令(45 条)和四机器周期指令(2 条)。
- 按指令的功能分，可分为数据传送指令(28 条)、算术运算指令(24 条)、逻辑运算指令(25 条)、控制转移指令(17 条)和位操作指令(17 条)。

汇编语言指令由两部分组成，即操作码和操作数。在介绍指令系统前，先了解一些汇编语言指令中出现的符号的意义。

- Rn：当前选中的寄存器区中的 8 个工作寄存器 R0～R7(n=0～7)。
- Ri：当前选中的寄存器区中可作为间接寻址寄存器的两个寄存器 R0 和 R1(i=0,1)。
- direct：内部数据存储单元的 8 位地址。
- #data：指令中的 8 位常数。

- #data16：指令中的 16 位常数。
- #addr16：用于 LCALL 和 LJMP 指令中的 16 位目的地址。
- #addr11：用于 ACALL 和 AJMP 指令中的 11 位目的地址，目的地址必须与下条指令第一个字节处于同一个 2KB 程序存储器空间之中。
- rel：8 位带符号的偏移量，用于所有的条件转移和 SJMP 等指令，偏移量为相对于下一条指令的第一个字节开始的-128～+127 范围内。
- @：寄存器间接寻址或基址寄存器的前缀。
- /：位操作数的前缀，表示对该位操作数取反。
- DPTR：数据指针，可用作 16 位的地址寄存器。
- bit：内部 RAM 的位地址空间和特殊功能寄存器的直接寻址位。
- A：累加器 A。
- B：寄存器 B，用于乘法和除法指令。
- C：进位标志位，或布尔处理机的运算器。
- (x)：某地址单元 x 的内容。
- ((x))：由 x 寻址的单元的内容。
- →：箭头右边的内容被箭头左边的内容所取代。

9.1.2 汇编指令格式

汇编语言的语句格式如下：

[标号：] 操作码助记符 [第一操作数] [,第二操作数] [;注释]

即一条汇编语句是由标号、操作码、操作数和注释四个部分组成的。其中方括号括起来的表示可缺省，即可有可无，视需要而定。

1. 标号

标号是表示指令位置的符号地址，标号后跟 ":"。通常在子程序入口或转移指令的目标地址处才赋予标号。有了标号，程序中的其他语句才能访问该语句，从而实现程序转移。51 汇编语言有关标号的规定如下。

- 标号由 ASCII 码字符组成，但头一个字符必须是字母，其余字符可以是字母、数字或其他特定字符。
- 不能使用汇编语言已经定义的符号作为标号，如指令助记符、伪指令以及寄存器的符号名称等。
- 标号后边必须跟冒号。
- 一个标号在一个程序中只能定义一次，不能重复定义。
- 一条语句可以有标号，也可以没有标号，标号的有无取决于本程序中的其他语句是否要访问这条语句。

下面列举一些例子，以加深了解，如表 9-1 所示。

表 9-1 有关标号使用错误的一些示例

错误的标号	错误原因	正确的标号
2BT:	以数字开头	LOOP4:
BEGIN	无冒号	STABL:
TB+5T:	"+"不能在标号中出现	TABLE:
ADD:	ADD 为指令助记符	Q2:

2．操作码

操作码表示指令的操作功能。操作码用于规定本语句执行的操作，是汇编指令中唯一不能缺省的部分。

3．操作数

操作数用于指出指令的操作对象，可以是数据或地址。在一条指令中，可能没有操作数，可能只包括一项，也可能包括两项。操作数之间以逗号分隔，操作码与操作数之间以空格分隔。当操作数是立即数时，如果立即数是二进制数，则在最低位之后加"B"；如果立即数是十六进制数，则在最低位之后加"H"；如果立即数是十进制数，则数字后面不加任何标记。

操作数可以是本程序中已经定义过的标号或标号表达式，例如 MOON 是一个已经定义的标号，表达式 MOON+1 或 MOON-1 都可以作为地址来使用。操作数也可以是寄存器名。此外，操作数还可以是位符号或表示偏移量的操作数。相对转移指令中的操作数还可以使用一个特殊的符号"$"，它表示本指令地址就是转移到的地址。例如，"JNB TF0,$"表示当 TF0 位不为 0 时，就转移到该指令本身，以达到程序"原地踏步"等待的目的。

4．注释

注释不属于语句的功能部分，它只是对每条语句或一段程序的功能做注解，是为了方便阅读程序的一种手段。注释以";"开始，到本行结束。

5．分界符(分隔符)

分界符可以是空格、冒号、分号和逗号等。分界符的使用情况如下。
- 冒号(:)用于标号之后。
- 空格( )用于操作码和操作数之间。
- 逗号(,)用于操作数之间。
- 分号(;)用于注释之前。

9.1.3 寻址方式

寻址方式即找到操作数单元地址的方式，寻址的"地址"即为操作数所在单元的地址。绝大部分指令执行时都需要用到操作数，怎样得到操作数呢？就是告诉控制器操作数所在的地址，从那里可以取得相应的操作数，这便是"寻址"之意。

51 单片机有 7 种寻址方式，下面分别讨论其实现原理。

1．立即寻址

在立即寻址方式下，指令中直接给出操作数，操作数紧跟在操作码后面，称为立即数。立即数前需加"#"，立即数可以是 8 位二进制数或 16 位二进制数。例如：

```
MOV A,#0CH          ;将数据 0CH 送累加器 A
MOV DPTR,#2000H     ;将数据 2000H 送数据指针 DPTR
```

2．直接寻址

直接寻址方式下，指令中直接给出操作数的地址。可寻址的对象有：一是内部 RAM 的低 128 字节，二是特殊功能寄存器，直接寻址是其唯一的方式，可采用直接地址或其符号表示。例如：

```
MOV A,35H           ;将内部 RAM 中 35H 单元内容送累加器 A
MOV SBUF,A          ;将 A 内容送特殊功能寄存器 SBUF
```

3．寄存器寻址

寄存器寻址是以工作寄存器 R0～R7 的内容为操作数的寻址方式，即操作数在寄存器中。例如

```
MOV A,R3            ;将工作寄存器 R3 的内容送累加器 A
```

💡 **注意**：单片机有 4 个工作寄存器区，通过程序状态字 PSW 的 RS1 和 RS0 来选择。

4．寄存器间接寻址

寄存器间接寻址是以寄存器中的内容作为操作数的地址的寻址方式，即操作数的地址存放在寄存器中。寄存器名称之前加@表示间接寻址。能够用来间接寻址的寄存器有 R0、R1 和 DPTR，可以寻址内部 RAM 或外部数据存储器。例如：

```
MOV    A,@R1        ;将以 R1 内容为地址的内部 RAM 单元的内容送累加器 A
MOVX   @R0,A        ;将累加器 A 的内容送往以 R0 内容为地址的外部数据存储器
MOVX   A,@DPTR      ;将以 DPTR 内容为地址的外部数据存储器单元的内容送累加器 A
```

5．变址寻址

变址寻址是以 DPTR 或 PC 作为基址寄存器，以累加器 A 作为变址寄存器，将两寄存器的内容相加形成的 16 位地址作为操作数的地址。变址寻址只能访问程序存储器，由于程序存储器是只读存储器，所以变址寻址只有读操作而无写操作，或用于程序转移操作。累加器 A 的内容为无符号数。例如：

```
MOVC   A,@A+DPTR    ;(A)←((A)+(DPTR))
MOVC   A,@A+PC      ;(A)←((A)+(PC))
JMP    @A+DPTR      ;转移到以((A)+(DPTR))为地址的位置
```

6. 相对寻址

相对寻址方式是为了程序的相对转移而设计的,是把指令中给出的偏移量与当前 PC 的内容(取出该相对转移指令之后的 PC 值,即下一条指令的地址)为基址,相加得到新的 PC 值的寻址方式,从而实现程序的转移。偏移量是有符号数(补码),其取值范围是-128～+127。例如:

```
JC    80H       ;(PC)←(PC)+FF80H
```

如果该指令地址为 2000H,执行该指令时(PC)=2002H(该指令为 2 字节指令,取出该指令执行时 PC 已自动增量为 2002H),则新的 PC 值为 2002H+FF80H=1F82H,即程序转移到 1F82H 处执行。

7. 位寻址

在 51 系列单片机中,RAM 中的 20H～2FH 字节单元对应的位(地址为 00H～7FH),以及地址能被 8 整除的特殊功能寄存器中的位,均可进行位寻址。对这些位进行操作的寻址方式称为位寻址。位寻址是一种直接寻址方式,指令中直接给出位地址。例如:

```
SETB   C    ;(C)←1
CLR    TR0  ;(TR0)←0
```

9.1.4 数据传送指令

数据传送指令共有 29 条,是指令系统中使用最多的一类指令,主要用于数据的保存及交换,按操作方式分为数据传送、数据交换和栈操作。数据传送指令的一般操作是把源操作数传送(复制)到目的操作数,指令执行完成后,源操作数不变,目的操作数修改为源操作数。如果要求在进行数据传送时不丢失目的操作数,则应采用交换型的数据传送指令。数据传送指令不影响标志 CY、AC 和 OV,但对奇偶标志 P 有影响。

1. 以累加器 A 为目的操作数的指令(4 条)

这 4 条指令的作用是把源操作数送到累加器 A,包括立即、直接、寄存器和寄存器间接 4 种寻址方式。指令格式如下:

```
MOV A,#data      ;#data→(A),把立即数送累加器 A
MOV A,direct     ;(direct)→(A),把直接地址 direct 单元中的内容送累加器 A
MOV A,Rn         ;(Rn)→(A),把 Rn 中的内容送累加器 A
MOV A,@Ri        ;((Ri))→(A),把 Ri 中的内容作为地址的单元中的内容送累加器 A
```

2. 以寄存器 Rn 为目的操作数的指令(3 条)

这 3 条指令的功能是把源操作数送到所选定的工作寄存器 Rn 中,包括立即、直接和寄存器 3 种寻址方式。指令格式如下:

```
MOV Rn,#data     ;#data→(Rn),把立即数送到寄存器 Rn
MOV Rn,direct    ;(direct)→(Rn),把直接地址 direct 单元中的内容送寄存器 Rn
```

```
MOV Rn,A           ;(A)→(Rn)，把累加器 A 中的内容送寄存器 Rn
```

3．以直接地址为目的操作数的指令(5 条)

这 5 条指令的功能是把源操作数送到由直接地址 direct 所选定的内部 RAM 中，包括立即、直接、寄存器和寄存器间接 4 种寻址方式。指令格式如下：

```
MOV direct,#data     ;#data→(direct)，把立即数送到直接寻址单元
MOV direct2, direct1 ;(direct1)→(direct2)，把直接寻址单元中的内容送到直接寻址单元
MOV direct,A         ;(A)→(direct)，把累加器 A 中的内容送到直接寻址单元
MOV direct,Rn        ;(Rn)→(direct)，把寄存器 Rn 中的内容送到直接寻址单元
MOV direct,@Ri       ;((Ri))→(direct)，把寄存器 Ri 内容指向的单元中的内容送到直接寻址单元
```

4．以间接地址为目的操作数的指令(3 条)

这 3 条指令的功能是把源操作数指定的内容送到以 Ri 中的内容为地址的内部 RAM 中，包括立即、直接和寄存器 3 种寻址方式。指令格式如下：

```
MOV @Ri,#data   ;#data→((Ri))，把立即数送到以 Ri 内容为地址的内部 RAM 单元
MOV @Ri,direct  ;(direct)→((Ri))，把直接寻址单元内容送到以 Ri 内容为地址的 RAM 单元
MOV @Ri,A       ;(A)→((Ri))，把累加器 A 的内容送到以 Ri 内容为地址的内部 RAM 单元
```

5．查表指令(2 条)

这 2 条指令的功能是对存放在程序存储器中的表格数据进行查找传送，使用变址寻址方式。指令格式如下：

```
MOVC  A,@A+DPTR    ;((A))+(DPTR)→(A)
MOVC  A,@A+PC      ;((A))+(PC)→(A)
```

6．累加器 A 与外部数据存储器传送指令(4 条)

这 4 条指令的作用是实现累加器 A 与外部数据存储器 RAM 间的数据传送，使用寄存器间接寻址方式。指令格式如下：

```
MOVX  @DPTR,A    ;(A)→((DPTR))，把累加器 A 的内容送 DPTR 指向的外部 RAM 单元
MOVX  A,@DPTR    ;((DPTR))→(A)，把 DPTR 指向的外部 RAM 单元中的内容送累加器 A
MOVX  @Ri,A      ;(A)→((Ri))，把累加器 A 的内容送寄存器 Ri 指向的外部 RAM 单元
MOVX  A,@Ri      ;((Ri))→(A)，把寄存器 Ri 指向的外部 RAM 单元中的内容送累加器 A
```

7．堆栈操作类指令(2 条)

这类指令只有 2 条，PUSH 称为入栈操作指令，POP 称为出栈操作指令。入栈时堆栈指针先加 1 再入栈，出栈时先弹出栈顶内容再将堆栈指针减 1。单片机开机复位后，堆栈指针 SP 为 07H，如果内部 RAM 中 08H 单元后面安排一般变量，需要重新设置 SP 首址。指令格式如下：

```
PUSH   direct     ;(SP)+1→(SP), (direct)→(SP)
POP    direct     ;(SP)→(direct), (SP)-1→(SP)
```

8. 交换指令(5条)

这5条指令的功能是把累加器A中的内容与源操作数相互交换，或把累加器A的高半字节与低半字节交换。指令格式如下：

```
XCH  A,Rn        ;(A)⟷(Rn)，把累加器A与工作寄存器Rn中的内容互换
XCH  A,@Ri       ;(A)⟷((Ri))，把累加器A与Ri所指的内部RAM单元中的内容互换
XCH  A,direct    ;(A)⟷(direct)，把累加器A与直接寻址单元中的内容互换
XCHD A,@Ri       ;(A₃₋₀)⟷((Ri)₃₋₀)，把累加器A与Ri所指的内部RAM单元中的内容互换
SWAP A           ;(A₃₋₀)⟷(A₇₋₄)，把累加器A的高半字节与低半字节互换
```

9. 16位立即数传送指令(1条)

这条指令的功能是把16位常数送入数据指针寄存器DPTR。指令格式如下：

```
MOV DPTR,#data16    ;#dataH→(DPH)，#dataL→(DPL)
```

9.1.5 算术运算指令

算术运算指令共有24条，完成加、减、乘、除法四则运算，以及加1、减1操作和BCD码的调整。虽然51系列单片机的算术逻辑单元(ALU)仅能对8位无符号整数进行运算，但利用进位标志CY可进行多字节无符号整数的运算，利用溢出标志OV可对带符号数进行补码运算，利用辅助进位标志AC可进行BCD码调整。需要注意的是，除加1、减1指令外，算术运算指令大多会对CY、AC、OV有影响。

1. 加法指令(4条)

这4条指令的作用是把立即数、直接地址、工作寄存器及寄存器间接寻址内容与累加器A的内容相加，运算结果存放在A中。指令格式如下：

```
ADD A,#data      ;(A)+#data→(A)
ADD A,direct     ;(A)+(direct)→(A)
ADD A,@Ri        ;(A)+((Ri))→(A)
ADD A,Rn         ;(A)+(Rn)→(A)
```

2. 带进位加法指令(4条)

这4条指令除与加法指令的功能相同外，在进行加法运算时还需考虑进位问题。指令格式如下：

```
ADDC A,#data     ;(A)+#data+(C)→(A)
ADDC A,direct    ;(A)+(direct)+(C)→(A)
ADDC A,@Ri       ;(A)+((Ri))+(C)→(A)
ADDC A,Rn        ;(A)+Rn+(C)→(A)
```

3. 带借位减法指令(4条)

这4条指令包含立即数、直接地址、间接地址及工作寄存器与累加器A连同借位位CY

内容相减，结果送回累加器 A 中。

这里我们对借位位 CY 的状态做出说明。在进行减法运算时，CY=1 表示有借位，CY=0 则无借位。在进行减法运算前，如果没有借位，则应先对 CY 进行清零操作。指令格式如下：

```
SUBB    A,#data     ;(A)-#data-(C)→(A)
SUBB    A,direct    ;(A)-(direct)-(C)→(A)
SUBB    A,@Ri       ;(A)-((Ri))-(C)→(A)
SUBB    A,Rn        ;(A)-(Rn)-(C)→(A)
```

4．乘法指令(1 条)

这条指令的作用是把累加器 A 和寄存器 B 中的 8 位无符号数相乘，得到 16 位乘积，结果的低 8 位存在累加器 A 中，结果的高 8 位存在寄存器 B 中。如果 OV=1，说明乘积大于 FFH，否则 OV=0，但进位标志位 CY 总是等于 0。指令格式如下：

```
MUL     AB          ;(A)×(B)→(A)和(B)，结果低 8 位在累加器 A 中，高 8 位在寄存器 B 中
```

5．除法指令(1 条)

这条指令的作用是把累加器 A 中的 8 位无符号整数除以寄存器 B 中的 8 位无符号整数，所得到的商存放在累加器 A 中，而余数存放在寄存器 B 中。除法运算总是使 OV 和进位标志位 CY 等于 0。如果 OV=1，表明寄存器 B 中的内容为 00H，那么执行结果为不确定值，表示除法有溢出。指令格式如下：

```
DIV     AB          ;(A)÷(B)→(A)和(B)，商存放在累加器 A 中，而余数存放在寄存器 B 中
```

6．加 1 指令(5 条)

这 5 条指令的功能均使源操作数的内容加 1，结果送回源操作数。加 1 指令不影响标志位，如果源操作数的内容为 FFH，执行加 1 操作后，结果是 00H，标志位不受影响。这组指令有直接、寄存器、寄存器间接等寻址方式。指令格式如下：

```
INC     A           ;(A)+1→(A)
INC     direct      ;(direct)+1→(direct)
INC     @Ri         ;((Ri))+1→((Ri))
INC     Rn          ;(Rn)+1→(Rn)
INC     DPTR        ;(DPTR)+1→(DPTR)
```

在 INC direct 这条指令中，如果直接地址是 I/O 端口，其功能是先读入 I/O 锁存器的内容，然后进行加 1 操作，再输出到 I/O 端口上，是"读—修改—写"操作。

7．减 1 指令(4 条)

这 4 条指令的作用是把源操作数的内容减 1，结果送回源操作数。若源操作数的内容为 00H，减 1 后即为 FFH，不影响任何标志位。这组指令有直接、寄存器、寄存器间接等寻址方式，当直接地址是 I/O 口时，"读—修改—写"操作与加 1 指令类似。指令格式如下：

```
DEC     A           ;(A)-1→(A)
DEC     direct      ;(direct)-1→(direct)
```

```
DEC      @Ri              ;((Ri))-1→((Ri))
DEC      Rn               ;(Rn)-1→(Rn)
```

8. 十进制调整指令(1 条)

在进行 BCD 码运算时，这条指令总是跟在 ADD 或 ADDC 指令之后，其功能是将执行加法运算后存于累加器 A 中的结果进行调整和修正。如果$(A)_{3\sim0}$>9 或(AC)=1，则将$(A)_{3\sim0}$加 6，并使(AC)=1；如果$(A)_{7\sim4}$>9 或(CY)=1，则将$(A)_{7\sim4}$加 6，并使(CY)=1；从而实现 BCD 码的调整运算。指令格式如下：

```
DA       A
```

如有以下程序段：

```
MOV      A,#89H
ADD      A,#58H
DA       A
```

执行 MOV 指令后，(A)=89H；执行 ADD 指令后，(A)=E1H,(AC)=1；执行 DA 指令后(A)=47H,(CY)=1，即结果为 147H，也就是十进制数 147。

9.1.6 逻辑运算指令

逻辑运算指令共有 24 条，有与、或、异或、求反、移位、清零等逻辑操作，有直接、寄存器和寄存器间接等寻址方式。这类指令一般不影响程序状态字(PSW)标志。

1. 清零指令(1 条)

这条指令的作用是将累加器中的内容清零。指令格式如下：

```
CLR      A                ;0→(A)，将累加器 A 中的内容清零
```

2. 求反指令(1 条)

这条指令的作用是将累加器中的内容按位取反。指令格式如下：

```
CPL      A                ;将累加器 A 中的内容按位取反
```

3. 循环移位指令(4 条)

这 4 条指令的作用是将累加器中的内容循环左移或右移一位，后两条指令是连同进位位 CY 一起移位。指令格式如下：

```
RL       A                ;将累加器 A 中的内容循环左移一位
RR       A                ;将累加器 A 中的内容循环右移一位
RLC      A                ;将累加器 A 中的内容连同进位位 CY 循环左移一位
RRC      A                ;将累加器 A 中的内容连同进位位 CY 循环右移一位
```

4. 逻辑与操作指令(6 条)

这 6 条指令的作用是将两个单元中的内容执行逻辑与操作，如果直接地址是 I/O 地址，则为"读—修改—写"操作。与指令可用于将某些位清 0，需要清 0 的位与 0 相与，不需改变的位与 1 相与。指令格式如下：

```
ANL     A,#data         ;(A)∧#data→(A)
ANL     A,direct        ;(A)∧(direct)→(A)
ANL     A,@Ri           ;(A)∧((Ri))→(A)
ANL     A,Rn            ;(A)∧(Rn)→(A)
ANL     direct,A        ;(direct)∧(A)→(direct)
ANL     direct,#data    ;(direct)∧#data→(direct)
```

5. 逻辑或操作指令(6 条)

这 6 条指令的作用是将两个单元中的内容执行逻辑或操作，如果直接地址是 I/O 地址，则为"读—修改—写"操作。或指令可用于将某些位置 1，需要置 1 的位与 1 相或，不需改变的位与 0 相或。指令格式如下：

```
ORL     A,#data         ;(A)∨#data→(A)
ORL     A,direct        ;(A)∨(direct)→(A)
ORL     A,@Ri           ;(A)∨((Ri))→(A)
ORL     A,Rn            ;(A)∨(Rn)→(A)
ORL     direct,A        ;(direct)∨(A)→(direct)
ORL     direct,#data    ;(direct)∨#data→(direct)
```

6. 逻辑异或操作指令(6 条)

这 6 条指令的作用是将两个单元中的内容执行逻辑异或操作，如果直接地址是 I/O 地址，则为"读—修改—写"操作。异或指令可用于将某些位取反，需要取反的位与 1 相异或，不需改变的位与 0 相异或。指令格式如下：

```
XRL     A,#data         ;(A)⊕#data→(A)
XRL     A,direct        ;(A)⊕(direct)→(A)
XRL     A,@Ri           ;(A)⊕((Ri))→(A)
XRL     A,Rn            ;(A)⊕(Rn)→(A)
XRL     direct,A        ;(direct)⊕(A)→(direct)
XRL     direct,#data    ;(direct)⊕#data→(direct)
```

9.1.7 位操作指令

在物理结构上，51 系列单片机有一个布尔处理机，它以进位标志位 CY 作为处理单元。布尔处理功能是 51 系列单片机的一个重要特征，这是基于实际应用需要而设置的。布尔变量也就是开关变量，它是以位(bit)为单位进行操作的。

1. 位传送指令(2 条)

这 2 条指令的作用是实现可寻址位与 CY 之间的传送。指令格式如下：

```
MOV     C,bit           ;bit→CY
MOV     bit,C           ;CY→bit
```

2. 位置位复位指令(4 条)

这 4 条指令的作用是对 CY 及可寻址位进行置 1 或清 0 操作。指令格式如下：

```
CLR     C               ;0→CY
CLR     bit             ;0→bit
SETB    C               ;1→CY
SETB    bit             ;1→bit
```

3. 位运算指令(6 条)

位运算都是逻辑运算，有与、或、非三种(共 6 条)指令。指令格式如下：

```
ANL     C,bit           ;(CY)∧(bit)→CY
ANL     C,/bit          ;(CY)∧(bit̄)→CY
ORL     C,bit           ;(CY)∨(bit)→CY
ORL     C,/bit          ;(CY)∨(bit̄)→CY
CPL     C               ;(cȳ)→CY
CPL     bit             ;(bīt)→bit
```

4. 位控制转移指令(5 条)

这 5 条指令的作用是以位的状态作为实现程序转移的判断条件。指令格式如下：

```
JC      rel             ;(PC)+2→PC；当(CY)=1 时转移，(PC)+rel→PC；否则顺序执行
JNC     rel             ;(PC)+2→PC；当(CY)=0 时转移，(PC)+rel→PC；否则顺序执行
JB      bit, rel        ;(PC)+3→PC；当(bit)=1 时转移，(PC)+rel→PC；否则顺序执行
JNB     bit, rel        ;(PC)+3→PC；当(bit)=0 时转移，(PC)+rel→PC；否则顺序执行
JBC     bit, rel        ;(PC)+3→PC；当(bit)=1 时转移，(PC)+rel→PC 且(bit)=0；否则顺序执行
```

9.1.8 控制转移指令

控制转移指令用于控制程序的流向，所转移的范围为程序存储器区间。51 系列单片机的控制转移指令相对丰富，有可对 64KB 程序空间地址单元进行访问的长调用、长转移指令，也有可对 2KB 进行访问的绝对调用和绝对转移指令，还有在一页范围内的相对短转移及无条件转移指令，这些指令的执行一般都不会对标志位产生影响。

1. 无条件转移指令(4 条)

这 4 条指令执行后，程序会无条件地转移到指令所指向的地址。长转移指令访问的程序存储器空间为 16 位地址的 64KB 空间，绝对转移指令访问的程序存储器空间为 11 位地址的 2KB 空间。指令格式如下：

```
LJMP    addr16          ;(PC)+3→(PC)；addr16→(PC)
AJMP    addr11          ;(PC)+2→(PC)，addr11→(PC_{10~0})，(PC_{15~11})不改变，只在 2KB 范围内转移
```

```
SJMP    rel         ;(PC)+2→(PC),(PC)+rel→(PC),rel 为有符号数,转移范围为-128~127
JMP     @A+DPTR     ;(A)+(DPTR)→(PC),(A)为无符号数,相对于 DPTR 向后 127B 范围转移
```

2．条件转移指令(8 条)

程序可利用这 8 条指令根据当前的条件进行判断,以是否满足某种特定的条件来控制程序的转向。指令格式如下:

```
JZ      rel              ;(PC)+2→(PC);当(A)=0 时转移,(PC)+rel→(PC);否则顺序执行
JNZ     rel              ;(PC)+2→(PC);当(A)≠0 时转移,(PC)+rel→(PC);否则顺序执行
CJNE    A,#data, rel     ;(PC)+3→(PC);当(A)≠#data 时转移,(PC)+ rel→(PC);否则顺序执行
CJNE    A,direct, rel    ;(PC)+3→(PC);当(A)≠(direct)时转移,(PC)+rel→(PC);否则顺序执行
CJNE    Rn, #data, rel   ;(PC)+3→(PC);当(Rn)≠#data 时转移,(PC)+ rel→(PC);否则顺序执行
CJNE    @Ri,#data, rel   ;(PC)+3→(PC);当((Ri))≠#data 时转移,(PC)+ rel→(PC);否则顺序执行
DJNZ    Rn,rel           ;(PC)+2→(PC);(Rn)-1→(Rn),当(Rn)≠0 时转移,(PC)+rel→(PC)
                         ;否则顺序执行
DJNZ    direct, rel      ;(PC)+2→(PC); (direct)-1→(direct),当(direct)≠0 时转移,
                         ;(PC)+rel→(PC);否则顺序执行
```

3．子程序调用指令(4 条)

为了减少需反复执行的程序占用更多的程序存储器空间而引入了子程序。当需要使用时,就用一个调用命令使程序按调用的地址去执行,子程序执行完毕再返回调用处继续执行原程序,这就需要子程序的调用指令和返回指令。

子程序调用指令类似于转移指令,不同之处在于其在转移之前,要把调用指令的下一条指令的地址(当前 PC 值)压入堆栈,再将转移地址送 PC;子程序返回时从堆栈中弹出内容修改 PC,从而返回到调用指令的下一条指令处执行。指令格式如下:

```
LCALL   addr16      ;(PC)+3→(PC),(SP)+1→(SP),(PC_{7~0})→(SP),(SP)+1→(SP),(PC_{15~8})→(SP),
                    ;addr16→(PC)
ACALL   addr11      ;(PC)+2→(PC),(SP)+1→(SP),(PC_{7~0})→(SP),(SP)+1→(SP),(PC_{15~8})→(SP),
                    ;addr11→(PC_{10~0})
RET                 ;(SP)→(PC_{15~8}),(SP)-1→(SP),(SP)→(PC_{7~0}),(SP)-1→(SP),返回调用处
RETI                ;中断返回指令,返回到中断发生处,执行过程类似 RET
```

4．空操作指令(1 条)

这条指令除了中断发生时锁存中断信号外,不做任何操作。该指令执行时间为一个机器周期,可用于短时间的延时。指令格式如下:

```
NOP     ;(PC)+1→(PC)
```

9.1.9 伪指令

汇编语言除了汇编指令外,还定义了一些伪指令。伪指令是汇编时不产生机器语言代码的指令,仅提供汇编用的某些控制信息。

1. 定位伪指令 ORG(Origin)

定位伪指令 ORG 的语句格式如下：

ORG　　m

其功能是指定目标程序或数据块在存储器中存放的起始地址 m，该指令总是出现在每段源程序或数据块的开始位置。一个源程序的开始，一般都设置一条 ORG 伪指令来指定该程序在存储器中的开始位置，可缺省。可多次使用 ORG 伪指令来规定不同程序段或数据块的起始地址，但是不允许和前面指定的地址重叠，即不同的程序段或数据块之间不能重叠。

例如下面的代码：

```
            ORG     1000H
START:      MOV     A,#10H
            …
            ORG     2000H
SECOND:     CLR     A
```

第 1 条定位伪指令指定了标号 START 的地址为 1000H，"MOV A,#10H"指令及其后面的指令汇编成的机器码放在从 1000H 开始的存储单元中。

第 2 条定位伪指令指定了标号 SECOND 的地址为 2000H。从 START 开始的程序段所占用的存储地址最大为 1FFFH，否则与从 SECOND 开始的程序段地址重叠，程序在编译时将忽略后面的 ORG 定位伪指令。

2. 定义字节伪指令 DB(Define Byte)

定义字节伪指令 DB 的语句格式如下：

[标号:]　　DB　X1,X2,…,Xn

其功能是把 X1,X2,…,Xn 等字节数据依次存放在由标号指定的连续程序存储器单元中。标号可有可无，Xi 是单字节数据，它可以为十进制数或十六进制数，可以为一个表达式，也可以是括在引号(' ')中的字符串，两个数据之间用逗号(,)分开。

例如下面的代码：

```
            ORG     1000H
            DB      0AAH
SDATA:      DB      25,25H
```

经汇编后，从地址 1000H 处开始的存储器的内容为：(1000H)=AAH，(1001H)=19H，(1002H)=25H。

3. 定义字伪指令 DW(Define Word)

定义字伪指令 DW 的语句格式如下：

[标号:]　　DW　Y1,Y2,…,Yn

其功能是把 Y1,Y2,…,Yn 等字数据依次存放在由标号指定的连续程序存储器单元中。存放时高 8 位存放在低地址单元，低 8 位存放在高地址单元。

例如下面的代码：

```
         ORG    1000H
TAB:     DW     1234H
         DW     20
```

经汇编后，从地址 1000H 开始的存储器的内容为：(1000H)=12H，(1001H)=34H，(1002H)=00H，(1003H)=14H。

4．赋值伪指令 EQU(Equal)

赋值伪指令 EQU 语句格式如下：

符号名称　　**EQU**　　表达式

EQU 伪指令是把表达式的值赋给符号名称。需要注意的是，符号名称命名规则同标号，但后面没有冒号。表达式可以是数，也可以是汇编符号。

用 EQU 赋过值的符号名称必须先定义后使用，这些被定义的符号名称可以用作数据地址、代码地址、位地址或一个立即数。因此它可以是 8 位的，也可以是 16 位的。

例如下面的代码：

```
AA     EQU    100
MOV    A,#AA
```

这里 AA 就代表了数据 100，等价于代码"MOV　A,#100"。

5．数据地址赋值伪指令 DATA

数据地址赋值伪指令 DATA 的语句格式如下：

符号名称　　**DATA**　　表达式

其功能是把表达式的值赋值给符号名称，与 EQU 类似，但有几点不同：①DATA 伪指令中的符号名称可以先使用，后定义；②DATA 伪指令后只能是表达式或数据，不能是汇编符号；③DATA 定义的符号名称可以出现在其他表达式中；④DATA 常用来定义数据地址。

例如下面的代码：

```
x      DATA   20H
       MOV    A,x
```

等价于以下代码：

```
       MOV    A,20H
```

6．外部数据地址赋值伪指令 XDATA

外部数据地址赋值伪指令 XDATA 的语句格式如下：

符号名称　　**XDATA**　　地址

其功能是把外部数据存储器的地址赋值给符号名称。

7. 定义位符号伪指令 BIT

定义位符号伪指令 BIT 的语句格式如下：

符号名称 BIT 位地址

其功能是将位地址赋予符号名称。

例如"P11　　BIT P1.1"，即把 P1 口的位 1 地址 91H 赋给 P11。

8. 定义位存储空间伪指令 DBIT

定义位存储空间伪指令 DBIT 的语句格式如下：

符号名称:DBIT　n

其功能是在位段以位为单位预留 n 位，该伪指令只能出现在位段中。

9. 定义存储空间伪指令 DS(Define Storage)

定义存储空间伪指令 DS 的语句格式如下：

[标号:]　　　DS　常量表达式

其功能是在数据段或外部数据段为标号预留由常量表达式的值所指定个数的存储单元，以备后用。此时标号可在源程序中代替地址使用，类似于高级语言中的变量名称。

10. 位段开始伪指令 BSEG

位段开始伪指令 BSEG 的语句格式如下：

BSEG　　AT　n

其功能是从 n 地址开始定义一个位段，之后可以使用 DBIT 定义位变量。
例如下面的代码：

```
BSEG    AT    10H
        F1: DBIT        1
        F2: DBIT        1
        Y   BIT         0FH
```

其作用是位变量 F1 为 10H 位，位变量 F2 为 11H 位，位变量 Y 为 0FH 位。

11. 数据段开始伪指令 DSEG

数据段开始伪指令 DSEG 的语句格式如下：

DSEG　　AT　n

其功能是从 n 地址开始定义一个数据段，之后可以使用 DS 定义字节变量。
例如下面的代码：

```
DSEG    AT    10H
        T1: DS          4
        T2: DS          1
```

其作用是定义变量 T1 占用 10H～13H 单元，变量 T2 占用 14H 单元。

12. 代码段开始伪指令 CSEG

代码段开始伪指令 CSEG 的语句格式如下:

CSEG   AT   n

其功能是从 n 地址开始定义一个代码段,在代码段中编写程序。

例如下面的代码:

```
CSEG    AT      0000H
        LJMP    MAIN
        ORG     0003H
        ...
MAIN:   ...
```

其作用是在程序存储器中从 0000H 地址开始存放程序。

13. 外部数据段开始伪指令 XSEG

外部数据段开始伪指令 XSEG 的语句格式如下:

XSEG   AT   n

其功能是从 n 地址开始定义一个外部数据段,在外部数据段中使用 DS 定义外部数据地址。

例如下面的代码:

```
XSEG       AT         7FFFH
           INPORT:    DS       1
           OUTPORT:   DS       1
           IOPORT     XDATA    0BFFFH
```

此时 INPORT 为 7FFFH 单元,OUTPORT 为 8000H 单元,标号 IOPORT 为 0BFFFH。

14. 汇编结束伪指令 END

汇编结束伪指令 END 的语句格式如下:

[标号:]   END

END 伪指令通知汇编程序结束汇编,在 END 之后即使还有指令,汇编程序也不做处理。

9.2 汇编语言程序结构

从程序流程的角度来看,汇编语言程序可分为 4 种基本结构,即顺序结构、分支结构、循环结构和子程序。

9.2.1 顺序结构

采用顺序结构的程序是最简单、最基本的程序。程序按编写的顺序依次往下执行每一条指令,直到最后一条。

【例 9.1】 有两个 16 位无符号数,被加数存放在内部 RAM 的 30H(低位字节)和 31H(高位字节)中,加数存放在 40H(低位字节)和 41H(高位字节)中。试写出求两数之和并把结果存放在 30H 和 31H 单元中的程序。

解: 参考程序如下

```
MOV    A,30H       ;被加数的低 8 位送 A
ADD    A,40H       ;被加数与加数的低 8 位相加,影响进位标志 CY
MOV    30H,A       ;两数之和的低 8 位存入 30H 单元
MOV    A,31H       ;被加数的高 8 位送 A
ADDC   A,41H       ;被加数高 8 位与加数的高 8 位及低位来的进位 CY 相加
MOV    31H,A       ;两数之和的高 8 位存入 31H 单元
```

9.2.2 分支结构

分支结构可根据条件的不同情况决定程序的走向,以选择并执行不同的程序段。主要由条件转移指令、比较转移指令和位转移指令来实现。分支程序的结构如图 9-1 所示。

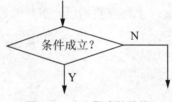

图 9-1 分支程序的结构

分支程序的设计要点如下。
- 先建立可供条件转移指令测试的条件。
- 选用合适的条件转移指令。
- 在转移到的目的地址处设置标号。

【例 9.2】 某温度控制系统中,温度的测量值从端口 T 读取,温度的设定值存放在单元 TG 中。要求:当 T=TG 时,程序返回(符号地址为 FH);当 T>TG 时,程序转向降温处理程序(符号地址为 JW);当 T<TG 时,程序转向升温处理程序(符号地址为 SW),试编制程序。

程序代码如下:

```
        MOV    DPTR,#T      ;端口地址送 DPTR
        MOVX   A,@DPTR      ;从端口中读温度值
        CJNE   A,TG,NEXT    ;不等于设定值,转向 NEXT
        AJMP   FH           ;等于设定值,转向 FH 返回
NEXT:   JC     SW           ;小于设定值,转向 SW 升温
JW:     …                   ;大于设定值,转向 JW 降温
        AJMP   FH
SW:     …                   ;SW 升温处理
        AJMP   FH
FH:     …                   ;返回
```

【例9.3】 符号函数。已知内部 RAM 的 40H 单元内有一自变量 X，试编制程序按如下条件求函数 Y 的值，并将其存入内部 RAM 的 41H 单元中。

$$Y=\begin{cases} 1 & X>0 \\ 0 & X=0 \\ -1 & X<0 \end{cases}$$

解：此题有三个分支，是三分支归一的条件转移问题。

X 是有符号数，判断符号位是 0 还是 1 可利用 JB 或 JNB 指令，判断 X 是否等于 0 则可以直接使用累加器 A 的判 0 指令 JZ。程序流程图如图 9-2 所示。程序代码如下：

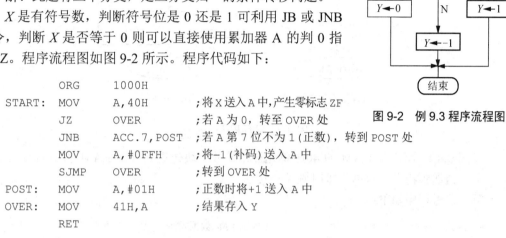

图 9-2　例 9.3 程序流程图

```
        ORG   1000H
START:  MOV   A,40H       ;将X送入A中,产生零标志 ZF
        JZ    OVER        ;若A为0,转至 OVER 处
        JNB   ACC.7,POST  ;若A第7位不为1(正数),转到 POST 处
        MOV   A,#0FFH     ;将-1(补码)送入A中
        SJMP  OVER        ;转到 OVER 处
POST:   MOV   A,#01H      ;正数时将+1送入A中
OVER:   MOV   41H,A       ;结果存入 Y
        RET
```

9.2.3 循环结构

循环结构是指当满足一定条件时，能够重复执行某段程序的结构。采用循环结构，可减少重复编写程序，节省程序存储器空间，但是循环结构不会节省单片机的执行时间。

1. 循环结构程序的组成

循环程序一般由以下四部分组成。

- 循环初始化。位于循环程序开始之前，用于完成循环前的准备工作，如设置各工作单元的初始值以及循环次数。
- 循环体。循环程序的主体，是循环程序的执行部分，即重复执行的程序段。要求编写得尽可能简练，以提高程序的执行速度。
- 循环条件修改。位于循环体内，每执行一次循环体之后，修改循环的控制条件，使循环趋向于结束方向发展，如修改循环次数或循环控制条件。
- 循环控制。根据循环计数器的值或循环控制条件，判断循环是否继续执行。如果循环次数未到或循环条件满足，则继续循环，否则结束循环。

2. 循环程序的结构

循环结构按照循环体和循环控制的相对位置分两种：直到型循环和当型循环。

- 直到型循环：先循环处理，后判断循环条件，如图 9-3(a)所示。
- 当型循环：先判断循环条件，后循环处理，如图 9-3(b)所示。

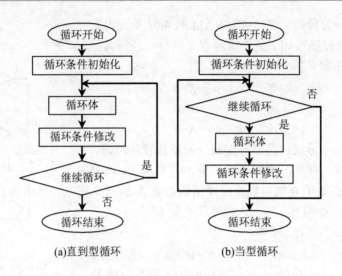

(a)直到型循环 (b)当型循环

图 9-3 循环程序的结构

【例 9.4】 将内部 RAM 的 40H 单元开始的数据块传送到外部 RAM 的 1000H 开始的单元中,当遇到传送的数据为零时则停止传送。

解:参考程序如下:

```
START:  MOV   R0,#40H       ;内部 RAM 数据首址
        MOV   DPTR,#1000H   ;外部 RAM 数据首址
LOOP:   MOV   A,@R0         ;从内部 RAM 中取数据
        JZ    OVER          ;等于零,结束
        MOVX  @DPTR,A       ;不为零,送外部 RAM 中
        INC   R0            ;内部 RAM 地址指针加 1
        INC   DPTR          ;外部 RAM 地址指针加 1
        SJMP  LOOP          ;转 LOOP,继续传送
OVER:   RET
```

【例 9.5】 编制 50ms 延时程序。

解:延时程序与 51 指令的执行时间(机器周期)和晶振频率 f_{osc} 有直接的关系。当 f_{osc}=12MHz 时,机器周期为 1μs,执行一条 DJNZ 指令需要两个机器周期,时间为 2μs。50ms/2μs=2500>255,因此单层循环程序无法实现,可采用双层循环的方法编写 50ms 延时程序。程序代码如下:

```
DELAY:  MOV   R7,#200       ;设置外循环次数,执行时间 1μs
DLY1:   MOV   R6,#123       ;设置内循环次数,执行时间 1μs
        DJNZ  R6,$          ;2μs×123=246μs
        NOP                 ;延时时间为 1μs
        DJNZ  R7,DLY1       ;(1+246+1+2)×200=50ms
        RET                 ;子程序结束,执行时间 2μs
```

9.2.4 子程序

在程序的编写过程中，经常会进行一些相同的计算或操作，每次都编写相同的程序段，不仅重复，而且浪费程序存储器空间。另外，为了程序结构清晰，常采用模块化程序设计，将某功能编写成独立模块。对于这些相同功能的程序段，可将其独立出来，供其他程序调用，这种具有独立功能的程序段称为子程序。因此，子程序在结构上应具有独立性和通用性。

1．子程序的设计原则

编写子程序时应注意以下问题。
- 子程序的第一条指令的地址称为子程序的入口地址，该指令前必须有标号。
- 调用子程序是通过调用指令 CALL 来实现的。
- 调用程序与子程序中共用的各寄存器的冲突，可通过堆栈进行保护及恢复。
- 最后一条指令必须是 RET 指令。
- 子程序可以嵌套调用，即子程序可以调用子程序。
- 在子程序调用时，要注意参数传递的问题。

2．子程序的基本结构

子程序的基本结构如下：

```
         ...
         LCALL   SUB         ;调用子程序 SUB
         ...
SUB:     PUSH    PSW         ;保护现场
         PUSH    ACC
         ;此处填写子程序功能部分
         POP     ACC         ;恢复现场
         POP     PSW
         RET                 ;子程序返回
```

【例 9.6】 如图 9-4 所示，在 P1.0～P1.3 分别装有两个红灯和两个绿灯，下面为一种红绿灯定时切换的程序。

```
MAIN:    MOV     A,#03H
ML:      MOV     P1,A         ;切换红绿灯
         ACALL   DL           ;调用延时子程序
MXCH:    CPL     A            ;红绿灯状态取反
         AJMP    ML
DL:      MOV     R7,#0A3H     ;置延时用常数
DL1:     MOV     R6,#0FFH
DL6:     DJNZ    R6,DL6       ;用循环来延时
         DJNZ    R7,DL1
         RET                  ;返回调用程序
```

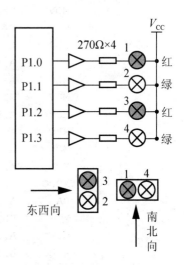

图 9-4 红绿灯切换图

在执行上面程序的过程中，执行到 ACALL DL 指令时，程序转移到子程序 DL 实现延时，执行到子程序中的 RET 指令后又返回到调用程序中的 MXCH 处执行。这样单片机不断地在调用程序和子程序之间转移，从而实现对红绿灯的定时切换功能。

3. 子程序的参数传递

子程序完成调用程序要求的功能。在调用子程序之前，调用程序要为子程序准备好所需要的参数(入口参数)，子程序执行时将结果放在相应位置，子程序执行结束之后调用程序从相应单元取出结果。

调用程序和子程序之间的参数传递可采用三种方法：①参数放在约定的寄存器或累加器中；②参数放在存储器中，通过寄存器传递参数地址；③参数放在堆栈中，通过堆栈传递参数。

【例 9.7】 通过寄存器传递参数。将双字节(16 位的字)无符号数转换为压缩 BCD 码。R2、R1 内容为双字节无符号数，高字节在 R2 中；转换后的压缩 BCD 码存放在 R7、R6、R5 寄存器中，高字节在 R7 中。程序代码如下：

```
;入口:(R2R1)双字节无符号数,高字节在R2中
;出口:(R7R6R5)转换后的压缩BCD码,高字节在R7中
HEX2BCD:    PUSH    PSW
            PUSH    ACC         ;保护子程序中使用的累加器A
            CLR     A           ;结果单元清零
            MOV     R7,A
            MOV     R6,A
            MOV     R5,A
            MOV     R4,#16      ;双字节数是16位二进制数
LOOP:       CLR     C           ;无符号数左移,最高位移到进位位CY中
            MOV     A,R1
            RLC     A
            MOV     R1,A
            MOV     A,R2
            RLC     A
            MOV     R2,A
            MOV     A,R5        ;结果*2+进位
            ADDC    A,R5
            DA      A           ;调整为BCD码
            MOV     R5,A
            MOV     A,R6
            ADDC    A,R6
            DA      A
            MOV     R6,A
            MOV     A,R7
            ADDC    A,R7
            DA      A
            MOV     R7,A
            DJNZ    R4,LOOP     ;转换需要循环16次
```

```
            POP     ACC
            POP     PSW
            RET
```

【例 9.8】 通过存储器传递参数地址，起始地址放在寄存器中。将一组 N 个压缩 BCD 码转换为 2N 个 ASCII 码。N 个 BCD 码存放在存储器 30H 开始的地址中，起始地址放在 R0 寄存器中；2N 个 ASCII 码存放在存储器 50H 开始的地址中，起始地址放在 R1 寄存器中。程序代码如下：

```
            …
;调用前的准备工作
            MOV     R0,#30H         ;BCD 码起始地址送 R0 寄存器
            MOV     R7,#N           ;BCD 码个数送 R7 寄存器
            MOV     R1,#50H         ;ASCII 码起始地址送 R1 寄存器
            LCALL   BCD2ASC         ;调用子程序实现转换
            …
;入口:(R0)存放压缩 BCD 码的起始地址,(R7)存放压缩 BCD 的个数 N
;出口:(R1)ASCII 码起始地址
BCD2ASC:    PUSH    PSW             ;保护调用前的状态及累加器
            PUSH    ACC
            PUSH    R1              ;保护 ASCII 码起始地址
LOOP:       MOV     A,@R0           ;获取压缩 BCD 码
            SWAP    A               ;先转换高位 BCD 码
            ANL     A,#0FH          ;屏蔽原低 4 位 BCD 码
            ORL     A,#30H          ;转换为 ASCII 码
            MOV     @R1,A           ;存储转换后的 ASCII 码
            INC     R1              ;修改指针,指向下一个 ASCII 码存放位置
            MOV     A,@R0           ;再转换低位 BCD 码
            ANL     A,#0FH          ;屏蔽高 4 位 BCD 码
            ORL     A,#30H          ;转换为 ASCII 码
            MOV     @R1,A           ;存储转换后的 ASCII 码
            INC     R1              ;修改指针,指向下一个 ASCII 码存放位置
            INC     R0              ;修改指针,指向下一个要转换的 BCD 码位置
            DJNZ    R7,LOOP         ;直至转换完所有的压缩 BCD 码
            POP     R1              ;恢复 ASCII 码存放位置
            POP     ACC             ;恢复到调用前的状态
            POP     PSW
            RET                     ;返回调用程序
```

【例 9.9】 通过堆栈传递参数。8 位带符号数的乘法。调用子程序之前，将两个乘数压入堆栈；子程序从堆栈中取得参数，并将结果放入堆栈中；子程序返回后，从堆栈中获得结果。程序代码如下：

```
;主调用程序
;X 是被乘数,Y 是乘数
            …
```

```
            PUSH    X              ;被乘数入栈
            PUSH    Y              ;乘数入栈
            LCALL   SIGNMUL        ;调用有符号数乘法
            POP     B              ;乘积高8位弹出到寄存器B
            POP     ACC            ;乘积低8位弹出到累加器A
            ……
;带符号数乘法子程序
;SBIT是乘积的符号位，SBIT1是被乘数的符号位，SBIT2是乘数的符号位
;入口:被乘数和乘数保存在堆栈中
;出口:乘积保存在堆栈中
            SBIT    EQU     20H    ;乘积符号位
            SBIT1   EQU     21H    ;被乘数符号位
            SBIT2   EQU     22H    ;乘数符号位
SIGNMUL:    DEC     SP             ;绕过返回地址
            DEC     SP
            POP     A              ;弹出乘数
            MOV     R1,A           ;乘数送R1
            RLC     A              ;乘数符号位移位到C
            MOV     SBIT2,C        ;乘数符号位送SBIT2
            POP     A              ;弹出被乘数
            MOV     R0,A           ;被乘数送R0
            RLC     A              ;被乘数符号位移位到C
            MOV     SBIT1,C        ;被乘数符号位送SBIT1
            ANL     C,/SBIT2       ;符号位异或
            MOV     SBIT,C
            MOV     C,SBIT2
            ANL     C,/SBIT1
            ORL     C,SBIT         ;乘积符号位
            MOV     SBIT,C
            MOV     A,R1           ;处理乘数
            JNB     SBIT2,SNXT1    ;乘数为正则转移
            CPL     A              ;乘数为负则取补
            INC     A
SNXT1:      MOV     B,A            ;乘数存入B
            MOV     A,R0           ;处理被乘数
            JNB     SBIT1,SNXT2    ;被乘数为正则转移
            CPL     A              ;被乘数为负则取补
            INC     A
SNXT2:      MUL     AB             ;相乘
            JNB     SBIT,SNXT3     ;乘积为正则转移
            CPL     A              ;乘积为负则取补
            ADD     A,#1
SNXT3:      PUSH    ACC            ;乘积低8位入栈
            MOV     A,B            ;处理乘积的高8位
            JNB     SBIT,SNXT4     ;乘积为正则转移
            CPL     A              ;乘积为负高8位取补
            ADDC    A,#0
```

```
SNXT4:  PUSH  ACC           ;乘积高 8 位入栈
        INC   SP            ;指向堆栈中调用函数返回地址的准确位置
        INC   SP
        RET
```

【项目实施：显示 0~9】

1．设计方案

用八段 LED 显示器显示 0~9 的数字，只需用单片机的 I/O 口驱动一个 LED 数码管，产生对应的段码驱动电平即可。另外，为了让每一个数字的显示时间为 0.5s，还需用软件实现一个 0.5s 的延时。

2．硬件电路

八段 LED 数码管每段的驱动电流约为 10mA，因此在每个段驱动电路上应串接一个限流电阻。本项目用单片机的 P0 口驱动共阳极数码管，电路连接图如图 9-5 所示。

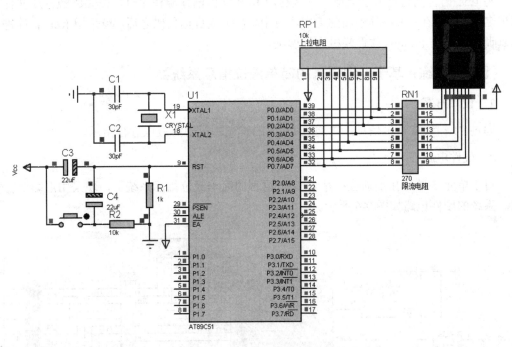

图 9-5　静态 LED 显示系统电路连接图

3．参考程序

```
        CSEG   AT   0000H
START:  MOV    R1,#00H         ;从 0 开始显示到 9
NEXT:   MOV    A,R1            ;取显示的数值
        MOV    DPTR,#TABLE     ;DPTR 指向显示代码表
        MOVC   A,@A+DPTR       ;得到数值的显示代码
        MOV    P0,A            ;送 P0 口
        LCALL  DELAY           ;延时
```

```
            INC     R1                    ;数值加1,显示下一个数据
            CJNE    R1,#10,NEXT           ;不等于10则继续循环
            LJMP    START                 ;等于10时再从0开始
;延时子程序,主频12MHz
DELAY:      MOV     R5,#25                ;延时500ms
D2:         MOV     R6,#40
D1:         MOV     R7,#249
            DJNZ    R7,$
            DJNZ    R6,D1
            DJNZ    R5,D2
            RET
TABLE:      DB      0C0H,0F9H,0A4H,0B0H,99H,92H,82H,0F8H,80H,90H   ;共阳极显示码
            END
```

4. 汇编语言的仿真运行方法

与 C51 语言的仿真方法类似,只是在用 Keil 软件创建源程序时,需要将源程序文件以扩展名 ASM 保存,再将其添加到工程项目中。在生成目标代码之后,可采用 Keil 软件进行仿真调试,或与 Proteus 软件联机进行调试。

【拓展训练:基于汇编语言的简单液位指示系统】

1. 设计方案

通过 P1 口读取液位信息,再通过 P0 口的发光二极管对液位进行指示。

2. 硬件电路

对于单元 3 的【拓展训练:基于 C51 语言的简单液位指示系统】,现采用汇编语言实现。系统的硬件电路如图 9-6 所示。

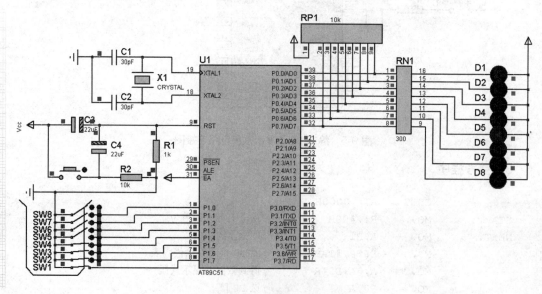

图 9-6 液位指示系统

3. 参考程序

本项目在 P1 口上接 8 个开关，在 P0 口上接 8 个 LED 灯，根据开关的闭合情况来控制 LED 灯。开关的闭合有一定的规律，如液位刚好漫过 4 点位置时，4 号开关闭合，同时 1、2、3 号开关也肯定闭合，因此可以使用分支跳转结构来实现液位判断。

程序代码如下：

```
            CSEG   AT  0000H        ;代码段从0000H地址开始
START:      MOV    P1,#0FFH         ;准双向口输入前先写1
            MOV    A,P1             ;读开关状态
            CJNE   A,#7FH,NXT1      ;最下面开关按下?未按下转NXT1
            MOV    P0,#7FH          ;按下则最下面发光二极管亮
            SJMP   START
NXT1:       CJNE   A,#3FH,NXT2      ;次下面开关按下?未按下转NXT2
            MOV    P0,#0BFH         ;按下则次下面发光二极管亮
            SJMP   START
NXT2:       CJNE   A,#1FH,NXT3      ;下起第三个开关按下?未按下转NXT3
            MOV    P0,#0DFH         ;按下则下起第三个发光二极管亮
            SJMP   START
NXT3:       CJNE   A,#0FH,NXT4      ;下起第四个开关按下?未按下转NXT4
            MOV    P0,#0EFH         ;按下则下起第四个发光二极管亮
            SJMP   START
NXT4:       CJNE   A,#07H,NXT5      ;上起第四个开关按下?未按下转NXT5
            MOV    P0,#0F7H         ;按下则上起第四个发光二极管亮
            SJMP   START
NXT5:       CJNE   A,#03H,NXT6      ;上起第三个开关按下?未按下转NXT6
            MOV    P0,#0FBH         ;按下则上起第三个发光二极管亮
            SJMP   START
NXT6:       CJNE   A,#01H,NXT7      ;上起第二个开关按下?未按下转NXT7
            MOV    P0,#0FDH         ;按下则上起第二个发光二极管亮
            SJMP   START
NXT7:       CJNE   A,#00H,NXT8      ;最上面开关按下?未按下转NXT8
            MOV    P0,#0FEH         ;按下则最上面发光二极管亮
            SJMP   START
NXT8:       MOV    P0,A             ;无液位或出现故障时,对应闭合开关的发光二极管亮
            SJMP   START
            END                     ;汇编语言程序结束
```

小 结

本单元详细介绍了单片机汇编语言指令的格式、操作数的寻址方式、单片机汇编语言指令和伪指令。详细讲述了汇编语言程序设计的四种基本结构，即顺序结构、分支结构、循环结构和子程序结构程序设计的步骤和方法。通过汇编语言程序实现的两个实例，使读者掌握单片机采用汇编语言进行应用系统设计的方法。

强化练习

1. 完成本单元的两个项目。
2. 修改数码管显示项目中的延时函数，使延时时间为 1 秒。
3. 修改液位指示系统的电路，除了采用发光二极管显示液位外，再增加数码管指示。修改程序，实现要求的功能。

习 题

1. 指出下列指令中源操作数的寻址方式和指令功能。

   ```
   MOV    A,#40H
   MOV    A,40H
   MOV    A,R3
   MOV    A,@R0
   MOV    A,@A+PC
   SJMP   LOOP
   MOV    C,F0
   ```

2. 写出能完成下列数据传送的指令。
   (1) 把 R1 中的内容传送到 R0。
   (2) 把内部 RAM 20H 单元中的内容传送到 30H 单元。
   (3) 把外部 RAM 20H 单元中的内容传送到内部 RAM 20H 单元。
   (4) 把外部 RAM 2000H 单元中的内容传送到内部 RAM 20H 单元。
   (5) 把外部 ROM 2000H 单元中的内容传送到内部 RAM 20H 单元。
   (6) 把外部 ROM 2000H 单元中的内容传送到外部 RAM 3000H 单元。

3. 指出下列程序执行过程中及执行后相关寄存器和存储器的内容。

   ```
   MOV    A,#40H
   MOV    R0,#40H
   MOV    @R0,A
   MOV    41H,R0
   XCH    A,R0
   MOV    DPTR,#2030H
   MOV    A,#18H
   MOV    20H,#38H
   MOV    R0,#20H
   XCH    A,@R0
   ```

4. 已知(20H)=X，(21H)=Y，(22H)=Z，说明下列程序执行后堆栈中的内容及堆栈指针内容是什么。

```
MOV     SP,#60H
PUSH    20H
PUSH    21H
PUSH    22H
```

5. 已知(SP)=63H，(61H)=X，(62H)=Y，(63H)=Z，说明下列程序执行后 20H、21H、22H 单元中的内容是什么。

```
POP     20H
POP     21H
POP     22H
```

6. 说明下列程序执行后累加器 A 和 PSW 中的内容分别是什么。

```
MOV     A,#0FEH
ADD     A,#0FEH
MOV     A,#92H
ADD     A,#0A4H
```

7. 已知(A)=74H，CY=1，说明下列程序执行后的最终结果。

```
MOV     A,#0FH
CPL     A
RL      A
MOV     30H,#00H
ORL     30H,#0ABH
MOV     A,30H
CPL     A
RRC     A
MOV     40H,#0AAH
ANL     A,40H
```

8. 设(SP)=32H，(31H)=23H，(32H)=01H，试分析下列指令的执行结果。

```
POP     DPH
POP     DPL
```

执行结果为(DPTR)=_____，(SP)=_____。

9. 执行下列指令后，累加器 A 中的内容如何变化？

```
MOV     A,#11H     ;(A)=_____
RL      A          ;(A)=_____
RL      A          ;(A)=_____
RL      A          ;(A)=_____
RL      A          ;(A)=_____
```

10. 分析下列两条指令的执行结果。

```
ANL     30H,#0FH
ANL     A,#80H
```

11. 分析下列程序的执行结果。

```
MOV    A,#77H       ;(A)=_____
XRL    A,#0FFH      ;(A)=_____
ANL    A,#0FH       ;(A)=_____
MOV    P1,#64H      ;(P1)=_____
ANL    P1,#0F0H     ;(P1)=_____
ORL    A,P1         ;(A)=_____
```

12. 确定以下指令转移到的目标地址各为多少。

(1) 2300H   SJMP   25H

(2) 2300H   SJMP   D7H

13. 判断下面指令能否正确执行。

(1) 2056H   AJMP   2C70H

(2) 27FFH   AJMP   2900H

14. 设(30H)=40H，(40H)=10H，(P1)=0CAH，试给出下列程序执行后的结果。

```
MOV    R0,#30H
MOV    A,@R0
MOV    R1,A
MOV    B,@R1
MOV    @R1,P1
MOV    P2,P1
```

结果是：(A)=_____，(B)=_____，(40H)=_____，(P2)=_____。

15. 设有两个 16 位无符号数，被加数存放在内部 RAM 的 30H(低位字节)和 31H(高位字节)单元中，加数存放在 40H(低位字节)和 41H(高位字节)单元中。试写出求两数之和并把结果存放在 30H 和 31H 单元中的程序。

16. 写出将工作寄存器 R2 中数据的高 4 位和 R3 中数据的低 4 位拼成一个数，并将该数存入 30H 的程序。

17. 试将数码管每半秒显示 0～9 的案例改成每秒显示 0～F。

附录 A　Proteus 常用元器件中英文名称对照表

英文元器件名称	中文元器件名称	英文元器件名称	中文元器件名称
POWER	电源	GROUND	地
CAP	电容	CAP-ELEC	电解电容
RES	电阻	RX8	双直列 8 路电阻排
POT-HG	电位计(可调电阻)	RESPACK-8	有公共端的 8 路电阻排
CRYSTAL	晶体振荡器	BUTTON	按钮
SW-SPST	单刀单掷开关	SW-SPDT	单刀双掷开关
SW-DIP4	4 路双列直插开关(4DIP)	SW-DIP8	8 路双列直插开关
DIPSW_8	分离的 8 路 DIP 开关	DIPSWC_8	有公共端的 8 路 DIP 开关
LED-RED	红色发光二极管(LED)	LED-BLUE	蓝色发光二极管
LED-GREEN	绿色发光二极管	LED-YELLOW	黄色发光二极管
LED-BIBY	蓝黄双色发光二极管	LED-BIGY	绿琥珀双色发光二极管
LED-BIRG	红绿双色发光二极管	LED-BIRY	红黄双色发光二极管
NPN	NPN 三极管	PNP	PNP 三极管
7SEG-MPX1-CA	1 位共阳极 7 段数码管	7SEG-MPX1-CC	1 位共阴极 7 段数码管
7SEG-MPX2-CA	2 位共阳极 7 段数码管	7SEG-MPX2-CC	2 位共阴极 7 段数码管
7SEG-MPX2-CA-BLUE	2 位共阳极 7 段数码管蓝	7SEG-MPX2-CC-BLUE	2 位共阴极 7 段数码管蓝
7SEG-MPX4-CA	4 位共阳极 7 段数码管	7SEG-MPX4-CC	4 位共阴极 7 段数码管
7SEG-MPX8-CA	8 位共阳极 7 段数码管	7SEG-MPX8-CC	8 位共阴极 7 段数码管
BATTERY	电池	1N5222B	2.5V 齐纳稳压管
74LS00/74HC00	二输入与非门	74LS02/74HC02	二输入或非门
74LS04/74HC04	反相器	74LS08/74HC08	二输入与门
74LS10/74HC10	三输入与非门	74LS11/74HC11	三输入与门
74LS32/74HC32	二输入或门	74LS74/74HC74	边沿触发 8 位 D 触发器
74LS138/74HC138	3-8 译码器	74HC154	4-16 译码器
74LS164/74HC164	串-并转换(8 位)	74LS165/74HC165	并-串转换(8 位)
74LS244/74HC244	三态输出 8 位缓冲器	74LS273/74HC273	边沿触发 8 位 D 锁存器
74LS373/74HC373	三态输出 8 位 D 锁存器	8255A	可编程并行接口芯片
ADC0808/ADC0809	8 路输入 8 位 A/D 转换器	TLC2543	12 位串行 A/D 转换器
MAX1240	12 位串行 A/D 转换器	DAC0832	8 位 D/A 转换器
TLC5615(L)D	10 位串行 D/A 转换器	24C0**/M24C0**	串行 EEPROM 存储器
LM324	低电源运算放大器	MAX232	多路 RS232 电平转换器
BUZZER	蜂鸣器	SPEAKER	喇叭

附录 B Keil C51 常用库函数

Keil 的 C51 程序设计语言提供了大量用于 51 系列单片机的预定义函数和宏，以方便 C51 语言程序设计。Keil C51 的库函数安装在 Keil C51 软件安装目录下的 ..\C51\INC 目录中，以 H 为扩展文件名，其中包含常数定义、宏定义、类型定义和原型函数。

B.1 intrins.h

intrins.h 为本征函数库，编译时将对应的汇编指令插入，因此代码量小，效率更高。其中定义的函数说明如表 B.1 所示。

表 B.1 intrins.h 定义的函数说明

序 号	函 数	说 明
1	_nop_	内部函数，在程序中插入 NOP 指令
2	_testbit_	内部函数，在程序中插入 JBC 指令
3	_cror_	内部函数，无符号字符型数字右移
4	_iror_	内部函数，无符号整型数字右移
5	_lror_	内部函数，无符号长整型数字右移
6	_crol_	内部函数，无符号字符型数字左移
7	_irol_	内部函数，无符号整型数字左移
8	_lrol_	内部函数，无符号长整型数字左移
9	_chkfloat_	内部函数，检查浮点数状态，返回说明浮点数状态的无符号字符值

B.2 absacc.h

absacc.h 包含允许直接访问 51 单片机不同区域存储器的宏。其中定义的宏如表 B.2 所示。

表 B.2 absacc.h 定义的宏说明

序 号	宏	说 明
1	CBYTE	定义允许访问 51 系列单片机程序存储器中的字节
2	DBYTE	定义允许访问 51 系列单片机片内 RAM 中的字节
3	PBYTE	定义允许访问 51 系列单片机分页寻址片外数据存储器中的字节

续表

序号	宏	说明
4	XBYTE	定义允许访问 51 系列单片机片外数据存储器中的字节
5	CWORD	定义允许访问 51 系列单片机程序存储器中的字
6	DWORD	定义允许访问 51 系列单片机片内 RAM 中的字
7	PWORD	定义允许访问 51 系列单片机分页寻址片外数据存储器中的字
8	XWORD	定义允许访问 51 系列单片机片外数据存储器中的字

B.3 ctype.h

ctype.h 包含 ASCII 字符的分类和转换函数。其中定义的函数说明如表 B.3 所示。

表 B.3 ctype.h 定义的函数说明

序号	函数	说明
1	isalpha	测试是否为字母
2	isalnum	测试是否为字母数字
3	iscntrl	测试是否为控制字符
4	isdigit	测试是否为十进制数字
5	isgraph	测试是否为可打印字符，不包括空格
6	isprint	测试是否为可打印字符，包括空格
7	ispunct	测试是否为非空格、非字母及非数字字符的可显示字符
8	islower	测试是否为小写字母
9	isupper	测试是否为大写字母
10	isspace	测试是否为空格字符
11	isxdigit	测试是否为十六进制数字
12	tolower	将大写字母转换成小写字母
13	toupper	将小写字母转换成大写字母
14	toint	将十六进制数字转换成十进制数字

B.4 math.h

math.h 包含算术运算函数，且大多数为浮点数运算。其中定义的函数说明如表 B.4 所示。

表 B.4 math.h 定义的函数说明

序号	函数	说明
1	cabs	计算字节型数的绝对值
2	abs	计算整型数的绝对值
3	labs	计算长整型数的绝对值
4	fabs	计算浮点数的绝对值
5	sqrt	计算平方根
6	exp	计算自然指数
7	log	计算自然对数
8	log10	计算以 10 为底的对数
9	sin	计算正弦
10	cos	计算余弦
11	tan	计算正切
12	asin	计算反正弦
13	acos	计算反余弦
14	atan	计算反正切
15	sinh	计算双曲正弦
16	cosh	计算双曲余弦
17	tanh	计算双曲正切
18	atan2	计算分数的反正切
19	ceil	求大于等于浮点数的最小整数
20	floor	求小于等于浮点数的最大整数
21	modf	把浮点数分为整数和小数两部分
22	fmod	计算两个浮点数运算后的余数
23	pow	计算幂函数

B.5 reg51.h 和 reg52.h

reg51.h 定义了 51 子系列单片机的专用寄存器及其位定义，reg52.h 定义了 52 子系列单片机的专用寄存器及其位定义。

在 Keil C51 开发软件中还提供针对不同单片机生产厂家生产的不同系列单片机的专用库文件，如台湾华邦公司的 W77E58 系列单片机的专用库文件 w77c32.h，美国 Atmel 公司的 AT89 系列单片机的专用库文件 at89x52.h 等。若开发系统未提供一些新型 51 系列单片机的专用库，可到该公司的网站下载相应的库文件。

B.6 string.h

string.h 包含了字符串和缓存操作函数，并定义了 NULL 常数。其中定义的函数说明如表 B.5 所示。

表 B.5 string.h 定义的函数说明

序号	函数	说明
1	strcat	连接两个字符串
2	strncat	将字符串中指定字符连接到另一个字符串
3	strcmp	比较两个字符串
4	strncmp	比较两个字符串的指定数量字符
5	strcpy	复制字符串
6	strncpy	将字符串中指定字符复制到另一个字符串
7	strlen	返回字符串的长度
8	strchr	返回字符串中指定字符首次出现的位置指针
9	strpos	返回字符串中指定字符首次出现的位置
10	strrchr	返回字符串中指定字符最后出现的位置指针
11	strrpos	返回字符串中指定字符最后出现的位置
12	strspn	返回字符串中第一个与另一个字符串中任意字符不匹配的字符位置
13	strcspn	返回字符串中第一个与另一个字符串中任意字符匹配的字符位置
14	strpbrk	返回一个字符串与另一个字符串匹配的第一个字符的位置指针
15	strrpbrk	返回一个字符串与另一个字符串匹配的最后一个字符的位置指针
16	strstr	判断字符串是否为另一个字符串的子串，是，则返回子串位置指针；否，则返回 0
17	memcmp	对两个存储区域中指定数量字符做比较(块比较)
18	memcpy	将指定数量字符从一个存储区域复制到另一个存储区域(块赋值)
19	memchr	返回指定字符在存储区域中首次出现的位置指针(块查找)
20	memccpy	从一个缓存向另一个缓存复制，直至复制了指定字符或指定个数为止
21	memmove	将指定数量字符从一个存储区域移动到另一个存储区域(块移动)
22	memset	将存储区中指定字节初始化为指定值(块初始化)

附录 C Keil C51 常见警告及错误信息

C.1 编译产生的警告信息

1. 警告信息类型 173

警告提示信息：Warning C173: missing return-expression(缺少返回表达式)。
解决方法：在函数的结尾处加入和函数声明的返回值类型相同的返回值。

2. 警告信息类型 182

警告提示信息：Warning C182: pointer to different objects(指针指向不同的目标)。
解决方法：将指针和指针指向的对象的数据类型改成一致。

3. 警告信息类型 206

警告提示信息：Warning C206: missing function prototype (缺少函数原型)。
解决方法：被引用函数未被声明或不存在，检查是否声明或编写。

4. 警告信息类型 209

警告提示信息：Warning C209: too few actual parameters (太少的实参)。
解决方法：查看被调用的函数原型，检查入口参数是否与原型一致。

5. 警告信息类型 275

警告提示信息：Warning C275: expression with possibly no effect (表达式可能无效)。
解决方法：删除或修改无用表达式。

6. 警告信息类型 276

警告提示信息：Warning C276: constant in condition expression(条件表达式为常数)。
解决方法：检查判断条件，在判断表达式中将常值条件改正。

7. 警告信息类型 280

警告提示信息：Warning C280: '??'unreferenced local variable (局部变量"??"在函数中未做任何存取操作)。
解决方法：删除函数中变量的声明。

8. 警告信息类型 317

警告提示信息：Warning C317: attempt to redefine macro '??' (宏名称重新定义无效)。
解决方法：将重复定义的宏名重新起名。

C.2 编译产生的错误信息

1. 错误信息类型 100

错误提示信息：error C100: unprintable character 0x?? skipped (无法处理不可打印字符 0x??)。

解决方法：在对应的语句里存在非法字符，找到非法字符，一般是输入时错将英文字符输入为中文字符或字符串忘加双引号，修改成合法格式即可。

2. 错误信息类型 101

错误提示信息：error C101: '?': invalid character constant (无效的字符常量)。
解决方法：在对应的语句里存在无效的字符常量，找到非法常量改成有效常量即可。

3. 错误信息类型 103

错误提示信息：error C103: '<string>': unclosed String (字符串没结束)。
解决方法：在对应的语句里定义的字符串缺少封闭的双引号，补齐即可。

4. 错误信息类型 129

错误提示信息：error C129:missing ';' before '??' (在标记"??"前缺少";")。
解决方法：前一条语句可能缺少";"，或本行变量、函数名用空格隔开，将";"补上或删除多余空格即可。

5. 错误信息类型 130

错误提示信息：error C130: 'using': Value Out of Range (数值超出范围)。
　　　　　　或：error C130: 'interrupt': Value Out of Range (数值超出范围)。
解决方法：将 using 标示符后的数字参数改成 0～3 之间的寄存器组号，将 interrupt 标示符后的数字参数改成 0～31 之间的中断矢量号。

6. 错误信息类型 132

错误提示信息：error C132: '??': not in formal parameter list (变量没在正式的参数列表中)。
解决方法：在变量声明区域给出变量定义。

7. 错误信息类型 134

错误提示信息：error C134: '??': mspace on function not permitted (函数"??"不允许定位在非 code 区)。
解决方法：去掉函数前的存储类型定义。

8. 错误信息类型 136

错误提示信息：error C136: '??': 'void' on variable (变量"??"用了 void)。
解决方法：将 void 类型变量改成对应的数据类型。

9．错误信息类型 138

错误提示信息：error C138: '??':interrupt() may not receive or return value(s) (中断函数"??"不能有入口参数或返回值)。

解决方法：将中断函数改成 void 类型。

10．错误信息类型 142

错误提示信息：error C142: '??':invalid base address (无效的基地址)。

解决方法：将基地址定义到可位寻址的特殊功能寄存器空间。

11．错误信息类型 146

错误提示信息：error C146: '??':invalid base address (无效的基地址)。

解决方法：将基地址定义到可位寻址的特殊功能寄存器空间。

12．错误信息类型 150

错误提示信息：error C150: '??':bit member in struct/union (struct/union 包含一个 bit 成员)。

解决方法：位型变量不能定义到 struct/union。

13．错误信息类型 158

错误提示信息：error C158: '??':function contains unnamed parameter (函数包含未命名的参数)。

解决方法：检查函数形参的定义，将未定义的变量名修改正确。

14．错误信息类型 174

错误提示信息：error C174:return-expression on void-function(无值类型函数出现了 return 表达式)。

解决方法：去掉 void 类型函数中的 return 语句。

15．错误信息类型 183

错误提示信息：error C183:unmodifiable lvalue (等号左侧的常值变量不能修改)。

解决方法：不能对常值变量进行赋值，可用一个其他变量来代替。

16．错误信息类型 193

错误提示信息：error C193: '??':bad operand type (非法操作类型)。

解决方法：检查语句的运算符或指针的类型，改成对应的运算符或正确的指针类型。

17．错误信息类型 195

错误提示信息：error C195: '*':illegal indirection (间接非法)。

解决方法：星号用到了非指针参数，将变量定义成指针即可。

18．错误信息类型 202

错误提示信息：error C202: '??':undefined identifier (未定义的标识符)。

解决方法：将变量或宏"??"进行定义即可。

19．错误信息类型 205

错误提示信息：error C205: can't call an interrupt function (不能调用一个中断函数)。

解决方法：中断函数不能被调用，若想使用与中断函数相同功能的操作，必须单写一个同样功能的一般函数。

20．错误信息类型 208

错误提示信息：error C208: too many actual parameters (太多的实参)。

解决方法：查看被调用的函数原型，检查入口参数是否与原型一致。

21．错误信息类型 209

错误提示信息：error C209: too few actual parameters (太少的实参)。

解决方法：查看被调用的函数原型，检查入口参数是否与原型一致。

22．错误信息类型 214

错误提示信息：error C214: illegal pointer conversion (非法指针转换)。

解决方法：查看被调用的函数原型，检查入口参数是否是与原型一致的指针参数。

23．错误信息类型 215

错误提示信息：error C215: illegal type conversion (非法类型转换)。

解决方法：struct/union/void 类型不能强制转换为其他类型，可将转换数据传递给一个过渡变量再转换。

24．错误信息类型 217

错误提示信息：error C217: non-integral index (非整数索引)。

解决方法：将索引变量类型改为 char、unsigned char、int、unsigned int 等类型。

25．错误信息类型 231

错误提示信息：error C231: '??':redefinition (重复定义)。

解决方法：将重复定义的符号重新起名。

26．错误信息类型 232

错误提示信息：error C232: '??':duplicate label (标号重复)。

解决方法：将重复标号重新起名。

27．错误信息类型 233

错误提示信息：error C233: '??':undefined label (未定义标号)。

解决方法：给未定义标号起名。

28．错误信息类型 237

错误提示信息：error C237: '??':function already has a body (函数已定义)。

解决方法：给重复函数重新起名。

29．错误信息类型 249

错误提示信息：error C249: 'DATA':SEGMENT TOO LARGE (数据段太大)。

解决方法：定义的数据变量超出单片机的存储空间，可将一些数据变量定义到 pdata 或 xdata 区来解决。

30．错误信息类型 267

错误提示信息：error C267: '??':requires ANSI-style prototype (函数定义需要 ANSI 类型的原型)。

解决方法：被引用函数未被声明或不存在，检查是否声明或编写。

31．错误信息类型 300

错误提示信息：error C300: unterminated comment (注释未结束)。

解决方法：一个注释缺少结束符"*/"，补齐即可。

32．错误信息类型 301

错误提示信息：error C301: identifier expected (期望标识符)。

解决方法：将对应的预处理命令补齐。

注意：其他未列出的错误或警告信息请参阅 Keil C51 安装路径下的 C51\HLP\errors.chm 文件。

附录 D 51系列单片机汇编指令速查表

D.1 数据传送类指令

助记符	指令代码	周期数	指令说明
MOV A,#data	74 data	1	将常数存入累加器
MOV A,direct	E5 direct	1	将直接地址的内容存入累加器
MOV A,@Ri	E6/E7	1	将间接地址的内容存入累加器
MOV A,Rn	E8～EF	1	将寄存器的内容存入累加器
MOV Rn,#data	78～7F data	1	将常数存入寄存器
MOV Rn,direct	A8～AF direct	2	将直接地址的内容存入寄存器
MOV Rn,A	F8～FF	1	将累加器的内容存入寄存器
MOV direct,#data	75 direct data	2	将常数存入直接地址
MOV direct2, direct1	85 direct1 direct2	2	将直接地址1的内容存入直接地址2
MOV direct,A	F5 direct	1	将累加器的内容存入直接地址
MOV direct,@Ri	86/87 direct	2	将间接地址的内容存入直接地址
MOV direct,Rn	88～8F direct	2	将寄存器的内容存入直接地址
MOV @Ri,#data	76/77 data	1	将常数存入某间接地址
MOV @Ri,A	F6/F7	1	将累加器的内容存入某间接地址
MOV @Ri,direct	A6/A7 direct	2	将直接地址的内容存入某间接地址
MOVC A,@A+DPTR	93	2	将以累加器内容与数据指针寄存器内容相加得到的值作为地址的程序存储器内容送累加器
MOVC A,@A+PC	83	2	将程序计数器加1，然后与累加器内容相加作为程序存储器的地址，从该地址取内容送累加器
MOVX A,@DPTR	E0	2	将数据指针所指定外部存储器的内容读入累加器
MOVX A,@Ri	E2/E3	2	将间接地址所指定外部存储器的内容读入累加器
MOVX @DPTR,A	F0	2	将累加器的内容写入数据指针所指定的外部存储器
MOVX @Ri,A	F2/F3	2	将累加器的内容写入间接地址所指定的外部存储器
PUSH direct	C0 direct	2	将直接地址的内容压入堆栈

续表

助记符	指令代码	周期数	指令说明
POP direct	D0 direct	2	从堆栈弹出内容到直接地址
XCH A,direct	C5 direct	1	将累加器的值与直接地址的内容互换
XCH A,@Ri	C6/C7	1	将累加器的值与间接地址的内容互换
XCH A,Rn	C8~CF	1	将累加器的内容与寄存器的内容互换
XCHD A,@Ri	D6/D7	1	将累加器的低4位与间接地址的低4位互换
SWAP A	C4	1	将累加器的高4位与低4位的内容交换
MOV DPTR,#data16	90 dataH dataL	2	将16位的常数存入数据指针寄存器

D.2 算术运算类指令

助记符	指令代码	周期数	指令说明
ADD A,#data	24 data	1	将累加器与常数相加，结果存回累加器
ADD A,direct	25 direct	1	将累加器与直接地址的内容相加，结果存回累加器
ADD A,@Ri	26/27	1	将累加器与间接地址的内容相加，结果存回累加器
ADD A,Rn	28~2F	1	将累加器与寄存器的内容相加，结果存回累加器
ADDC A,#data	34 data	1	将累加器与常数及进位相加，结果存回累加器
ADDC A,direct	35 direct	1	将累加器与直接地址的内容及进位相加，结果存回累加器
ADDC A,@Ri	36/37	1	将累加器与间接地址的内容及进位相加，结果存回累加器
ADDC A,Rn	38~3F	1	将累加器与寄存器的内容及进位相加，结果存回累加器
SUBB A,#data	94 data	1	将累加器的值减常数值减借位，结果存回累加器
SUBB A,direct	95 direct	1	将累加器的值减直接地址的值减借位，结果存回累加器
SUBB A,@Ri	96/97	1	将累加器的值减间接地址的值减借位，结果存回累加器
SUBB A,Rn	98~9F	1	将累加器的值减去寄存器的值减借位，结果存回累加器
INC A	04	1	将累加器的值加1
INC direct	05 direct	1	将直接地址的内容加1
INC @Ri	06/07	1	将间接地址的内容加1
INC Rn	08~0F	1	将寄存器的值加1
INC DPTR	A3	2	将数据指针寄存器的值加1
DEC A	14	1	将累加器的值减1

续表

助记符	指令代码	周期数	指令说明
DEC direct	15 direct	1	将直接地址的内容减 1
DEC @Ri	16/17	1	将间接地址的内容减 1
DEC Rn	18～1F	1	将寄存器的值减 1
MUL AB	A4	4	将累加器的值与寄存器 B 的值相乘，乘积的低位字节存回累加器，高位字节存回寄存器 B
DIV AB	84	4	将累加器的值除以寄存器 B 的值，结果的商存回累加器，余数存回寄存器 B
DA A	D4	1	将累加器 A 作十进制调整： 若 $(A)_{3\sim 0}>9$ 或 $(AC)=1$，则 $(A)_{3\sim 0} \leftarrow (A)_{3\sim 0}+6$； 若 $(A)_{7\sim 4}>9$ 或 $(C)=1$，则 $(A)_{7\sim 4} \leftarrow (A)_{7\sim 4}+6$

D.3　逻辑运算类指令

助记符	指令代码	周期数	指令说明
CLR A	E4	1	清除累加器的值为 0
CPL A	F4	1	将累加器的值按位取反
RL A	23	1	将累加器的值左移一位
RLC A	33	1	将累加器含进位 C 左移一位
RR A	03	1	将累加器的值右移一位
RRC A	13	1	将累加器含进位 C 右移一位
ANL A,#data	54 data	1	将累加器的值与常数进行按位与操作，结果存回累加器
ANL A,direct	55 direct	1	将累加器的值与直接地址的内容进行按位与操作，结果存回累加器
ANL A,@Ri	56/57	1	将累加器的值与间接地址的内容进行按位与操作，结果存回累加器
ANL A,Rn	58～5F	1	将累加器的值与寄存器的值进行按位与操作，结果存回累加器
ANL direct,A	52 direct	1	将直接地址的内容与累加器的值进行按位与操作，结果存回该直接地址
ANL direct,#data	53 direct data	2	将直接地址的内容与常数值进行按位与操作，结果存回该直接地址

续表

助记符	指令代码	周期数	指令说明
ORL A,#data	44 data	1	将累加器的值与常数进行按位或操作,结果存回累加器
ORL A,direct	45 direct	1	将累加器的值与直接地址的内容进行按位或操作,结果存回累加器
ORL A,@Ri	46/47	1	将累加器的值与间接地址的内容进行按位或操作,结果存回累加器
ORL A,Rn	48~4F	1	将累加器的值与寄存器的值进行按位或操作,结果存回累加器
ORL direct,A	42 direct	1	将直接地址的内容与累加器的值进行按位或操作,结果存回该直接地址
ORL direct,#data	43 direct data	2	将直接地址的内容与常数值进行按位或操作,结果存回该直接地址
XRL A,#data	64 data	1	将累加器的值与常数进行按位异或操作,结果存回累加器
XRL A,direct	65 direct	1	将累加器的值与直接地址的内容进行按位异或操作,结果存回累加器
XRL A,@Ri	66/67	1	将累加器的值与间接地址的内容进行按位异或操作,结果存回累加器
XRL A,Rn	68~6F	1	将累加器的值与寄存器的值进行按位异或操作,结果存回累加器
XRL direct,A	62 direct	1	将直接地址的内容与累加器的值进行按位异或操作,结果存回该直接地址
XRL direct,#data	63 direct data	2	将直接地址的内容与常数的值进行按位异或操作,结果存回该直接地址

D.4 位操作类指令

助记符	指令代码	周期数	指令说明
MOV C,bit	A2 bit	1	将直接地址的某位值存入进位 C
MOV bit,C	92 bit	2	将进位 C 的值存入直接地址的某位
CLR C	C3	1	清除进位 C
CLR bit	C2 bit	1	清除直接地址的某位
SETB C	D3	1	设定进位 C 为 1

续表

助记符	指令代码	周期数	指令说明
SETB bit	D2 bit	1	设定直接地址的某位为1
ANL C,bit	82 bit	2	将进位C与直接地址的某位做与操作，结果存回进位C
ANL C,/bit	B0 bit	2	将进位C与直接地址的某位的反相值做与操作，结果存回进位C
ORL C,bit	72 bit	2	将进位C与直接地址的某位做或操作，结果存回进位C
ORL C,/bit	A0 bit	2	将进位C与直接地址的某位的反相值做或操作，结果存回进位C
CPL C	B3	1	将进位C的值取反
CPL bit	B2 bit	1	将直接地址的某位值取反
JC rel	40 rel	2	若进位C=1，则跳至rel的相关地址处
JNC rel	50 rel	2	若进位C=0，则跳至rel的相关地址处
JB bit,rel	20 bit rel	2	若直接地址的某位为1，则跳至rel的相关地址处
JNB bit,rel	30 bit rel	2	若直接地址的某位为0，则跳至rel的相关地址处
JBC bit,rel	10 bit rel	2	若直接地址的某位为1，则跳至rel的相关地址处，并将该位值清除为0

D.5 控制转移类指令

助记符	指令代码	周期数	指令说明
AJMP addr11	***00001 addr7~0	2	(PC)←(PC)+addr11，绝对转移(2KB) 其中***为addr11的高3位a10~a8
LJMP addr16	02 addr16	2	(PC)←(PC)+addr16，长转移(64KB)
SJMP rel	80 rel	2	(PC)←(PC)+rel，相对转移(-128~127)
JMP @A+DPTR	73	2	(PC)←(A)+(DPTR)
JZ rel	60 rel	2	若(A)=0，则(PC)←(PC)+rel
JNZ rel	70 rel	2	若(A)≠0，则(PC)←(PC)+rel
CJNE A,#data,rel	B4 direct rel	2	若(A)≠data，则(PC)←(PC)+rel
CJNE A,direct,rel	B5 direct rel	2	若(A)≠(direct)，则(PC)←(PC)+rel
CJNE @Ri,#data,rel	B6/B7 data rel	2	若((Ri))≠data，则(PC)←(PC)+rel
CJNE Rn,#data,rel	B8~BF data rel	2	若(Rn)≠data，则(PC)←(PC)+rel

续表

助 记 符	指令代码	周期数	指令说明
DJNZ Rn,rel	D8～DF rel	2	(A)←(A)-1，若(A)≠0，则(PC)←(PC)+rel
DJNZ direct,rel	D5 direct rel	2	(direct)←(direct)-1，若(direct)≠0，则(PC)←(PC)+rel
ACALL addr11	***10001 addr$_{7\sim0}$	2	(SP)+1,(SP)←(PC),(PC)←(PC)+addr11，绝对调用(2KB) 其中***为addr11的高3位a10～a8
LCALL addr16	12 addr16	2	(SP)+1,(SP)←(PC),(PC)←(PC)+addr16，长调用(64KB)
RET	22	2	从子程序返回
RETI	32	2	从中断子程序返回
NOP	00	1	空操作

参 考 文 献

[1] 李华．MCS-51 系列单片机实用接口技术[M]．北京：北京航空航天大学出版社，2003．
[2] 石长华．51 系列单片机项目实践[M]．北京：机械工业出版社，2010．
[3] 彭伟．单片机 C 语言程序设计实训 100 例——基于 8051+Proteus 仿真[M]．北京：电子工业出版社，2009．
[4] 陈海宴．51 单片机原理及应用——基于 Keil C 与 Proteus[M]．北京：北京航空航天大学出版社，2010．
[5] 谢维成，杨加国．单片机原理与应用及 C51 程序设计[M]．2 版．北京：清华大学出版社，2009．
[6] 高卫东．51 单片机原理与实践：C 语言版[M]．北京：北京航空航天大学出版社，2011．
[7] 黎旺星．项目驱动式单片机应用教程[M]．北京：中国电力出版社，2009．
[8] 邹振春．MCS-51 系列单片机原理及接口技术[M]．2 版．北京：机械工业出版社，2003．
[9] 谭浩强．C 语言程序设计[M]．4 版．北京：清华大学出版社，2011．
[10] 吴险峰．单片机系统设计与开发[M]．大连：东软电子出版社，2013．